高等学校安全科学与工程类系列教材
中国矿业大学卓越工程师教材建设项目

安全工程专业实践教程

主　编　时国庆　王　亮　刘晓斐
副主编　刘贞堂　唐　俊　王　凯　邵振鲁

中国矿业大学出版社
·徐州·

内 容 提 要

本书系统阐述了中国矿业大学安全工程专业本科实践教学的内容、组织过程及基本要求，包括安全工程专业实践教学设置及特色，专业课程设计、认识实习、生产实习、毕业实习和毕业设计等实践教学环节的教学质量标准，介绍了安全工程专业实践教学基地和典型实践教学组织实施案例，对创新创业实践、国际化实习实践及实践教学的导师制等特色实践教学模块也进行了介绍。本书有助于学生全面系统了解安全工程专业的实践教学体系，也有利于指导教师规范实践教学。

本书可作为普通高等学校安全工程专业本科生的教材，也可作为相关企业新入职人员的培训教材。

图书在版编目(CIP)数据

安全工程专业实践教程 / 时国庆，王亮，刘晓斐主编. — 徐州 ：中国矿业大学出版社，2024. 12.

ISBN 978-7-5646-6491-6

Ⅰ. X93

中国国家版本馆 CIP 数据核字第 20247QL093 号

书　　名　安全工程专业实践教程
主　　编　时国庆　王　亮　刘晓斐
责任编辑　黄本斌
出版发行　中国矿业大学出版社有限责任公司
（江苏省徐州市解放南路　邮编 221008）
营销热线　(0516)83885370　83884103
出版服务　(0516)83995789　83884920
网　　址　http://www.cumtp.com　**E-mail**:cumtpvip@cumtp.com
印　　刷　苏州市古得堡数码印刷有限公司
开　　本　787 mm×1092 mm　1/16　**印张** 14.25　**字数** 365 千字
版次印次　2024 年 12 月第 1 版　2024 年 12 月第 1 次印刷
定　　价　38.00 元
（图书出现印装质量问题，本社负责调换）

前　言

近年来，国家先后提出实施卓越工程师教育培养计划（简称“卓越工程师计划”）和新工科建设，明确要求高等学校要注重学科交叉融合，面向工业界、面向世界、面向未来，培养造就创新能力强、适应经济社会发展需要的高质量各类型工程技术人才，为建设创新型国家、实现工业化和现代化奠定坚实的人力资源优势，因此实践创新能力的培养成为高等教育人才培养的首要任务。

为了提升大学生实践创新能力，中国矿业大学安全工程专业十分重视实践教学。中国矿业大学安全工程专业制定了实践创新能力培养导向的人才培养方案，建成了国家级工程实践教育中心2个，建设了粤港澳大湾区中心城市公共安全产教融合协同育人基地，建设了虚拟实践教学资源，拓展了海外实习实践基地，开发了一系列高质量实践教学资源。中国矿业大学安全工程专业大力开展实践教学模式创新，提出了学生个性化发展导向的多元实践教学模式，建成了高校国际化人才培养品牌专业，聘请企业导师探索了校企联合、双导师指导的实践育人模式。

在安全工程专业实践教学体系建设过程中，针对安全工程专业实践教学缺乏系统全面的指导性教材，学生对实践教学的构成、实践教学的组织和实施工作缺乏整体认识的实际情况，为了系统指导实践教学工作，提升人才培养的质量，我们编写了《安全工程专业实践教程》。本书共分为6章，第1章为绪论，主要介绍了安全工程专业的人才培养方案和专业人才培养过程中实践教学课程设置总体情况；第2章为安全工程专业实践教学平台建设，主要介绍了安全工程专业的实践教学资源，包含本专业的实习基地建设情况、虚拟实践教学资源等；第3章为安全工程专业实践教学的组织与管理，主要介绍了安全工程专业的本科实践教学工作规范，以及各实践教学环节的教学内容、组织形式、考核标准等；第4章为安全工程专业课程设计实践，主要介绍了本专业安全系统工程、矿井通风与空气调节、工业通风与防尘等主干课的课程设计要求等；第5章为安全工程专业创新创业实践，主要介绍了本专业创新创业实践的教学标准，以教学案例的形式详细讲述了创新创业实践的组织模式、教学内容和教学成效；第6章为安全工程专业毕业设计（论文）实践，主要介绍了本专业毕业设计（论文）实践教学内容、考核要求、评分方法等，并且以新井通风安全设计为例提供了一个毕业设计案例，以帮助同学们更形象具体地了解本科毕业设计的教学要求。综上，本书详细地介绍了安全工程专业的主要实践教学环节及教学质量标准，同时也介绍了专业的实践教学基地建设情况，分享了实践教学案例，本书有助于帮助学生全面系统地了解安全工程专业的实践教学体系，也有利于指导教师规范实践教学，在满足中国矿业大学安全工程专业实践教学需求的同时，也能对国内兄弟院校安全工程专业实践教学起到借鉴作用，支撑我国安全工程专业的人才培养。

本书出版得到了中国矿业大学卓越工程师教材建设项目的资助，得到了中国矿业大学安全工程学院教师、实习基地依托单位及企业导师的大力支持和帮助；本书编写出版过程中广泛收集和参阅了国内外有关资料和文献，编辑也付出了大量的劳动。在此一并表示衷心感谢！

由于作者水平有限，书中难免存在不足和疏漏之处，恳请广大读者批评指正。

作　者

2024 年 6 月

目　录

1 绪　论

1.1 实践教学是创新型人才培养的重要环节

工程教育是高等教育的重要组成部分，是创新型人才培养的必由之路。实践教学是增强学生的工程实践能力、提高综合素质、培养创新精神和创新能力的有效途径，是工程教育的重要环节。为促进创新型人才培养，中国矿业大学安全工程专业全面落实“学生中心、产出导向、持续改进”的工程教育理念，关注一流学科学生个性化发展对创新实践能力的需求，积极探索创新人才培养导向的多元实践教学模式，努力提升人才培养质量。

中国矿业大学安全工程专业依托一级学科“安全科学与工程”，经过几十年的发展成为“国家特色专业建设点”“江苏省重点建设专业”“江苏省首批品牌专业建设A类”“卓越工程师教育培养计划”试点专业，入选国家“双一流”计划一流学科建设，2018年和2024年学科评估A+专业，2019年入选国家“双万”建设专业。安全工程专业是我国培养矿业安全高层次人才的重要基地，为我国煤矿安全事业输送了大量的技术与工程人才。

针对实践教学中“缩水放羊”“落地难”，实践教学形式单一难以满足一流学生多样化发展需求等制约创新人才培养的难题，结合安全工程专业发展现状，努力开拓国际、国内，企业、科研院所等多种实践教学平台，开发校内、校外，虚拟、实际多种实践教学资源，提出并探索实施了学工融合的“顶岗制”实战化实践教学，寓研于练的科研课题驱动型实践教学和争创一流的国际化实践教学，形成了创新人才培养导向的多元实践教学模式。

课堂讲授是“道”，实践训练是“术”，将二者结合起来实现“两条腿走路”，是创新型人才培养的必由之路。目前实践教学领域存在诸多短板：一是实践教学流于形式，教学“缩水放羊”和“落地难”的问题普遍存在；二是实践教学组织形式单一、方法陈旧，与实际需求脱节；三是实践教学平台层次低、模式单一，难以满足学生多样化、个性化发展需求；四是集中实习实践与日常科创训练缺乏有机融合，实践与创新难以有利互通。围绕上述问题，安全工程专业在实践教学平台、实践教学机制、实践教学模式、实践与科创融合方面开展了有益的探索与实践，以促进“一流”创新拔尖人才培养。近年来，安全工程专业在实践教学的建设过程中解决了如下一些教学难题：

(1) 开展虚拟实践教学平台建设，实现安全科学与工程学科高风险实践教学内容的虚拟化，解决学生高危环境实践经验需求与高危事件实践风险大的对立难题。

风险处置和应急管控能力是安全工程专业学生培养的主要目标之一，但在实践锻炼方面，受职业风险大的影响学生不可能参与真实高风险救灾场景和应急处置实践。为此，学校对安全科学与工程学科投入300余万元新建了虚拟实践教学软、硬件平台，开发了一系列灾害场景应急救援处置的虚拟教学模块，学生通过虚拟实践可以获得救灾与应急处置的实践体验，很好地解决了高危环境实践经验需求与高危事件实践风险大的对立难题。

（2）校企深度融合，实现实践教学实战化，解决学生就业导向的工作实践需求。

为确保学生获得真实的工作实践经验，开拓并持续建设2个国家级工程实践教育中心及20余个院、校两级高质量实践教学基地，涵盖矿山、化工、消防、仓储和科学研究等多个行业，满足安全科学与工程学科学生从业多样化对实践创新经历的需求；积极推动校企深度融合，关注实习企业对人才需求，实施定制化实习，构建校企共赢的长期合作机制；在实习过程中实行企业导师主导制，毕业实习与学生就业相结合的“顶岗制”，使学生获得实战化的工作实践经验，解决了学生实习“落地难”的问题。

（3）探索实施科研课题驱动型的实践创新模式，培养学生科研素养，启发创新思维，解决实践与科创融会贯通难题，为学科创新拔尖人才储备奠定基础。

通过整合科研平台资源，积极将科研成果转化为实验项目和仪器，教师运用科研元素启发创新思维，引导本科生自主设计和开展科创实验，全面了解安全科学与工程学科的最新科技成果和知识，加强理论联系实际，提高科创人才培养的综合化、系统化水平；为国家和江苏省两级大学生创新项目提供配套资金的同时，增加院、校两级大学生创新创业培育项目和资助力度，提升学生科研实践创新能力和基本的科研素养。

（4）海外实践教学常态化，引领学生掌握行业前沿问题，解决学生海外深造和跨国公司就业导向的国际化视野需求。

安全工程专业重视国际交流，积极拓展学生国际化视野，以“双一流”和江苏省品牌专业建设为契机，先后与美国西弗吉尼亚大学和肯塔基大学、澳大利亚伍伦贡大学、波兰克拉科夫AGH科技大学等国际知名高校联合建立海外实习实训基地，大力促进本科生出国访学、留学，提升学生国际视野，使学生了解行业的前沿，为后续的出国深造奠定基础。

1.1.1 实践教学模式探索

（1）寓研于练，课题驱动型的科创与实践互惠融通模式探索

围绕一流学科学生继续深造对科研实践创新能力的需求，依托学科科研优势整合科研平台资源，将科研成果转化为实验系统引导科创训练，推动实践教学与科研创新平台互通融合激发创新动力。实施本科生科研实践导师制，引导学生结合自身兴趣积极参与学科高水平科研项目，强化学生对理论知识与创新思维的理解，较早参与科研创新实践，获得分析、解决实际科学问题的能力，培育科研素养，提升一流学科学生科研创新水平与实践动手能力。通过实践与创新师资的全方位指导，促进科创与实践互惠融通，寓研于练，提高“一流”拔尖创新人才培养质量。

（2）学工融合，“实战＋虚拟演练”的实习实践模式探索

围绕学生就业对工作实践创新能力的需求，积极开拓建设校企深度融合型的实习基地，建立“实战化、定额化”年度实习制度，切实为学生实习过程中体验工作状态创造条件。深入探索校企共赢的实习基地可持续运行模式，形成企业人才需求、学生就业需求、学科发展需求三者间的有机结合；实施企业导师负责制、实践教学内容模块化，将实习实践教学做细，落实轮岗制的全方位工作体验，实现实习的实战化，切实提升学生工作实践能力。围绕安全科学与工程学科特有的实习风险高、管控难的问题，积极实施虚拟实践教学，实现灾害环境应急救援与处置等领域高风险实践教学内容的虚拟仿真。

(3) 争创一流,学生国际视野需求导向型的国际化实践教学模式探索

为满足安全科学与工程一流学科专业学生留学深造、跨国公司就业对国际视野和学科前沿知识的需求,安全工程专业与国外企业、高校合作,积极推进国际化实践教学;切实推动国际化实践教学模式化、规范化,从"认知、体验、探索"三个层次,开展国际化的实践实战训练和现场研讨;积极探索国内、国外协同实践教学模式,精确把握国际化实践教学的发力点,使国际化实践教学成为国内实践教学的有力补充,提升安全科学与工程学科一流人才的国际化水平。

项目研究引领了国内安全类专业实践教学的建设方向,在中国矿业大学安全工程专业和消防工程专业得到了成功应用和实践;同时在国内同类专业建设和教学中得到了一定的推广和应用,取得了显著的效果。

1.1.2　实践教学成效

(1) 学生创新能力显著提升,创新成果丰硕

以一流学科学生多样化发展需求为导向的多元实践教学模式研究成果已在中国矿业大学安全工程学院的安全工程专业、消防工程专业的 2011 级至 2016 级共六届总计 26 个教学班的 800 名本科生教学活动中进行了实践,取得了良好的实践教学效果,学生的实践创新能力显著提升。学生先后承担国家级大学生创新训练计划 22 项、省级大学生创新训练计划 13 项,校级项目 68 项。学生创新成果累计获得"创青春"全国大学生创业大赛金奖 1 项,"挑战杯"全国大学生课外学术作品竞赛一等奖 1 项、二等奖 3 项、三等奖 2 项;获得全国高等学校安全科学与工程类专业大学生实践与创新作品大赛一等奖 2 项、二等奖 1 项;获得江苏省优秀本科毕业论文(设计)二等奖 1 项、三等奖 5 项。通过实施国际化实践教学,学生了解了本专业国际前沿,提升了国际视野,有利于学生后续发展。近几年来先后有 30 多名学生出国留学,10 多名学生进入跨国公司就业。

(2) 建成了一批优质的实践教学资源,获得多项教学成果

持续建设"中国矿业大学-兖矿集团""中国矿业大学-徐州矿务集团"2 个国家级工程实践教育中心;新建了"中国矿业大学-中储粮镇江粮油有限公司""中国矿业大学-江苏省安全生产科学研究院""中国矿业大学-上海隧道工程股份有限公司"等 20 余个实践教学实习基地,满足学生实战化实习的需求;新建"中国矿业大学-西弗吉尼亚大学""中国矿业大学-伍伦贡大学""中国矿业大学-克拉科夫 AGH 科技大学"等 6 个海外实习基地,实现了安全工程专业国际班全员制海外实习。近两年为专业 15%以上的学生提供了海外实习机会,引入跨界文化交流、高校科技创新及前沿学科讲座、企业安全管理与文化建设等模块丰富的海外实习内容;新建了安全工程学院虚拟实践实验教学中心,开发了 10 余个虚拟实践教学模块。

(3) 引领了安全科学与工程学科实践教学模式发展,推广应用效果良好

安全工程专业在创新实践教学培养模式的同时,积极在兄弟院校开展协作宣贯、优势互补,共同促进学科发展。项目研究成果通过全国高等学校安全工程专业年会、江苏省安全工程专业联盟、安全工程虚拟仿真实验教学资源与共享平台以及兄弟院校间的教学经验交流活动等方式全方位多角度地向全国进行了展示和推广。目前,山东科技大学、河南理工大学、西安科技大学等高等学校相关学科充分借鉴该成果体系开展了相应的实践教学改革,并初步取得了良好效果,由中国矿业大学安全科学与工程学科构建、践行和倡导的"安全科学与工程学科一流创新人才培养导向型的多元实践教学模式"得到了兄弟高校的高度肯定。

(4) 实践教学模式和实践创新成果获得安全工程专业认证专家组的高度评价

2018 年 6 月，教育部组织的安全工程专业认证专家组对中国矿业大学安全工程专业进行了专业认证，认证专家组对安全科学与工程学科的实践教学模式创新、实践教学效果成果给予了高度肯定，提出了“应在实践教学领域持续投入，加大支撑一流学科拔尖创新人才培养力度”的建议。

1.2 安全工程专业培养方案

1.2.1 专业概况

安全工程专业始创于 1982 年，是全国第一个“矿山通风与安全”本科专业，1994 年更名为“安全工程”。专业于 2007 年入选“国家特色专业建设点”，2013 年入选“卓越工程师教育培养计划”试点专业，2015 年和 2018 年两次通过工程教育专业认证，2016 年入选江苏省首批“省级品牌专业”(A 类)，2019 年入选国家首批一流本科专业建设；专业依托的安全科学与工程学科入选国家“双一流”建设学科(首轮、第二轮)，并在新一轮学科评估中继续保持“A+”。

1.2.2 培养目标

本专业面向国家发展战略、社会经济发展需求和行业发展趋势，立足学校能源资源特色和一流学科优势，培养德智体美劳全面发展，厚基础、强能力、高素质，具有家国情怀、人文素养、科学精神、安全价值观和生命关怀精神，掌握安全科学技术与管理的基础理论和方法，具备创新精神、实践能力、国际视野，能够从事安全科学技术研究、安全系统设计、安全管理、安全监察、安全技术咨询与评价、安全教育与培训等方面工作，能够引领安全科技创新发展，为国家富强和社会进步做出贡献的一流创新型人才。

本专业学生应达到的目标和要求：

目标 1：具有较好的人文社会科学素养、健康的身心素质、较强的社会责任感、良好的职业道德；

目标 2：具备较强的创新意识、团队精神、国际视野、管理能力、辩证决策能力和安全意识；

目标 3：系统掌握基础科学、安全科学与工程的基本理论和基本技能，具备扎实地解决复杂安全生产和安全管理问题的实践能力；

目标 4：能够独立从事安全科学技术研究、安全系统设计、安全管理、安全监察等方面工作；

目标 5：具有自主学习和终身学习的意识，能不断学习拓展自己的知识。

1.2.3 毕业要求

毕业生应理解、树立并践行社会主义核心价值观，获得以下知识和能力：

(1) 工程知识：能够将数学、自然科学、工程基础和安全工程技术及管理知识，用于分析解决事故预防、控制和处置过程中的复杂安全工程问题。

(2) 问题分析：能够应用安全技术、应急技术以及安全生产法律法规、安全技术规范和标准，并结合数学、自然科学、工程科学等基本原理，理解和掌握安全工程复杂问题的工程背景，并通过文献研究，分析复杂安全工程问题，提出符合安全工程背景的方案。

(3) 设计/开发解决方案：具备科学的思维方法，能够设计针对复杂安全工程问题的解决方案，设计满足安全需求的系统、单元或工艺流程，并能够在设计环节中体现创新意识，综合考虑社会、经济、环境、健康、安全、法律、文化以及环境等因素。

(4) 研究：能够基于安全科学原理与方法，针对性地设计实验过程，开展系统运行的定性、定量相似模拟研究，通过实验和数据分析，对系统运行的安全性、可靠性进行研究，优选符合工程安全的方案，解决安全设计、施工以及救援处置等实践中的复杂问题，独立从事安全技术、安全管理、评价、咨询与培训、技术研究或工程辅助设计方面工作。

(5) 使用现代工具：针对安全生产、应急救援过程中出现的复杂工程问题，开发、选择与使用恰当的技术、资源、现代工程和信息技术工具，结合技术规范合理分析与预测复杂安全工程中的安全技术问题，并能够理解其互补性和局限性。

(6) 工程和可持续发展：具备运用安全技术及管理相关知识进行科学评估的能力，能够评价安全技术及管理实践和复杂工程问题解决方案对社会、经济、环境、健康、安全、法律及文化的影响，同时应树立可持续发展观，深入理解和评价针对复杂安全技术及管理问题的工程实践对环境和可持续发展的影响。

(7) 伦理和职业规范：有工程报国、工程为民的意识，具有良好的思想道德修养、人文社会科学素养、社会责任感、法律法规意识、安全与健康理念、职业理想和敬业奉献精神，能够在工程实践中理解并遵守工程职业道德和技术规范，履行责任，有意愿并有能力服务所在行业和社会。

(8) 个人和团队：能够在多学科背景下的团队中承担并胜任个体、团队成员及负责人的角色，具备良好的团队合作能力。

(9) 沟通与交流：具有良好的习惯和乐观、积极、健康、正确的情感及人格；正确认识沟通合作对个人发展与成长的重要作用，并能够与业界同行及社会公众进行有效的沟通与交流；至少熟练掌握一门外国语，具有一定的国际视野和跨文化的交流、竞争与合作能力，具备国际视野卓越安全工程师的素质。

(10) 项目管理：能够掌握工程管理和安全经济决策的方法，具备良好的辩证决策能力，并能在安全工程设计、评价、检测、管理中进行应用。

(11) 终身学习：具备持续的终身学习能力与专业成长能力，了解最新安全、应急及相关领域科学技术发展动态前沿，不断学习并更新自己的知识和技能，科学设计职业发展规划和自我成长计划，适应时代和社会发展的新需求。

1.2.4 主干学科与交叉学科

主干学科：安全科学与工程。

交叉学科：矿业工程、信息与通信工程、计算机科学与技术等。

1.2.5 专业核心课程和特色课程

专业核心课程：燃烧学、安全系统工程、安全监测监控、矿井通风与空气调节、安全管理与法规、消防工程学、工业通风与防尘等。

特色课程：矿井通风与空气调节、矿井火灾防治、矿井瓦斯防治、消防工程学、应急管理与救援、安全大数据与智能分析等。

1.2.6 毕业学分要求与学分结构

本专业培养方案以矿山安全方向(卓越工程师计划)人才培养为特色,同时开设工业安全、智慧安全(国际班)方向课组,满足行业和经济发展对多样化安全人才的需求。

安全工程专业最低毕业学分为166学分,其中通识教育课程55学分(含第二课堂4学分),占总学分的比例为33.13%;实践教学环节42学分(含第二课堂4学分),占总学分的比例为25.30%。

矿山安全课组(卓越工程师计划)最低毕业学分为168学分,其中通识教育课程55学分(含第二课堂4学分),占总学分的比例为32.74%;实践教学环节44学分(含第二课堂4学分),占总学分的比例为26.19%。

安全工程专业学分结构如表1-1所列。

表1-1 安全工程专业学分结构

课程模块	必修学分		选修学分	总学分	占基本学分比例/%
	理论学分	实践学分			
通识教育课程	29	8	14	51	30.72
专业大类基础课程	44	4.5	4	52.5	31.63
专业课程	23	25.5(卓越工程师计划27.5)	4	52.5(卓越工程师计划54.5)	31.63
专业拓展课程			6	6	3.61
第二课堂		4		4	2.41
总计	96	42(卓越工程师计划44)	28	166(卓越工程师计划168)	
其中实践环节课程					25.30(卓越工程师计划26.19)

1.2.7 学制、修业年限和授予学位

学制为4年,修业年限为3~6年,授予工学学士学位。

1.2.8 本科教学进程表

安全工程专业本科教学进程表如表1-2所列。

1.2.9 课程体系与毕业要求的关联度矩阵表

安全工程专业课程体系与毕业要求的关联度矩阵表如表1-3所列。

1.2.10 课程体系拓扑图

安全工程专业课程体系拓扑图如图1-1所示。

1.2.11 专业课程支撑思政指标点矩阵表

安全工程专业课程支撑思政指标点矩阵表如表1-4所列。

表 1-2　安全工程专业本科教学进程表

课程性质		课程编号	课程名称	学分	课内学时数					开课学期	备注
					总学时	讲授	研讨	实验/实践	线上		
通识教育课程	通识教育核心必修课程	G2418301	中国近现代史纲要	2.5	40	40				1	
		G2418601	形势与政策(1)	0.5	16	12			4	1	
		G2418101	马克思主义基本原理	2.5	40	40				2	
		G2418401	思想道德与法治	2.5	40	40				3	
		G2418602	形势与政策(2)	0.5	16	12			4	3	
		G2418201	毛泽东思想和中国特色社会主义理论体系概论	2.5	40	40				4	
		G2418501	习近平新时代中国特色社会主义思想概论	3	48	48				5	
		G2418603	形势与政策(3)	0.5	16	12			4	5	
		G2418604	形势与政策(4)	0.5	16	12			4	7	
	通识教育必修课程	G2408101	计算思维与人工智能基础	2	32	32				1	
		G2413101	体育(1)	0.5	24	24				1	
		G2430001	大学生心理健康教育	2	32	24			8	1	
		G2413102	体育(2)	0.5	24	24				2	
		G2430002	军事理论与国家安全	3	52	28		4	20	2	
		G2412901	基础学术英语	2	32	32				3	
		G2413103	体育(3)	0.5	24	24				3	
		G2412905	高级学术英语	2	32	32				4	
		G2413104	体育(4)	0.5	24	24				4	
		G2413105	体育(5)	0.5	24	24				5	
		G2413106	体育(6)	0.5	24	24				6	
	通识教育必修课程共 29 学分										
	通识教育选修课程	模块一:"四史"课程		1	16	16				大一暑假线上	至少修读1门
		模块二:能源资源与人类文明									应修读
		模块三:艺术体验与审美鉴赏		2	32	32					至少修读2学分,其中艺术之美必修(1学分)
		模块四:创新教育与职业发展		2.5	40	40					至少修读2.5学分,其中大学生涯规划与职业发展必修(0.5学分)

表 1-2(续)

课程性质		课程编号	课程名称	学分	课内学时数					开课学期	备注
					总学时	讲授	研讨	实验/实践	线上		
通识教育课程	通识教育选修课程		模块五:中华文化与世界文明								选修
			模块六:科学精神与生命关怀								理工类不选
			模块七:社会认知与哲学审视								选修
			模块八:思维创新与管理沟通								建议修读模块中的管理类课程
		通识教育选修课程至少修读 14 学分									
	通识教育实践课程	P2408101	计算思维与人工智能基础上机实践	1	32			32		1	
		P2412901	基础英语实践(1)	1	32	32				3	
		P2412902	理解当代中国(演讲)	0	16	4			12	1	
		P2430005	军事训练	2	2 周					1	
		P2412903	基础英语实践(2)	1	32	32				4	
		P2412904	理解当代中国(翻译)	0	16	4			12	2	
		P2418501	“大思政课”实践	2	2 周					5	
		P2430103	劳动教育与实践	1	32			26	6	1—7	
		通识教育实践课程至少修读 8 学分									
通识教育课程至少修读 51 学分											
专业大类基础课程	专业大类基础必修课程	F2406501	大学化学	2	32	32				1	
		F2410801	高等数学(1)	2.5	40	40				1	
		F2410802	高等数学(2)	2.5	40	38		2		1	
		F2408104	Python 程序设计	2.5	40	40				2	
		F2410803	高等数学(3)	3	48	48				2	
		F2410804	高等数学(4)	3	48	46		2		2	
		F2414101	大学物理 B(1)	3.5	56	42	6		8	2	
		F2416001	安全科学与工程导论	1	16	16				2	
		F2402105	工程力学 C	4.5	72	64		8		3	
		F2403103	工程图学 C	2.5	40	32	8			3	
		F2410805	线性代数	2.5	40	32			8	3	
		F2410806	概率论与数理统计	2.5	40	40				3	
		F2414102	大学物理 B(2)	3.5	56	42	6		8	3	
		F2416002	热工学	2.5	40	40				4	
		F2417109	流体力学	3	48	48				4	
		F2423101	电工技术与电子技术 C	3	48	48				4	
	专业大类基础必修课程共 44 学分										

表 1-2(续)

课程性质		课程编号	课程名称	学分	课内学时数					开课学期	备注
					总学时	讲授	研讨	实验/实践	线上		
专业大类基础课程	专业大类基础选修课程	F2401102	采矿学 B	3	48	48				5	选修
		F2403150	机械设计基础 D	2	32	32				4	选修
		F2405504	煤矿地质学	2	32	26	6			4	选修
		F2408603	人工智能原理	3	48	48				4	选修
		F2416003	矿业安全工程概论	3	48	48				5	选修
		专业大类基础选修课程至少修读 4 学分									
	专业大类基础实践课程	P2408104	Python 程序设计上机实践	1	32			32		2	
		P2414101	物理实验(1)	1	32			32		2	
		P2414102	物理实验(2)	1	32			32		3	
		P2404504	电工技术与电子技术实验 C	0.5	16			16		4	
		P2430004	金工实习 D	1	1 周					4	
		专业大类基础实践课程共 4.5 学分									
专业大类基础课程至少修读 52.5 学分											
专业课程	专业主干课程	M2416101	燃烧学(教学示范)	3	48	42			6	4	线上线下混合
		M2416102	安全系统工程	3	48	48				5	
		M2416103	安全管理与法规(教学示范)	2.5	40	40				6	课程思政示范课
		M2416104	安全大数据与智能分析(教学示范)	1.5	24	24				6	AI 深度融合课程
		M2416105	安全监测监控	2	32	32				6	
		M2416106	应急管理与救援	2	32	28	4			6	
		小计		14	224	214	4		6		
		矿山安全课组(卓越工程师计划)									
		M2416107	矿井通风与空气调节	3	48	44	4			5	
		M2416108	矿井粉尘防治	1.5	24	24				5	
		M2416109	矿井火灾防治	2	32	24	8			6	
		M2416110	矿井瓦斯防治(教学示范)	2.5	40	36	4			6	基于 AI 知识图谱课
		小计		9	144	128	16				
		工业安全课组									
		M2416111	工业通风与防尘(教学示范)	3	48	48				5	课程思政示范课
		M2416112	消防工程学 A	2.5	40	40				5	
		M2416113	化工企业安全防护(产教融合)	1.5	24	24				6	
		M2416114	建筑施工安全	2	32	32				6	
		小计		9	144	144					

表 1-2(续)

课程性质		课程编号	课程名称	学分	课内学时数					开课学期	备注
					总学时	讲授	研讨	实验/实践	线上		
专业课程	专业主干课程	智慧安全课组(国际班)									
		M2416115	城市公共安全(产教融合)	2	32	32				5	
		M2416116	工业通风与防尘(国际)	3	48	48				5	课程思政示范课
		M2416117	安全物联网	1.5	24	24				6	
		M2416118	智慧消防(国际)	2.5	40	40				6	
		小计		9	144	144					
		专业主干课程共 23 学分									
	专业选修课程	M2416119	专业英语与科技论文写作(国际)	1	16	16				5	
		M2416120	安全人机工程	1.5	24	24				6	
		M2416121	安全经济学	1.5	24	24				6	
		M2416122	安全工程 CAD	1.5	24	24				6—7	
		M2416123	风险管控与隐患治理	1.5	24	24				6	
		M2416124	建筑施工安全 B	2	32	32				6	
		M2416125	安全检测技术	1.5	24	24				7	
		M2416126	电气安全	1.5	24	24				7	
		M2416127	机械与压力容器安全	1.5	24	24				7	
		M2416128	事故调查与分析技术	1.5	24	24				7	
		M2416129	危险化学品安全技术	1.5	24	24				7	
		M2416130	消防工程学 B	2	32	32				7	
		M2416131	职业安全与健康(国际)	1.5	24	24				7	
		专业选修课程至少修读 4 学分									
	专业实践课程	P2416100	专业创新实践	2	2 周			2 周		7	
		P2416101	认识实习	3	3 周					4	
		P2416102	安全基础实验	0.5	16			16		5	
		P2416103	安全专业实验(1)	1	32			32		6	
		P2416104	安全专业实验(2)	1	32			32		7	
		P2416105	生产实习	4	4 周					6	
		P2416107	毕业实习	3	3 周					8	
		P2416108	毕业设计(论文)	6	12 周					8	

表 1-2(续)

课程性质	课程编号	课程名称	学分	课内学时数					开课学期	备注
				总学时	讲授	研讨	实验/实践	线上		
专业课程 专业实践课程	矿山安全课组(卓越工程师计划)									
	P2416109	安全系统工程课程设计	1	1周					5	
	P2416110	矿井通风与空气调节课程设计	3	3周					5	含现场实践
	P2416111	矿井瓦斯、火灾、粉尘防治课程设计	3	3周					6	含现场实践
	工业安全课组									
	P2416109	安全系统工程课程设计	1	1周					5	
	P2416112	工业通风与防尘课程设计	2	2周					5	
	P2416113	消防工程学课程设计	2	2周					6	
	智慧安全课组(国际班)									
	P2416109	安全系统工程课程设计	1	1周					5	
	P2416112	工业通风与防尘课程设计	2	2周					5	
	P2416115	智慧消防课程设计	2	2周					6	
	专业实践课程共25.5学分(卓越工程师计划27.5学分)									
专业课程至少修读52.5学分(卓越工程师计划54.5学分)										
专业拓展课程 本专业拓展课程	E2416101	安全大数据建模	2	32	28	4			7	AI深度融合课程
	E2416102	高等岩石力学	2	32	32				7	本硕一体化课程
	E2416103	火灾数值模拟(国际)	2	32	32				7	本硕一体化课程
	E2416104	煤力学	2	32	32				7	本硕一体化课程
	E2416105	煤岩动力灾害防治	2	32	32				7	卓越工程师计划
	E2416106	现代测试分析技术	2	32	32				7	科研训练课程
	本专业拓展课程至少修读2学分									
跨专业拓展课程	I2405504	地球科学基础	2	32	32				3	
	I2402402	土木工程概论	2	32	32				6	
	I2407302	生态环境与健康	2	32	32				7	
	I2414502	新能源材料概论	2	32	32				7	
	跨专业拓展课程至少修读4学分									
专业拓展课程至少修读6学分										
第二课堂	S2430101	阅读经典	0						7	
	S2430102	社会实践	2	2周					7	
	S2430103	公益志愿服务	1	32			32		7	
	S2430104	校园文化活动(含美育实践)	1	1周					7	
第二课堂课程共4学分										

表 1-3　安全工程专业课程体系与毕业要求的关联度矩阵表

课程编号	课程名称	1. 工程知识		2. 问题分析		3. 设计/开发解决方案		4. 研究		5. 使用现代工具		6. 工程和可持续发展		7. 伦理和职业规范		8. 个人和团队		9. 沟通与交流		10. 项目管理		11. 终身学习	
		1.1 基础知识	1.2 专业知识	2.1 图纸识别	2.2 问题分析	3.1 需求提炼	3.2 方案提出	4.1 实验设计	4.2 数据分析	5.1 工程工具	5.2 信息工具	7.1 设计方法	7.2 影响评价	8.1 社会责任	8.2 安全职责	9.1 个人发展	9.2 团队角色	10.1 同行交流	10.2 国际交流	11.1 工程管理	11.2 系统工程	12.1 自主学习	12.2 终身学习
G2418101	马克思主义基本原理													M									L
G2418201	毛泽东思想和中国特色社会主义理论体系概论													M									L
G2418301	中国近现代史纲要													M									L
G2418401	思想道德与法治													H			M						L
G2418501	习近平新时代中国特色社会主义思想概论													M									L
G2418601	形势与政策(1)												M										L
G2418602	形势与政策(2)												M										L

表 1-3(续)

课程编号	课程名称	1.工程知识		2.问题分析		3.设计/开发解决方案		4.研究		5.使用现代工具		6.工程和可持续发展		7.伦理和职业规范		8.个人和团队		9.沟通与交流		10.项目管理		11.终身学习	
		1.1 基础知识	1.2 专业知识	2.1 图纸识别	2.2 问题分析	3.1 需求提炼	3.2 方案提出	4.1 实验设计	4.2 数据分析	5.1 工程工具	5.2 信息工具	7.1 设计方法	7.2 影响评价	8.1 社会责任	8.2 安全职责	9.1 个人发展	9.2 团队角色	10.1 同行交流	10.2 国际交流	11.1 工程管理	11.2 系统工程	12.1 自主学习	12.2 终身学习
G2418603	形势与政策(3)												M										L
G2418604	形势与政策(4)												M										L
G2412901	基础学术英语																		M				L
G2412905	高级学术英语																		M				L
G2408101	计算思维与人工智能基础			M							H												L
G2413101	体育(1)															H							M
G2413102	体育(2)															H							M
G2413103	体育(3)															H							M
G2413104	体育(4)															H							M
G2413105	体育(5)															H							M
G2413106	体育(6)															H							M
G2430001	大学生心理健康教育															H		L					M

表 1-3(续)

课程编号	课程名称	1. 工程知识		2. 问题分析		3. 设计/开发解决方案		4. 研究		5. 使用现代工具		6. 工程和可持续发展		7. 伦理和职业规范		8. 个人和团队		9. 沟通与交流		10. 项目管理		11. 终身学习	
		1.1 基础知识	1.2 专业知识	2.1 图纸识别	2.2 问题分析	3.1 需求提炼	3.2 方案提出	4.1 实验设计	4.2 数据分析	5.1 工程工具	5.2 信息工具	7.1 设计方法	7.2 影响评价	8.1 社会责任	8.2 安全职责	9.1 个人发展	9.2 团队角色	10.1 同行交流	10.2 国际交流	11.1 工程管理	11.2 系统工程	12.1 自主学习	12.2 终身学习
G2430002	军事理论与国家安全													M		L							
	“四史”课程												H					M					L
	能源资源与人类文明	H											L										
	美育类课程													L				H					M
	创新创业类课程															H		M		L			
	中华文化与世界文明													H				M					L
	社会认知与哲学审视													M		H							L
	思维创新与管理沟通											M				H							L

表 1-3(续)

课程编号	课程名称	1. 工程知识		2. 问题分析		3. 设计/开发解决方案		4. 研究		5. 使用现代工具		6. 工程和可持续发展		7. 伦理和职业规范		8. 个人和团队		9. 沟通与交流		10. 项目管理		11. 终身学习	
		1.1 基础知识	1.2 专业知识	2.1 图纸识别	2.2 问题分析	3.1 需求提炼	3.2 方案提出	4.1 实验设计	4.2 数据分析	5.1 工程工具	5.2 信息工具	7.1 设计方法	7.2 影响评价	8.1 社会责任	8.2 安全职责	9.1 个人发展	9.2 团队角色	10.1 同行交流	10.2 国际交流	11.1 工程管理	11.2 系统工程	12.1 自主学习	12.2 终身学习
P2418501	“大思政课”实践															M							L
P2412901	基础英语实践(1)													M				H					L
P2412902	理解当代中国(演讲)													H				M					L
P2412903	基础英语实践(2)													M				H					L
P2412904	理解当代中国(翻译)													H				M					L
P2408101	计算思维与人工智能基础上机实践			M							H												L
P2430005	军事训练															H							M
P2430103	劳动教育与实践													L		H							M
F2410801	高等数学(1)	M							L														H

表 1-3(续)

课程编号	课程名称	1.工程知识		2.问题分析		3.设计/开发解决方案		4.研究		5.使用现代工具		6.工程和可持续发展		7.伦理和职业规范		8.个人和团队		9.沟通与交流		10.项目管理		11.终身学习	
		1.1 基础知识	1.2 专业知识	2.1 图纸识别	2.2 问题分析	3.1 需求提炼	3.2 方案提出	4.1 实验设计	4.2 数据分析	5.1 工程工具	5.2 信息工具	7.1 设计方法	7.2 影响评价	8.1 社会责任	8.2 安全职责	9.1 个人发展	9.2 团队角色	10.1 同行交流	10.2 国际交流	11.1 工程管理	11.2 系统工程	12.1 自主学习	12.2 终身学习
F2410802	高等数学(2)	M							L														H
F2410803	高等数学(3)	M							L														H
F2410804	高等数学(4)	M							L														H
F2414101	大学物理B(1)	M							L														H
F2414102	大学物理B(2)	M							L														H
F2406501	大学化学	M							L														H
F2410805	线性代数	M							L														H
F2410806	概率论与数理统计	M							L														H
F2402105	工程力学C	M							L														H
F2408104	Python程序设计								L		M												
F2403103	工程图学C	H		M						L													

表 1-3(续)

课程编号	课程名称	1.工程知识		2.问题分析		3.设计/开发解决方案		4.研究		5.使用现代工具		6.工程和可持续发展		7.伦理和职业规范		8.个人和团队		9.沟通与交流		10.项目管理		11.终身学习	
		1.1 基础知识	1.2 专业知识	2.1 图纸识别	2.2 问题分析	3.1 需求提炼	3.2 方案提出	4.1 实验设计	4.2 数据分析	5.1 工程工具	5.2 信息工具	7.1 设计方法	7.2 影响评价	8.1 社会责任	8.2 安全职责	9.1 个人发展	9.2 团队角色	10.1 同行交流	10.2 国际交流	11.1 工程管理	11.2 系统工程	12.1 自主学习	12.2 终身学习
F2423101	电工技术与电子技术 C	L								M													H
F2416001	安全科学与工程导论						M						H								L		
F2417109	流体力学	H											M						L				
F2416002	热工学	H											M						L				
F2401102	采矿学 B	H											M						L				
F2403150	机械设计基础 D			L						M													H
F2405504	煤矿地质学	H		M						L													
F2416003	矿业安全工程概论	H		M						L													
F2408603	人工智能原理	H								M	M											L	
P2414101	物理实验(1)				H	L						M											

表 1-3(续)

课程编号	课程名称	1. 工程知识		2. 问题分析		3. 设计/开发解决方案		4. 研究		5. 使用现代工具		6. 工程和可持续发展		7. 伦理和职业规范		8. 个人和团队		9. 沟通与交流		10. 项目管理		11. 终身学习	
		1.1 基础知识	1.2 专业知识	2.1 图纸识别	2.2 问题分析	3.1 需求提炼	3.2 方案提出	4.1 实验设计	4.2 数据分析	5.1 工程工具	5.2 信息工具	7.1 设计方法	7.2 影响评价	8.1 社会责任	8.2 安全职责	9.1 个人发展	9.2 团队角色	10.1 同行交流	10.2 国际交流	11.1 工程管理	11.2 系统工程	12.1 自主学习	12.2 终身学习
P2414102	物理实验(2)				H	L						M											
P2408104	Python 程序设计上机实践				M						H											L	
P2404504	电工技术与电子技术实验 C						M			H												L	
P2430004	金工实习 D					M						H										L	
M2416101	燃烧学(教学示范)		H										L					L					
M2416102	安全系统工程		H										L					L					
M2416103	安全管理与法规(教学示范)		H										L					L					
M2416104	安全大数据与智能分析(教学示范)		H						H				L					L					

表 1-3(续)

课程编号	课程名称	1. 工程知识		2. 问题分析		3. 设计/开发解决方案		4. 研究		5. 使用现代工具		6. 工程和可持续发展		7. 伦理和职业规范		8. 个人和团队		9. 沟通与交流		10. 项目管理		11. 终身学习	
		1.1 基础知识	1.2 专业知识	2.1 图纸识别	2.2 问题分析	3.1 需求提炼	3.2 方案提出	4.1 实验设计	4.2 数据分析	5.1 工程工具	5.2 信息工具	7.1 设计方法	7.2 影响评价	8.1 社会责任	8.2 安全职责	9.1 个人发展	9.2 团队角色	10.1 同行交流	10.2 国际交流	11.1 工程管理	11.2 系统工程	12.1 自主学习	12.2 终身学习
M2416105	安全监测监控		H										L					L					
M2416106	应急管理与救援		H											M	M								
M2416107	矿井通风与空气调节		H										L		M			L					
M2416108	矿井粉尘防治		H										L		M			L					
M2416109	矿井火灾防治		H										L	M	M			L					
M2416110	矿井瓦斯防治(教学示范)		H										L	M	M			L					
M2416112	消防工程学A		H										L	M	M			L					
M2416111	工业通风与防尘(教学示范)		H											M	M								
M2416114	建筑施工安全		H											M	M								

表 1-3(续)

课程编号	课程名称	1. 工程知识		2. 问题分析		3. 设计/开发解决方案		4. 研究		5. 使用现代工具		6. 工程和可持续发展		7. 伦理和职业规范		8. 个人和团队		9. 沟通与交流		10. 项目管理		11. 终身学习	
		1.1 基础知识	1.2 专业知识	2.1 图纸识别	2.2 问题分析	3.1 需求提炼	3.2 方案提出	4.1 实验设计	4.2 数据分析	5.1 工程工具	5.2 信息工具	7.1 设计方法	7.2 影响评价	8.1 社会责任	8.2 安全职责	9.1 个人发展	9.2 团队角色	10.1 同行交流	10.2 国际交流	11.1 工程管理	11.2 系统工程	12.1 自主学习	12.2 终身学习
M2416113	化工企业安全防护（产教融合）		H											M	M								
M2416115	城市公共安全（产教融合）		H											M									
M2416117	安全物联网		H												M							L	L
M2416118	智慧消防（国际）		H				L							M					H			L	L
M2416126	电气安全		H											M	M								L
M2416120	安全人机工程		H							M				L									
M2416131	职业安全与健康（国际）	H			M														H				
M2416119	专业英语与科技论文写作（国际）										M								H			H	H

表 1-3(续)

课程编号	课程名称	1.工程知识		2.问题分析		3.设计/开发解决方案		4.研究		5.使用现代工具		6.工程和可持续发展		7.伦理和职业规范		8.个人和团队		9.沟通与交流		10.项目管理		11.终身学习	
		1.1 基础知识	1.2 专业知识	2.1 图纸识别	2.2 问题分析	3.1 需求提炼	3.2 方案提出	4.1 实验设计	4.2 数据分析	5.1 工程工具	5.2 信息工具	7.1 设计方法	7.2 影响评价	8.1 社会责任	8.2 安全职责	9.1 个人发展	9.2 团队角色	10.1 同行交流	10.2 国际交流	11.1 工程管理	11.2 系统工程	12.1 自主学习	12.2 终身学习
M2416122	安全工程CAD									H		L											M
M2416127	机械与压力容器安全		H											M	M								
M2416121	安全经济学		H																				
M2416129	危险化学品安全技术		H											M	M								
M2416130	消防工程学B		H											M	M								
M2416124	建筑施工安全B		H											M	M								
M2416128	事故调查与分析技术		H											M	M								
M2416125	安全检测技术		H											M	M								

表 1-3(续)

课程编号	课程名称	1.工程知识		2.问题分析		3.设计/开发解决方案		4.研究		5.使用现代工具		6.工程和可持续发展		7.伦理和职业规范		8.个人和团队		9.沟通与交流		10.项目管理		11.终身学习	
		1.1 基础知识	1.2 专业知识	2.1 图纸识别	2.2 问题分析	3.1 需求提炼	3.2 方案提出	4.1 实验设计	4.2 数据分析	5.1 工程工具	5.2 信息工具	7.1 设计方法	7.2 影响评价	8.1 社会责任	8.2 安全职责	9.1 个人发展	9.2 团队角色	10.1 同行交流	10.2 国际交流	11.1 工程管理	11.2 系统工程	12.1 自主学习	12.2 终身学习
M2416123	风险管控与隐患治理		H											M	M								
P2416100	专业创新实践													M	M		H					H	
P2416101	认识实习		H														H	L					
P2416102	安全基础实验				H			M					L										
P2416103	安全专业实验(1)				H			M					L										
P2416104	安全专业实验(2)				H			M					L										
P2416105	生产实习				H												H	L					
P2416107	毕业实习		H														H	L					
P2416108	毕业设计(论文)		H														M				L	L	
P2416109	安全系统工程课程设计	H														M					L		

表 1-3(续)

课程编号	课程名称	1. 工程知识		2. 问题分析		3. 设计/开发解决方案		4. 研究		5. 使用现代工具		6. 工程和可持续发展		7. 伦理和职业规范		8. 个人和团队		9. 沟通与交流		10. 项目管理		11. 终身学习	
		1.1 基础知识	1.2 专业知识	2.1 图纸识别	2.2 问题分析	3.1 需求提炼	3.2 方案提出	4.1 实验设计	4.2 数据分析	5.1 工程工具	5.2 信息工具	7.1 设计方法	7.2 影响评价	8.1 社会责任	8.2 安全职责	9.1 个人发展	9.2 团队角色	10.1 同行交流	10.2 国际交流	11.1 工程管理	11.2 系统工程	12.1 自主学习	12.2 终身学习
P2416110	矿井通风与空气调节课程设计					H			M														
P2416111	矿井瓦斯、火灾、粉尘防治课程设计	H									M							L					
P2416112	工业通风与防尘课程设计										H		M								L		
P2416113	消防工程学课程设计	H							M								L						
P2416115	智慧消防课程设计			M					H			L										L	
E2416101	安全大数据建模			M					H			L										L	
E2416102	高等岩石力学			M					H			L										L	

表 1-3(续)

课程编号	课程名称	1. 工程知识		2. 问题分析		3. 设计/开发解决方案		4. 研究		5. 使用现代工具		6. 工程和可持续发展		7. 伦理和职业规范		8. 个人和团队		9. 沟通与交流		10. 项目管理		11. 终身学习	
		1.1 基础知识	1.2 专业知识	2.1 图纸识别	2.2 问题分析	3.1 需求提炼	3.2 方案提出	4.1 实验设计	4.2 数据分析	5.1 工程工具	5.2 信息工具	7.1 设计方法	7.2 影响评价	8.1 社会责任	8.2 安全职责	9.1 个人发展	9.2 团队角色	10.1 同行交流	10.2 国际交流	11.1 工程管理	11.2 系统工程	12.1 自主学习	12.2 终身学习
E2416103	火灾数值模拟(国际)		H																				
E2416104	煤力学		H																				
E2416105	煤岩动力灾害防治		H																				
E2416106	现代测试分析技术							H	H	M												L	
S2430101	阅读经典	L																				M	
S2430102	社会实践	L																				M	
S2430103	公益志愿服务													M								L	
S2430104	校园文化活动(含美育实践)											M										L	

注:H 代表关联度高,M 代表关联度中等,L 代表关联度低。

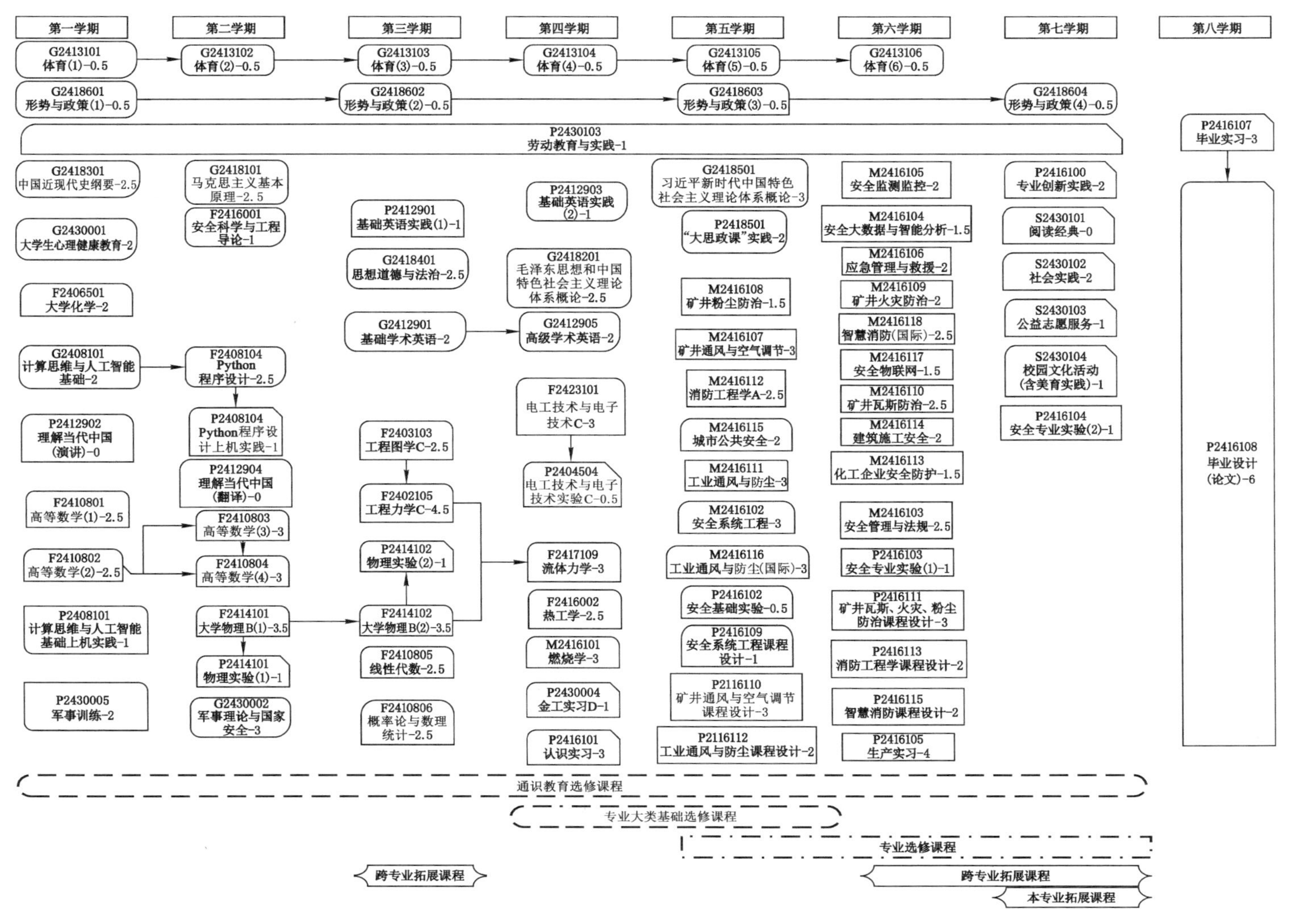

图 1-1 安全工程专业课程体系拓扑图

表 1-4　安全工程专业课程支撑思政指标点矩阵表

课程类别	课程名称	课程思政指标点										
		家国情怀	责任担当	工匠精神	科学素养	创新精神	求实精神	质疑精神	批判精神	合作意识	规则意识	工程伦理
		1.1	1.2	1.3	1.4	1.5	1.6	1.7	1.8	1.9	1.10	1.11
专业大类基础和专业主干课程	安全科学与工程导论	△	△	△	△	△	△	△				△
	流体力学			△	△						△	
	热工学			△	△						△	
	燃烧学(教学示范)			△	△						△	
	采矿学 B		△	△	△						△	△
	煤矿地质学	△					△	△	△			△
	矿业安全工程概论		△									△
	安全系统工程	△	△									△
	安全管理与法规(教学示范)	△	△									△
	安全监测监控	△				△						
	安全大数据与智能分析(教学示范)	△				△						
	矿井通风与空气调节	△	△			△	△	△	△		△	△
	矿井粉尘防治	△	△			△						△
	矿井火灾防治	△	△			△						△
	矿井瓦斯防治(教学示范)	△	△		△	△	△	△				△
	消防工程学 A	△	△		△	△			△			△
	工业通风与防尘(教学示范)	△	△			△			△			△
	建筑施工安全	△	△			△						△
	化工企业安全防护(教学示范)	△	△			△						△
	应急管理与救援	△	△					△	△			△
专业选修课程	电气安全	△	△									
	职业安全与健康(国际)	△			△	△						△
	专业英语与科技论文写作(国际)	△	△									△
	安全工程 CAD	△				△					△	
	机械与压力容器安全	△	△					△	△			△
	安全经济学											
	危险化学品安全技术	△	△						△			△
	消防工程学 B	△	△		△			△			△	△
	建筑施工安全 B	△	△								△	△
	事故调查与分析技术	△	△									△
	安全检测技术	△			△	△					△	
	风险管控与隐患治理	△	△									△

表 1-4(续)

课程类别	课程名称	课程思政指标点										
		家国情怀	责任担当	工匠精神	科学素养	创新精神	求实精神	质疑精神	批判精神	合作意识	规则意识	工程伦理
		1.1	1.2	1.3	1.4	1.5	1.6	1.7	1.8	1.9	1.10	1.11
专业实践课程	专业创新实践					△	△	△			△	
	安全基础实验	△		△			△	△	△		△	
	安全专业实验(1)	△		△			△	△	△		△	
	安全专业实验(2)			△			△	△	△		△	
	认识实习	△	△	△		△						△
	生产实习	△	△	△		△						△
	毕业实习	△	△	△		△						△
	毕业设计(论文)		△	△		△						
	安全系统工程课程设计			△					△	△	△	
	矿井通风与空气调节课程设计			△					△	△	△	
	矿井瓦斯、火灾、粉尘防治课程设计			△					△	△	△	
	工业通风与防尘课程设计			△							△	△
	消防工程学课程设计			△							△	△
	智慧消防课程设计			△							△	△
专业拓展课程	煤岩动力灾害防治		△	△		△			△			
	安全大数据建模	△	△	△		△		△	△			△
	煤力学	△	△	△				△	△			△
	火灾数值模拟(国际)	△	△	△					△			△
	高等岩石力学	△	△	△				△	△			△
	现代测试分析技术	△	△	△		△		△				△
	生态环境与健康	△	△					△	△			△
	新能源材料概论	△	△					△	△			△
	地球科学基础	△	△					△	△			△
	土木工程概论	△	△					△	△			△

1.3　安全工程专业实践教学课程体系

实践教学是将知识转化为能力的关键性环节。安全工程专业 2020 版培养方案设置了 166 分的总学分，其中实践教学环节共 42 学分，在总学分中占比达 25%以上，是安全工程专业学生培养的重要环节。安全工程专业学生实践主要包含以下几种类型：实习实践、课程设计实践、创新创业实践等。

1.3.1 实习实践

安全工程专业设置了认识实习、生产实习和毕业实习3个企业现场实习单元。

认识实习占3周学时，共计3个学分，安排在第四学期。认识实习是安全工程专业在读学生的必修课程之一，同时也是一门工科实践课。认识实习的目的是使学生在掌握专业课程的基础之上，进入有关企业进行参观学习。认识实习不仅能够有效巩固学生所学的专业知识，还能使学生在实践中综合运用课本所学的专业知识，实现理论与实践相结合，帮助学生初步了解工矿企业生产过程和工艺流程，学习工矿企业安全工程技术和安全管理知识，开阔眼界、增长见识，培养学生的动手能力和主动思考能力，进而激发学生对后续课程学习的热情和动力。

生产实习占4周学时，共计4个学分，安排在第六学期。安全工程专业生产实习的目的是，使学生进一步理解“安全第一，预防为主，综合治理”的安全生产方针，加深了解工矿企业安全生产的基本技能及管理方法，进一步验证、深化、巩固和充实所学安全理论知识；掌握调查、研究工矿企业解决安全生产实际问题的方法，培养能够综合运用所学知识，理论联系实际，分析和解决实际问题的基本能力。

毕业实习占3周学时，共计3个学分，安排在第八学期。安全工程专业毕业实习的目的是，使学生加深理解工矿企业安全生产的基本技能及管理方法，将所学安全理论知识与具体工程实践相结合；掌握调查、研究工矿企业解决安全生产实际问题的方法，培养能够综合运用所学知识，理论联系实际，分析和解决实际问题的基本能力；为后续毕业设计(论文)打下坚实的基础。通过安全工程专业毕业实习，以期达到让毕业生掌握工矿企业生产过程中各类安全系统的工作原理和设计方法，熟悉安全法规、安全评价与风险分析的基本知识和技能，能够就复杂安全工程问题与业界同行及社会公众进行有效沟通和交流，利用所学的自然科学和安全工程专业技术理论与知识，以创新的思维方法，针对复杂的安全工程问题设计出满足特定工程需求的解决方案的培养目标。

1.3.2 课程设计实践

由表1-2可以看出，安全工程专业的课程设计实践主要包括安全系统工程课程设计、矿井通风与空气调节课程设计[矿山安全课组(卓越工程师计划)]、工业通风与防尘课程设计(工业安全课组)、智慧消防课程设计[智慧安全课组(国际班)]等。学生根据所选择的专业方向来选择课程设计。

安全系统工程课程设计占1周学时，共计1个学分。本设计旨在进一步加深学生所学安全系统工程专业知识，培养学生对安全系统工程课程所学知识的综合运用能力。通过设计不同行业经典安全场景，引导学生运用安全系统工程的基本原理和方法，辨识企业生产过程中存在的危险源，并利用系统安全分析方法评价系统的危险性，根据辨识分析结果，提出建议措施。

矿井通风与空气调节课程设计占3周学时，共计3个学分。矿井通风与空气调节课程设计是必修的一门专业实践课程，是矿井通风与空气调节课程的实践性教学环节。通过本课程设计的训练，使学生加深对矿井通风与空气调节课程中所学概念和理论知识的理解，巩固掌握矿井通风系统设计的原则、内容、步骤和方法，针对矿井存在的安全问题，开展专题初步设计，培养学生检索科技文献资料、独立确定设计方案、完成设计计算、绘制设计图纸、规范编制设计说明书的能力。

工业通风与防尘课程设计占 2 周学时，共计 2 个学分。学生应在完成工业通风与防尘课程的基础上完成本课程设计。学生在设计过程中应综合利用工业通风与防尘课程中通风原理、粉尘性质、粉尘测定、通风净化及除尘降尘技术、综合防尘技术知识，结合通风基本原理、通风方式等相关知识，完成工业场所工业通风与防尘综合设计，在满足工业场所粉尘防治的基础上，应有一定的创新。通过本课程设计，使学生能够针对复杂工程问题设计解决方案，且设计能满足特定需求的系统、单元(部件)或工艺流程，并能够在设计环节中合理分析企业粉尘问题解决方案存在的风险及对经济、健康、环境及社会可持续发展产生的影响，初步具备团结协作、撰写报告、设计文件、陈述发言的能力，达到实践教学的毕业生培养目标。

矿井瓦斯、火灾、粉尘防治课程设计占 3 周学时，共计 3 个学分。矿井瓦斯、火灾、粉尘防治课程设计是矿山安全课组(卓越工程师计划)的实践课程，也是矿井瓦斯防治课程、矿井火灾防治课程、矿井粉尘防治课程的重要实践性教学环节。通过本课程设计的学习，使学生加深对矿井瓦斯防治课程、矿井火灾防治课程、矿井粉尘防治课程中所学概念和理论知识的理解，巩固掌握矿井通防灾害防控系统设计的原则、内容、步骤和方法，能够独立开展科技文献资料检索、设计方案确定、设计计算、图纸绘制和设计说明书的编制等内容，进一步培养学生的创新精神、协作精神和工程意识，提高学生理论联系实践、运用理论知识解决实际问题的能力。

消防工程学课程设计占 2 周学时，共计 2 个学分。消防工程学课程设计是消防工程学课程体系的理论与工程实践相结合的重要环节，也是培养学生实践动手和工程应用能力的有效途径，更是理论教学和实践教学结合的重要手段。通过本课程设计的学习，使学生系统地了解工业和生活中防火基本原理、知识和内容，树立正确的防火观念和意识，对企业生产和民用生活的消防管理知识理解得更为深刻。

智慧消防课程设计占 2 周学时，共计 2 个学分。智慧消防课程设计是智慧消防课程的重要实践性教学环节。通过本课程设计的学习，使学生加深对智慧消防课程中所学概念和理论知识的理解，熟悉智慧消防设计的规范和标准，具备消防物联网、消防大数据、应急救援辅助决策系统设计的专业素质和能力，能进行城市火灾防控信息化、智能化的设计，进一步培养学生能够独立应用消防物联网、消防大数据、应急救援辅助决策系统，提高学生利用信息化手段解决现实消防问题的能力。

1.3.3 创新创业实践

创新创业实践占 2 周学时，共计 2 个学分。这个实践环节是大学创新创业型人才培养目标得以实现的重要环节，实践依托中国矿业大学各级各类大学生创新创业计划、“挑战杯”全国大学生课外学术作品竞赛、国家重点实验室、国家工程研究中心、国家级工程实践教育中心、本科生“安全科技创新基地”、安全工程学院本科生“导师制”培养制度、开放性实验等平台，通过教师指导学生开展具体的创新创业实践，能清晰地认识到创新的重要性，掌握一些基本的创新技法，并且在学习生活中能积极主动去创新。通过创新创业实践的锻炼，培养学生的创新意识和创新素养，切实提升学生的创新能力，培养学生善于思考、勇于探索的创新精神。

综上，由实习实践、课程设计实践和创新创业实践组成的专业实践教学环节是安全工程专业学生创新能力培养的有力支撑，是专业教学活动必不可少的组成部分。为规范实践教学，提升教学效果，支撑一流学科人才培养，有必要编制安全工程专业实践教学的指导书。

2 安全工程专业实践教学平台建设

为确保安全工程专业学生获得真实的实习实践经验，近些年中国矿业大学安全工程学院开拓并持续建设了2个国家级工程实践教育中心及20余个院、校两级高质量实践教学基地，涵盖矿山、化工、消防、仓储等多个行业，基本满足了安全科学与工程学科学生从业多样化对实践创新经历的需求。同时，在实践教学基地的建设过程中，学院关注实习企业对人才需求，实施定制化实习，积极推动校企深度融合，探索形成校企共赢的长期合作机制。在实习过程中积极实行企业导师主导制，实行毕业实习与学生就业相结合的顶岗实习，使学生获得实战化的工作实践经验，解决了学生实习"落地难"的问题。

目前，安全工程专业主要的实习教学基地包括：中国矿业大学-兖矿集团国家级工程实践教育中心(济宁二号煤矿实践教学基地)、中储粮镇江粮油有限公司实践创新基地、上海隧道工程股份有限公司实践创新基地、深圳汇安消防设施工程有限公司实践创新基地、苏州新星核电技术服务有限公司实践基地及运城职业技术大学教学矿井等实习教学点。其中，安全工程专业矿山安全课组主要利用济宁二号煤矿实践教学基地、运城职业技术大学教学矿井来开展实践教学工作。工业安全课组主要利用中储粮镇江粮油有限公司实践创新基地、上海隧道工程股份有限公司实践创新基地、深圳汇安消防设施工程有限公司实践创新基地、苏州新星核电技术服务有限公司实践基地等来开展实践教学。

上述实习实践基地不仅为安全工程专业的实践教学提供了良好教学场所，更为重要的是这些企业中一些具有丰富工作经验的技术人员受聘成为安全工程专业的"企业导师"。校内教师与合作企业的企业导师深度合作，企业导师全方位参与人才培养、师资培训、专业建设、实习实践和工程实践类课程的教学和教材建设等，有力提升了本专业的实践教学水平。

2.1 中国矿业大学-兖矿集团国家级工程实践教育中心

2.1.1 矿井概况

济宁二号煤矿是国家"八五"重点建设项目，隶属于兖矿能源集团股份有限公司，井田面积90 km^2，位于济宁市东郊。兖矿集团是以煤炭、煤化工、煤电铝及机电成套装备制造为主导产业的国有特大型企业。矿区开发建设始于1966年，1976年成立兖州矿务局，1996年整体改制为国有独资公司，1999年成立兖矿集团有限公司，是华东地区煤炭生产、出口、深加工重要基地和山东省三大化工产业基地之一。

济宁二号煤矿可采储量3.47亿吨，设计年产量为400万吨，矿井核定能力500万吨/年。该矿于1989年12月24日开始兴建，1997年11月8日建成投产。该矿配套建设了一座年入选能力400万吨的现代化大型选煤厂。煤炭品种为肥煤和气肥煤，具有低灰、低磷、低硫、高发热量、高流动度等特点，是优质的炼焦、动力、化工、造气、冶金、水煤浆用煤。

2.1.1.1 矿井的自然条件

济宁二号煤矿开采井田地形平坦，地势北高南低。地面标高＋33～＋37 m，地形坡度约0.04%，为由东北向西南逐渐降低的滨湖冲积平原。历史最高洪水位＋36.95 m(1957年)。工业广场标高为＋37～＋38 m，井田内主要河流有洸府河和京杭运河，均系人工河。洸府河由北向南经井田中部汇入南阳湖，区内长10 km，为季节性河流，最高水位＋39.12 m，汛期最大流量400 m^3/s(1964年9月1日)，旱季流量减小乃至干涸。京杭运河为井田的西部边界，自北向南汇入南阳湖，最高水位＋36.54 m，汛期最大流量626 m^3/s(1964年9月6日)，旱季流量减小甚至断流。矿区属于温带半湿润季风区，属大陆与海洋间过渡性气候，四季分明。据济宁气象站1959—2004年的观测资料，年平均气温13.7 ℃。多年平均气温最低月为1月份，平均气温－6.8 ℃，最高气温在7月份，平均气温31.6 ℃，最高达41.6 ℃(1960年6月21日)，日最低气温－19.4 ℃(1964年2月18日)。年平均降雨量682.0 mm，年最小降雨量347.9 mm(1988年)，最大降雨量1 186 mm(1963年)。最大月降雨量506.3 mm(1995年8月)。雨季多集中在7—8月，有时延至9月，其降雨量约占全年降雨量的54%。年平均蒸发量1 833.2 mm，最大蒸发量多在4—7月，约占全年蒸发量的45%。风向频率：春、夏两季多东及东南风，冬季多西北风，最大风速22.7 m/s(1979年6月25日)。结冰期由11月至翌年3月，最大冻土深度0.37 m(1980年2月11日—12日)，最大积雪厚度0.15 m(1964年2月15日)。

2.1.1.2 井田水文地质情况

井田为隐伏煤田，上覆地层第四系厚149.40～250.00 m，上侏罗统平均厚244.53 m。$3_{上}$煤层顶板砂岩之上有二叠系隔水层组，平均厚165.42 m，煤系埋藏深度在490 m以下。因此，大气降水，南阳湖和洸府河、辽沟河等地表水，第四系砂层水和上侏罗统砂岩水，很难下渗补给煤系各含水层，与矿井涌水量无直接关系。最下一个可采煤层，与奥灰之间沉积有比较厚的压盖隔水层组(平均厚度约80.00 m)，正常情况下，能阻止奥灰底鼓水。上组煤直接充水含水层，根据所在构造块段的富水性和补给水源情况，分为3个区。

$Ⅰ_{1A}$区：位于八里铺断层与孙氏店断层之间，八里营断层以南。直接充水含水层富水性弱。孙氏店断层处长达11 km范围内与奥陶系强含水层富水区相对，补给水源充沛。但因孙氏店断层的附生断层、分支断层多，使直接充水含水层被连续错断，与奥灰相对而不接触，补给途径不好，水文地质条件比较简单。

$Ⅰ_{1B}$区：位于八里铺断层以西。直接充水含水层富水性弱，八里铺断层处仅有2.3 km范围与奥陶系顶部灰岩相对，补给水源差，水文地质条件简单。

$Ⅱ_{1}$区：位于八里铺断层与孙氏店断层之间，八里营断层以北。直接充水含水层露头远在二十里铺断层以南第四系之下，富水性中等。东面孙氏店断层处补给条件与$Ⅰ_{1A}$区的基本相同，水文地质条件中等。

2.1.1.3 矿井开采技术条件

(1) 顶底板条件

$3_{上}$、$3_{下}$、$10_{下}$、$16_{上}$和17煤层顶板为中等稳定～稳定顶板；6、$15_{上}$煤层顶板为不稳定～稳定顶板。$3_{上}$、$3_{下}$、6、$10_{下}$煤层底板以粉砂岩、泥岩为主，属中硬底板；$15_{上}$、$16_{上}$、17煤层底板以泥岩为主，属较软底板。

(2) 瓦斯

2012 年 7 月，该矿按规定进行了瓦斯鉴定工作，依据山东省煤炭工业局文件《关于 2012 年度全省煤矿瓦斯等级鉴定结果审查意见的通知》(鲁煤安管〔2012〕180 号)，鉴定结果为低瓦斯矿井。该矿相对瓦斯涌出量为 0.25 m^3/t，绝对瓦斯涌出量为 1.91 m^3/min，无高瓦斯区，属于瓦斯矿井；二氧化碳相对涌出量为 1.18 m^3/t，绝对涌出量为 8.83 m^3/min。

(3) 煤尘爆炸性

根据 2007 年 5 月煤炭科学研究总院重庆分院提供的煤尘爆炸性鉴定报告结果，$3_上$、$3_下$煤层均具有煤尘爆炸性危险。$3_上$ 煤层煤尘爆炸指数为 38.29%～47.24%；$3_下$ 煤层煤尘爆炸指数为 31.38%～43.67%。

(4) 煤的自然发火

开采的 $3_上$、$3_下$ 煤层经煤炭科学研究总院重庆分院 2007 年 7 月鉴定属二类自燃煤层，自然发火期 3～6 个月。

(5) 煤与瓦斯突出

根据《关于 2012 年度全省煤矿瓦斯等级鉴定结果审查意见的通知》，济宁二号煤矿为瓦斯矿井，不存在煤与瓦斯突出。

(6) 冲击地压

2005 年 10 月煤炭科学研究总院北京开采所对济宁二号煤矿 $3_上$、$3_下$ 煤层及其顶板进行的冲击倾向性试验结果表明：济宁二号煤矿 $3_下$ 煤层和 $3_上$ 煤层属于 3 类，为具有强冲击倾向性的煤层；$3_下$ 煤层顶板和 $3_上$ 煤层顶板属于 2 类，为具有弱冲击倾向性的岩层。根据矿井冲击地压倾向性鉴定结果以及上级有关部门的要求，济宁二号煤矿在冲击地压防治方面坚持“监测预报、预防为主、防治结合”的原则，成立了防治冲击地压办公室，负责冲击地压防治的各项日常业务、技术管理工作，配备了专业防冲队伍，负责冲击地压解危以及现场实施工作，加强冲击地压监测治理装备水平，强化冲击地压监测治理工作，建立健全了各类防冲管理制度。

2.1.1.4 *矿井生产系统与辅助系统*

(1) 开拓方式

采用立井开拓；初期设置主井、副井、中央风井 3 个井筒，中央并列式抽出通风。井底车场采用梭式车场，通过能力 62.3 万吨/年；水平布置南北翼大巷，其中南北翼各 4 条，除北翼轨道大巷布置在 $3_下$ 煤层底板岩层中外，其余大巷均沿 $3_下$ 煤层布置。

(2) 水平、采区划分

矿井采用 1 个水平开采。水平标高－555 m，开采八里铺断层以东 $3_上$、$3_下$煤层，八里铺断层以西由南翼延伸至－740 m 辅助水平，开采 $3_上$、$3_下$煤层。

水平划分为 8 个采区进行开采，北翼 4 个(二、四、六、八)采区，南翼 4 个(一、三、五、七)采区。

南翼－740 m 辅助水平划分为九、十、十一、十三、十五、十七采区，北翼因受济宁市城市规划影响不能布置采区。

(3) 采掘工艺

矿井一般同时布置 2～3 个综放工作面。采用走向长壁后退式采煤法，全部垮落法管理顶板。在采煤工艺方面，采用双滚筒采煤机进行截割，双向割煤，往返一次割两刀。装备情况：综放工作面配套装备为 MG400/940-WD 型双滚筒采煤机，SGZ-1000/1400 型前部刮板输送机，SGZ-1000/1400H 型后部刮板输送机，ZFS7200/18/35 型液压支架。

综掘工作面采用 EBZ-150 和 EBZ-220 型掘进机破煤(岩)出矸，运输设备为带式输送机或刮板输送机。工作面平巷采用锚网梯支护，开拓准备巷道采用锚网喷支护。

(4) 运输

① 原煤运输

井下煤炭生产为带式输送机连续运输，采煤工作面生产原煤，经平巷带式输送机、采区带式输送机、南北翼带式输送机运至主井煤仓，经主井提升机至地面进入选煤系统。原煤运输系统使用的带式输送机，均使用检验合格的阻燃胶带，上山带式输送机安装制动器和防逆转装置，并安装带式输送机综合保护装置，具有预防跑偏、堆煤、撕带、超温、打滑、烟雾、急停、洒水等保护功能；主运带式输送机还具有输送带张紧力下降保护装置，煤仓均设有煤位信号装置；机道设置人行过桥，机头、机尾安装防止人员与滚筒相接触的防护栏。胶带、电缆、电气设备等“三证一标志”齐全。

② 辅助运输

在主要轨道运输大巷采用电瓶车，主要上下山、采区上下山及斜巷采用调度绞车，工作面平巷采用连续牵引车运输的联合运输方式，并对井下各地点划分区域，实行区域管理，按照“属地管理”的原则对辅助运输设备、设施及运行秩序进行维护管理。

(5) 供电

济宁二号煤矿 110 kV 变电所共有两路 110 kV 进线电源接煤Ⅰ、Ⅱ线，其分别引自接庄变电所 110 kVⅠ、Ⅱ段母线，接庄变电所 110 kVⅠ、Ⅱ段母线并列运行。接煤Ⅰ、Ⅱ线采用架空线路，线路杆型为钢筋混凝土电杆，其中接煤Ⅰ线线路全长 5.511 km，采用 LGJ-120 mm^2 钢芯铝绞线，接煤Ⅱ线线路全长 6.058 km，采用 LGJ-185 mm^2 钢芯铝绞线。两条线路避雷线为 GJ-35 mm^2 型，整个供电线路不经过塌陷区，电源线路可靠。

主变压器共有 3 台，其中 1# 主变压器为 SFZ9-20000/110 型，2# 主变压器为 S11-12500/110 型，3# 主变压器为 SFZ7-20000/110 型。2#、3# 主变压器为主运行变压器，1# 主变压器为备用。

6 kV 系统：6 kV 侧为双母线分段式，共有 4 段母线。现运行方式为 3# 主变压器带 6 kVⅠ、Ⅱ、Ⅲ段母线并列运行，带全矿负荷(不包括主、副井绞车)。2# 主变压器带 6 kVⅣ段母线上的主、副井绞车。另外，有济二电厂两回路在 6 kV 系统并网入Ⅰ、Ⅱ、Ⅲ段母线，安设 KYN44-12 型和 GSG-1AF 型高压柜 43 台，主要负荷有主井提升机、副井提升机、主要通风机、压风机、选煤厂等，以及井下中央变电所。

2.1.1.5 通风系统

(1) 通风方式与通风系统

矿井开拓方式为立井多水平开拓，共有主、副、风井 3 个井筒，主、副井进风，风井回风。矿井通风方式为中央并列式，通风方法为抽出式。

新鲜风流由主、副井进入，在井底车场附近汇合后，共分两路：第一路由南翼轨道大巷、南翼辅助进风巷进入南翼采区，冲洗采掘工作面及其他用风地点后，汇入南翼回风大巷、南翼胶带大巷，从风井排出；第二路由北翼公路大巷、北翼轨道进风大巷进入北翼采区，冲洗采掘工作面及其他用风地点后，汇入北翼回风大巷、北翼胶带大巷，从风井排出。

（2）主要通风机

矿井采用中央并列式的通风方式，在工业广场利用主、副井作进风井。在主要通风机机房安装2台GAF31.6-15.8-1型轴流式通风机，额定流量为237.6 m^3/s。反风方式为调整叶片角度，采用备用通风机反风。

通风机配电系统采用双回路供电，切换方式为停机倒机，操作用时小于10 min，通风机及附属设备设置的保护包括喘振报警装置、轴承箱油位监控装置、轴承箱轴承温度监控装置、通风机轴承温度监控装置、电机轴承温度监控装置、过流保护装置、失磁保护装置、失压保护装置等，风井设有防爆门。

（3）局部通风机

局部通风机安装有风电闭锁装置；所有煤巷均安设"双通风机、双电源""三专两闭锁"，并实现通风机自动切换，独立通风的掘进巷道均安设了局部通风机开停传感器。各掘进工作面风筒安设了KGV6型风筒风量传感器。局部通风机设兼职司机，专人管理，确保局部通风机正常运转。

（4）井下供风情况

为保证井下按需分配风量，确保通风系统的合理性、稳定性和可靠性，井下构筑各种通风设施200多道（组），其中永久风门105组、永久密闭108道。井下采掘工作面均为独立的通风系统。主要机电硐室和爆破材料库均采取全风压通风，并具有独立的通风系统。矿井的实际供风量大于需风量，硐室的配风量大于计算所需风量。矿井3个采煤工作面、14个掘进工作面、20个硐室、23个其他用风地点风量均满足安全生产需要，未出现风量不足的现象。矿井有效风量率超过92%，满足安全生产的需要。

2.1.1.6 灾害防治系统

（1）瓦斯防治

2012年7月，该矿按规定进行了瓦斯鉴定工作，鉴定结果为瓦斯矿井。矿井建立了瓦斯检查与防治系统，按月制订瓦斯设点计划，配备110名瓦斯检查工（安监员）分班进行检查，每3～5 h检查一次，共设44个瓦斯检查点；采掘工作面分别安装了甲烷、一氧化碳、风速、粉尘、馈电、开停、风门、风筒、温度、烟雾等传感器，具有甲烷浓度显示、自动报警、自动断电等功能。

矿井配有甲烷检测报警仪、光干涉式甲烷测定器、甲烷氧气两用仪、一氧化碳检测报警仪等，以上仪器检验周期均为12个月；矿用风速表33台，仪器检验周期为6个月。另外配有ZH30（C）型隔绝化学氧自救器近6 000台，每3个月进行一次气密性检查。

（2）综合防尘

① 矿井建有完善的供水防尘系统。地面有5眼水源井，建有2座800 m^3蓄水池。通过自流向井下供水。井下供水采用一水平供水站供水为主，井上地面二级净水站补水为辅的供水方式，同时向井下南北翼进行供水。北翼一水平供水站，建有1座500 m^3水池，安装6台ZSL-1.6型中速过滤罐，每台处理量20 t/h；安装3台D85-45×8型供水泵（配用电机功率132 kW、流量85 m^3/h、扬程360 m），两用一备，最大供水能力170 m^3。地面二级净水站分别建有1座500 m^3 蓄水池和1座800 m^3 蓄水池，通过自流向井下供水。另有输水泵房安装2台KL200-315型管道泵（流量187 m^3/h、扬程28 m、功率22 kW）从800 m^3 蓄水池抽水实现

压力供水，一用一备；当一水平供水站故障时，向井下加压供水，满足矿井生产需求。

② 尘源主要来自采掘工作面和各运煤转载点，严格执行采煤工作面采煤机水电联动喷雾、负压二次降尘、移架自动和手动两用喷雾，配备放煤自动喷雾装置、旋转喷雾装置、网式喷雾捕尘器、胶带机头封闭装置等防尘设施，确保防尘设施可靠。在综掘工作面，严格落实综掘机水电闭锁，旋转喷雾装置、网式喷雾捕尘器，高压内、外喷雾装置，开机时各转载点喷雾、净化水幕的喷雾自动化。

③ 作业场所的总粉尘浓度，井下每月测定 2 次，地面每月测定 1 次；粉尘分散度，每 6 个月测定 1 次；工班个体呼吸性粉尘监测，采掘工作面每 3 个月测定 1 次，其他工作面或作业场所每 6 个月测定 1 次。定点呼吸性粉尘监测每月测定 1 次。粉尘中游离 SiO_2 含量，每 6 个月测定 1 次。

④ 为限制煤尘爆炸所产生的冲击波波及范围扩大，在主要进回风巷、采掘工作面分别安装了主要隔爆水袋和辅助隔爆水袋，其中主要隔爆水袋专门安装了自动加水装置，并明确专人定期检查隔爆水袋和补充水量。每处隔爆水袋悬挂管理牌板，并定期进行巡查，对发现的问题及时进行整改。

(3) 防灭火系统

矿井健全了防灭火管理机制，矿长是安全生产的第一责任者，对防治自然发火事故负全面领导责任，总工程师在矿长领导下全面负责全矿综合防灭火技术业务领导工作，分管副总工程师协助总工程师工作。通风科负责全矿综合防灭火工作业务技术管理指导工作。通风工区负责防灭火现场管理和施工。

矿井建立健全了注浆、注氮防灭火系统和束管监测系统，坚持以注稠化粉煤灰浆防火为主，兼以砌碎煤墙堵漏风、撒阻化剂、红外监测、注氮(CO_2)、注胶等措施，对孤岛工作面、沿空巷道、大面积采空区、未喷浆巷道以及工作面初采、末采、过断层带等地点实施重点预防和监测监控，大大提高了矿井灾害预防和应变能力。

(4) 防治水系统

矿井成立了专门防治水机构，制定并明确了水害防治岗位责任制，建立了水害防治技术管理制度、水害预测预报制度、水害隐患排查治理制度，并按《煤矿防治水细则》的要求开展工作。有 4 名专业防治水技术人员负责日常的防治水工作。

通风工区钻机队为矿井探放水专职队伍，配备 ZL-650 型液压钻机 8 台，ZL-500 型液压钻机 1 台。

矿井中央水仓(双环)容积 2 580 m^3。中央泵房安装 3 台 D500A-57×11 型水泵，1 台工作，1 台备用，1 台检修，最大额定排水能力 500 m^3/h。副井井筒安装两趟 ϕ325 mm 排水管路，矿井涌水经管路直接排至地面。

(5) 供水施救系统

在矿工业广场地面建有 2 个日用消防水池，容积均为 800 m^3，水源来自矿工业广场 5 眼水源井；井下主要运输大巷、采区轨道、胶带及回风巷、辅助运输巷、采煤工作面轨道与胶带运输巷、掘进巷道、煤仓放煤口、溜煤眼放煤口、卸载点等地点都敷设了供水管路，并安设了支管和阀门。矿井主要运输大巷、采区轨道、采掘工作面安设了 ϕ108 mm 及以上供水管路，南翼公路巷安设了供水管路。胶带运输巷每隔 50 m 设一三通阀门，其他地点每隔 100 m 设一三通阀门。矿井供水管路按照使用情况进行区域划分，由各单位对负责范围内的管路进行维护。

(6) 紧急避险系统

避难硐室由过渡室、生存室和卫生间组成，采用向外开启的两道门结构，两道防护密闭门之间为过渡室，密闭门之内为生存室，生存室远离密闭门侧设一个密闭窗，满足硐室日常通风需要，外侧第一道门采用既能抵挡一定强度的冲击波，又能阻挡有毒有害气体的防护密闭门，第二道门采用能阻挡有毒有害气体的密闭门。

避难硐室具备安全防护、氧气供给保障、环境监测、通信、照明、人员生存保障等基本功能，在无任何外界支持的情况下额定防护时间不得低于 96 h。该矿的避难硐室生命保障系统组成如下：

① 供氧系统：有专用压风管路为避难硐室供氧(风)，故设计二、九、十采区永久避难硐室不再配置避难硐室高压氧气瓶、有毒有害气体去除和温湿度调节装置。

② 有害气体去除装置：CO_2 吸收剂、CO 吸收剂。

③ 制冷降温系统：采用 1 套每小时可以产生制冷量为 8 778 kJ 的涡流管制冷降温装置，使临时避难硐室内部环境中温度不高于 35 ℃。

④ 压缩空气幕：避难硐室过渡室内防护密闭门上方和密闭门上方各设置 1 道压缩空气幕。

⑤ 供电系统：避难硐室供电系统电压等级为 AC660 V/127 V 和 DC12 V，接入避难硐室的矿井供电线路电压等级为 AC660 V。避难硐室日常照明为 AC127 V，由照明信号综合保护装置提供；遇险避难时的应急供电为 DC12 V，为本安电源，由矿用隔爆兼本质安全型直流稳压电源箱(包括备用电池箱)提供，满足不小于 96 h 的应急供电；应急照明由荧光棒提供。

⑥ 环境监测系统：避难硐室环境监测装置可用于采集和显示硐室内外气体(CO、CO_2、O_2、CH_4 等)浓度、温度、湿度、压力等，供硐室内避难人员掌握和判别灾害环境，并根据硐室内配套救生设备及时采取自救措施，最大限度地保证遇险人员的安全。

⑦ 通信系统：根据《煤矿井下紧急避险系统建设管理暂行规定》，矿井通信联络系统应延伸至井下紧急避险设施，紧急避险设施内应设置直通矿调度室的电话。避难硐室内宜加配无线电话或应急通信设施。避难硐室设置 1 部与矿调度室直通的电话，并加配 1 套数字广播，最大限度保证灾变期间的通信安全可靠。

⑧ 个体防护装备：自救器放置在永久避难硐室座椅下部的储物箱里，每个座位下面至少放置 1 台自救器，以方便避难人员取用。

2.1.2 实践教育中心概况

济宁二号煤矿历来非常重视教育培训工作，专门设立了职工教育培训机构——教育培训中心，主要负责承担煤矿职工的安全知识和业务技能培训考试等工作。该中心建筑面积 5 000 m^2，包含多媒体电教室、模拟矿山实训井巷系统和兖矿集团济东矿区考试点等，部分场所如图 2-1 至图 2-3 所示。依托济宁二号煤矿教育培训中心，2013 年兖州煤业股份有限公司和中国矿业大学安全工程学院协作共建国家级工程实践教育中心。

实践教育中心总面积 3 000 m^2，由安全展览区和实践操作教学训练区两大部分组成。自 2012 年 7 月投用以来，接待人数达 7 000 余人次，先后承接中国煤炭工业协会、中国矿业大学、美国肯塔基州立大学等多家单位参观学习、技术培训，实践教育中心已经成为高技能人才研修平台和行业培训示范基地。实践教育中心共设有 8 个多媒体电教室，总面积 860 m^2，配备全新的座椅、功能先进的多媒体网络电教设备，能同时满足 580 人的现场实践教学需求。

图 2-1　多媒体电教室

图 2-2　实践教学基地

培训基地考试中心面积 280 m^2，可承担 152 人同时进行考试。考场各类设施配备齐全，考场设专用服务器，电脑全部接入光纤网络，实现了教学、考试及考核自动化和信息化。2015 年 6 月通过山东省煤炭工业局验收，批准为兖矿集团济东矿区考试点。

中心教学设备设施先进，师资力量雄厚，教学经验丰富，现有专兼职教师 35 名，均为本科及以上学历，中、高级以上职称 12 人，有 2 名教师取得注册安全工程师执业资格证书。选聘 18 名在全国、全省煤炭系统和兖矿集团历届技术比武获奖选手为指导教师(图 2-4)，教学经验丰富，擅长职工实操训练。

近十多年来，济宁二号煤矿教育培训中心获得过多项荣誉(图 2-5)。2008 年荣获山东省教育培训先进单位和山东煤矿安全监察局鲁西监察分局教育培训先进单位等称号。2009 年荣获兖矿集团教育培训先进单位、培训体系运行优秀单位、山东煤矿安全监察局鲁西监察分局

图 2-3　兖矿集团济东矿区考试点

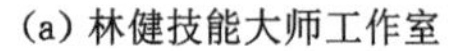

(a) 林健技能大师工作室

(b) 徐建新技能大师工作室

(c) 陈中和技能大师工作室

图 2-4　技术能手授课

教育培训先进单位、山东省教育培训先进单位等称号。2010 年荣获兖矿集团安全培训先进单位、煤炭专业“653”工程培训先进单位、中国企业教育百强先进单位等称号。2011 年荣获兖矿集团教育培训先进单位、远程网络教育先进单位、山东煤矿安全监察局鲁西监察分局安全培训先进单位称号。2015 年 7 月,中国矿业大学-兖矿集团共建“国家级工程实践教育中心”在济宁二号煤矿挂牌。

图 2-5　部分荣誉称号

2.1.3　承担的实践教学内容与组织形式

通过实践教学,进一步理解“安全第一,预防为主,综合治理”安全生产方针,增强学生为实现祖国社会主义现代化而贡献力量的决心,加强学生对安全工程专业知识在安全技术与管理实践中起着重要作用的认识。在实践中,使学生能够学习安全工程技术和安全管理知识,掌握做实际调查研究的方法,系统地综合运用所学知识,培养理论联系实际，提高分析和解决实际问题的能力。实践教学采用煤矿技术人员统一讲解、视图培训，现场工作人员统一进行分项培训，指导老师与现场老师随行参观指导讲解及现场答疑相结合的教学方法。

2.1.4 实训基地实操考核细则

实践教学是教育培训工作的重要组成部分，为确保提高学员的操作技能和动手能力，为保证教与学的顺利进行，分别对实践训练设备的管理、实践指导教师的考核管理、实践操作学员的考核管理规定如下。

2.1.4.1 实践训练设备的管理

(1) 实践训练设备的设置应符合《煤矿安全规程》和《煤矿机电设备安全质量标准化标准及考核评分办法》规定，确保动态达标。

(2) 实践训练设备的完好标准应完全符合井下机电设备完好标准的要求。

(3) 上实训课之前，实践指导教师要按规定要求检查所用设备的完好情况。确认完好后，方可上课。

(4) 实践操作结束后，所有使用设备应由实践指导教师负责按规定要求做到定置摆放。

2.1.4.2 实践指导教师的考核管理

(1) 实践操作前，实践指导教师都要对实践操作环境、设备设施、学员的精神状态等进行全面的安全确认，确保人员和设备的安全，提前做好实训课的准备工作。

(2) 实践指导教师上课之前应对仪器、设备、数量、规格、状态等记录认真核对，并检查仪器、设备的完好情况。

(3) 提前告知学员实践操作的项目、考核内容、方式，讲清楚相关的安全注意事项。

(4) 培训班应根据教学计划和进度安排实习，时间不得低于计划要求。

(5) 现场教师应按教学计划要求，进行现场辅导和考评，考评成绩记入学员培训档案。

(6) 实践操作结束后，要对设备、仪器使用情况做好记录，对需要更换或维修的设备，及时提出计划，整改落实，确保设备动态达标。

2.1.4.3 实践操作学员的考核管理

(1) 学员上实践操作课前，必须认真学习本工种的必知必会、风险评估、手指口述、实践操作考核标准等知识，熟悉所用设备的结构、原理及相关的操作规程、安全规程的要求。

(2) 学员进入作业现场，不准在作业现场大声喧哗和打闹，要服从实践指导教师和安全监察人员的安排，未经许可不得操作任何设备，做到自主保安和业务保安，避免发生安全事故。

(3) 学员在实践操作过程中，必须在实践指导教师的指导下，按照要求完成本工种的各项考核内容，并考核合格。

(4) 实践操作结束后，必须按照井下质量标准化的要求做好收尾工作，经实践指导教师验收合格后，方可离开作业现场。

(5) 学员在学习期间，因病或其他原因不能继续学习，缺勤累计超过学习时间的三分之一者，不再享受培训学员的待遇。

(6) 学员在培训学习期间，应努力学习所设课程，考试、考核必须合格。结业考试时，允许补考一次，补考仍不及格者，不再享受培训学员的待遇。

(7) 对违反纪律和犯错误的学员，给予批评教育；对于严重违反纪律者，取消其学员学习资格。

2.1.5 实习期间的交通与住宿条件

在济宁二号煤矿实习期间，师生住宿安排在职工公寓，房间内配备基本的生活设施，可满足实习期间的基本住宿需求。

师生集体用餐安排在食堂，也可自行在附近的餐馆就餐。食堂每天统计计划集体用餐的人数，并提前备好新鲜食材；对清真学生，食堂还提供了专门的厨房和炊具，学生可自行准备餐食。

实习生就餐和住宿地与实习教学基地相距 4 km，为解决两地间的交通问题，济宁二号煤矿协助提供通勤车承担每日的学生接送任务。

2.2 中储粮镇江粮油有限公司实践创新基地

2.2.1 实习基地概况

2.2.1.1 企业历史沿革

中国储备粮管理集团有限公司是经国家批准组建的涉及国家安全和国民经济命脉的国有大型重要骨干企业。中储粮油脂镇江基地（简称“镇江基地”）位于江苏省镇江市京口区谏壁街道，万里长江与京杭大运河在此交汇。基地于 2007 年 4 月成立，隶属于中储粮油脂有限公司，现由中央储备粮镇江直属库有限公司（简称“镇江直属库”）、中储粮镇江粮油有限公司（简称“镇江公司”）、中储粮镇江质检中心有限公司（简称“镇江质检中心”）三个独立法人单位组成，由镇江基地党委统筹管理，采取“厂库分设、协调运转、有效隔离”的基地管理模式。镇江公司于 2007 年 4 月成立，主要服务中央储备油脂油料轮换开展中转加工业务，同时充分利用资源开展市场化经营，实现国有资产保值增值。2009 年 6 月，镇江直属库注册成立，主要承担政策性油脂油料的库存管理与轮换工作。2011 年 9 月，镇江质检中心注册成立，主要承担粮油数量质量常态化的监督检查工作，并负责油脂油料新产品、新技术的研究和开发。

经过十余年的艰苦努力，镇江基地现已发展成为集仓储、物流、加工、贸易、质检研发为一体的综合性油脂油料产业基地，拥有油脂油料仓储能力 130 万吨；油脂油料年加工能力 402 万吨，其中大豆加工能力 270 万吨，油脂精炼分提能力 102 万吨，包装油灌装能力 30 万吨；长江深水岸线 720 m，7 万吨级粮油码头泊位 2 个，码头年吞吐能力可达 800 万吨；占地面积 1 085 亩。

镇江基地自成立以来，一直高度重视安全生产工作，始终坚持“安全第一，预防为主，综合治理”的安全生产方针，贯彻“以人为本，安全发展”的生产经营理念，初步形成了“一条主线、两个抓手、三个坚持、四个深化、五个到位”的镇江基地特色鲜明的企业安全文化体系。通过全面推进全员安全生产责任制、风险预控体系建设、班组网格化安全管理等工作，使得员工知晓本岗位责任区域内的危险源，掌握安全防护技能，形成了“隐患就是事故""零伤害、零事故"的班组安全管理理念文化，安全管理真抓实干、主动敢担，形成了安全生产全员负责的安全管理新常态。多年来，镇江基地荣获全国安全文化建设示范企业、江苏省安全文化建设示范企业、镇江市平安企业、镇江市安全生产先进单位等多项荣誉称号。

2.2.1.2 组织架构

目前，镇江基地设有综合管理部、生产部、物流储运部、质量管理部、财务部、销售中心、区域人力资源部、仓储业务科、物流科、财务科、质监研发部等部门。

2.2.1.3 安全管理队伍建设

镇江基地依照"党政同责、一岗双责、失职追责"的原则，加强安全生产和党建工作融合，建立安委会，下设安全生产办公室；党委书记任安委会主任，各部门参照党组织建设，在各部门建立安全工作组，设立了10个安全工作组，44个班组安全小组，不断深化安委会＋安全工作组＋班组安全小组的"1＋X"安全管理责任体系，实现了安全责任区网格化，党员示范岗和安全示范岗融合化，企业安全管理标准化，安全监督管理专业化的"四化融合"。

基地现有安全管理人员22人，均经过有资质培训机构培训合格，持证上岗。其中，6人拥有注册安全工程师执业资格证书。

2.2.2 实习基地教学内容与组织形式

每年结合学生实践需求和镇江公司的安全生产工作实际，予以组织安排学生实习，包括以下几方面内容：

① 对镇江公司进行安全检查。

② 对涉及的隐患进行分类汇总分析。

③ 完善镇江公司安全检查相关表单。

④ 讨论镇江公司在安全技术创新方面可做哪些实用的提升。

⑤ 结合安全生产标准化与内控体系要求，优化公司安全文件档案目录。

2.2.3 实习实践期间的管理规定

2.2.3.1 总体要求

(1) 进入基地作业区域须按要求正确穿戴劳动防护用品。

(2) 进入存在职业危害因素区域须按要求正确穿戴职业卫生防护用品。

(3) 严禁穿拖鞋、凉鞋(露脚趾)、高跟鞋、裙子、背心、短裤及打赤膊进入作业区域。

(4) 进入厂区时，在门卫室进行车辆、人员登记，按照基地内指定通道(安全通道)行进。

(5) 严禁携带火种、香烟、有毒有害物品、易燃易爆化学品、管制刀具等进入厂区。

(6) 码头区域存在人员落水、淹溺风险，禁止临边逗留。

(7) 严禁酒后进入作业区域，严禁在作业现场玩手机，以免注意力分散发生意外。

2.2.3.2 现场管理要求

(1) 安全帽

进入基地作业区域须按要求正确佩戴安全帽，佩戴前须认真检查衬垫、帽体、下颏带完好无破损，衬垫与帽体间有至少32 mm的空间，以缓冲高处坠物的冲击力。佩戴时要适当调整大小，系紧下颏带，女士须将长发盘入帽内。

(2) 防火要求

① 严禁携带烟火进入作业区。

② 未经许可严禁擅自使用基地消防设施（消防灭火等应急情况除外）。

③ 严禁擅自关闭消防阀门，阻碍消防逃生通道、应急通道，锁死逃生门、安全门等。

(3) 车辆要求

① 车辆进出主要出入口车速不得高于 5 km/h，主干道行进车速不得高于 10 km/h。

② 进出基地的车辆，须服从管理，按照指定路线行驶/停放。

(4) 其他要求

来访人员进入厂区相关部门后，按照部门管理要求由具体部门开展培训教育。

2.2.3.3 食宿管理要求

(1) 食堂用餐本着适量节约原则，严禁浪费。

(2) 未经批准，不得擅自或强行搬入宿舍居住。不得擅自将宿舍床位转让他人。

(3) 自觉增强防火、防盗安全意识。不得乱拉乱接电线，不得擅自更改电源线路，禁止使用大功率电器。严禁烧煮、烤烹。

(4) 严禁携带易燃易爆化学物品、毒品等违禁物品进入宿舍，不得在宿舍区饲养家禽、宠物。

(5) 对所住宿舍，不得随意改造、变换物品摆放位置。严禁乱贴、乱画、乱挂、乱拉。衣物的晾晒要做到定点定位。

(6) 自觉养成节约水电、随手关灯的好习惯。室内卫生由住宿人员轮流负责每天打扫保持清洁，垃圾于每日早八点前统一放置走道垃圾桶内，不得乱倾乱倒。严禁乱扔、乱倒垃圾，随地吐痰，破坏楼梯走道卫生设施。

(7) 严禁酗酒、吸毒、赌博、滋生事端、偷盗或从事其他不健康活动。宿舍楼内禁止大声喧哗或高声放音响电视，影响他人休息。

(8) 居住人员对宿舍设备与物品负有保全之责，除正常损耗或不可抗力灾害外，如有损坏，应负有修复或赔偿责任。

2.2.3.4 办公场所行为要求

(1) 办公场所内应保持安静，说话小声，不得聊天、喧哗、唱歌、嬉笑、打闹、争吵，不得讲不文明话语。

(2) 应爱护基地公共物品及他人物品；借用基地公共物品或他人物品时应征得同意，使用后应及时归还。

(3) 未经同意不得开启他人抽屉、柜子，不得使用他人的电脑等物品，不得随意翻看非属本人分管的文件、记录、资料，未经同意或授权，不得私拆署名他人和基地的信函、邮件。

(4) 办公时间非经允许不得进行娱乐及其他非工作内容活动；非工作需要，不得登录基地系统以外网站。

(5) 办公楼内严禁在办公室及公共区域吸烟。

(6) 应注意保持办公场所整洁，避免在办公室内吃东西。

(7) 办公区域的电话、手机铃声应调节至合适音量；参加会议时应将手机关闭或调至静音，确需接打电话时，应离开现场，并放低说话音量。

（8）下班离开时，应及时切断办公电脑等设备电源，关闭好门窗。

2.2.4　实习期间的食宿条件

实习期间实习学生和带队教师住宿统一安排在基地的职工公寓，学生住宿 4 人/间，房间配备基本的生活用品，包含被褥、拖鞋、脸盆、暖瓶和空调等。餐食安排在职工公寓北侧的员工食堂，食宿较为方便。

2.3　深圳汇安消防设施工程有限公司实践创新基地

2.3.1　公司概况

深圳汇安消防设施工程有限公司（以下简称“汇安公司”）成立于 2010 年，是以消防设施及机电工程设计、施工、产品销售、维护保养、检测评估、咨询顾问、信息化技术开发、教研设备设施研发等为一体的综合性服务企业。汇安公司秉承“以消防安全为已任、以客户需求为中心、以艰苦奋斗者为本”的企业文化精神，全力打造“相对合理、公平、高度透明、分享”的价值体系，现已形成成熟的商业模式、盈利模式、运营管理模式、人力资源及技术标准等体系。汇安公司在消防安全技术领域拥有多项专业资质，如表 2-1 所列。

表 2-1　汇安公司行业资质和荣誉

序号	资质名称	序号	资质名称
1	消防设施工程设计专项甲级资质	7	ISO 14001 环境管理体系
2	消防设施工程专业承包一级资质	8	OHSAS 18001 职业健康安全管理体系
3	消防设施维护保养检测机构一级资质	9	广东省“守合同重信用”企业
4	建筑机电安装工程专业承包三级资质	10	深圳市高新技术企业
5	广东省安全技术防范系统设计、施工、维修四级资质	11	国家高新技术企业
6	ISO 9001/50430 质量管理体系	12	AAA 级信用企业

经过多年的经营，汇安公司与国内知名企业建立了良好的合作关系，典型合作客户如表 2-2 所列。

表 2-2　汇安公司典型合作客户

<table>
<tr><th>序号</th><th>类别</th><th colspan="3">项目</th></tr>
<tr><td rowspan="2">1</td><td rowspan="2">高星级酒店类</td><td>瑞吉酒店</td><td>洲际酒店</td><td>香格里拉酒店</td></tr>
<tr><td>喜达屋国际酒店</td><td>马可波罗酒店</td><td>丽思卡尔顿酒店</td></tr>
<tr><td rowspan="2">2</td><td rowspan="2">公共建筑类</td><td>深圳地铁</td><td>深圳会展中心/
深圳国际会展中心</td><td>盐田国际集装箱码头</td></tr>
<tr><td>深圳大学城</td><td>深圳证券交易所</td><td></td></tr>
</table>

表 2-2(续)

序号	类别	项目		
3	高端商务大厦类	中国储能大厦	深圳湾1号	深圳核电大厦
		嘉里建设广场	天利中央广场	
4	大型工厂类	旭硝子公司	华为技术公司	赛意法微电子公司
		光启科技公司	昱科环球存储科技公司	长安标致雪铁龙汽车公司

2.3.2 实习岗位

汇安公司为安全工程专业学子提供以下实习岗位。

2.3.2.1 维保部助理

(1) 岗位职责

① 编制维保月度报告;

② 跟进维保项目月度、季度、年度消防设施检测,记录现场存在的问题并反馈给项目经理;

③ 维保现场跟进,发现有维保不到位或未履行合同内规定的相关职责及时反馈给项目经理;

④ 跟进维保项目内的消防施工进度及施工质量,同时适当参与施工操作,积累现场经验;

⑤ 完成消防联络函、维保计划等文件编制。

(2) 岗位要求

① 对消防方面的工作有浓厚的兴趣;

② 熟练使用 AutoCAD 等绘图软件以及日常办公软件;

③ 性格开朗,责任心和逻辑性强,具备解决问题的能力;

④ 具有良好的执行力、分析能力、沟通和协调能力及团队合作精神;

⑤ 熟悉国家、地方、行业有关消防的政策、法律法规;

⑥ 能吃苦耐劳,抗压能力强,能不折不扣地完成部门领导布置的任务。

2.3.2.2 检测部助理

(1) 岗位职责

与部门人员共同进行建筑消防设施的检测工作,具体职责如下:

① 做好检测前期准备工作:拟定检测方案,检查仪器设备状态、检测项目现场环境条件,并做好相应的记录;能够读懂设计图纸、竣工图纸等各类图纸。

② 检测实施:

现场实施检测工作时,与委托方加强沟通使其积极配合检测工作并提供必要的支持;

进入检测项目时做好安全技术交底工作及现场安全防护措施;

具备相应的判断能力,现场环境不适宜检测时应暂停检测;

严格依照广东省地方标准《建筑防火及消防设施检测技术规程》以及拟定的检测方案实施检测工作;

对检测过程中发现的建筑消防设施存在的问题进行完整记录,及时反馈给委托方;

当场填写固定格式的检测原始记录;

对建筑消防设施的现场检测完成后,应及时出具检测报告,对检测中发现的问题项,编制整改意见书;

对检测档案进行收集、整理、归档工作。

(2) 岗位要求

① 熟悉国家、地方、行业有关消防的政策、法律法规,熟悉检测项目、检测方法及检测标准;

② 熟悉建筑消防设施的系统原理和工作性能;

③ 了解检测仪器的使用方法,原始数据的记录方法,检测报告的编制等内容,不断提高专业技术能力;

④ 工作认真负责,具备良好的沟通协调和组织能力。

2.3.2.3 技术部助理

(1) 岗位职责

① 协助制定公司有关安全生产管理的规章制度,并使其不断完善;

② 协助组织公司的项目安全生产检查,监督落实项目维保的执行情况;

③ 及时发现维保不到位的地方,反馈给项目经理,提出整改期限并检查实施情况;

④ 掌握消防检测的各项工作流程,协助完成检测报告;

⑤ 协助维保项目检查计划的制订和落实,建立台账,并跟进检查过程中发现的问题;

⑥ 协助部门领导制定培训管理体系及培训相关工作流程与要求,规范公司培训活动,并监督组织实施。

(2) 岗位要求

① 对消防方面的工作有浓厚的兴趣;

② 熟练使用电脑,掌握办公软件 Office,对绘图软件 AutoCAD 有一定操作基础;

③ 具有良好的执行力、分析能力、沟通和协调能力及团队合作精神;

④ 熟悉国家、地方、行业有关消防的政策、法律法规。

2.3.2.4 工程部助理

(1) 岗位职责

① 在项目经理领导下,负责施工现场的安全管理工作;

② 协助做好安全生产的安全教育工作,组织好安全生产、文明施工达标活动,主持或参加各种定期安全检查,做好记录,定期上报;

③ 掌握施工组织设计方案中的安全技术措施,督促检查有关人员贯彻执行;

④ 协助有关部门做好新工人、特种作业人员、变换工种人员的安全技术、安全法规及安全知识的培训、考核、发证工作;

⑤ 对违反劳动纪律、违反安全条例、违章指挥、冒险作业行为或遇到严重险情,有权暂停生产;

⑥ 协助组织或参与进入施工现场的劳保用品、防护设施、器具、机械设备的检验检测及验收工作;

⑦ 参加安全事故调查分析会议,并做好相关记录,及时向有关领导报告;
⑧ 熟悉施工图纸并能和现场对照起来;
⑨ 协助资料员做部分资料并将资料归档;
⑩ 协助进场材料的验收和送检工作;
⑪ 工程进度、验收等资料的整理。
(2) 岗位要求
① 对消防方面的工作有浓厚的兴趣;
② 熟练使用 AutoCAD 等绘图软件以及日常办公软件;
③ 性格开朗、责任心和逻辑性强,具备解决问题的能力;
④ 具有良好的执行力、分析能力、沟通和协调能力及团队合作精神;
⑤ 熟悉国家、地方、行业有关消防的政策、法律法规;
⑥ 能吃苦耐劳,抗压能力强,能不折不扣地完成部门领导布置的任务。

2.3.2.5 预算部助理

(1) 岗位职责
① 协助编写投标书和进行投标;
② 协助绘制消防工程设计图和竣工图;
③ 协助工程预结算书的编制工作。
(2) 岗位要求
① 要有扎实的消防工程基础知识及熟悉国家、地方、行业有关消防的政策、法律法规;
② 熟练应用 AutoCAD 等绘图软件及熟悉绘图标准;
③ 了解招投标相关的知识及投标流程,能够熟练应用 Word、WPS 等办公软件;
④ 了解安装工程概预算知识,能够识别施工图纸、计算工程量和计价等预算流程;
⑤ 具有较强的交流、沟通协调能力,吃苦耐劳;
⑥ 具有较强的学习能力、思辨能力。

2.3.3 汇安公司实习组织工作流程

汇安公司的实习环节主要包含以下几项内容:
(1) 了解公司及项目基本概况,强调实习期间纪律要求,进行安全培训和安全考试;
(2) 宣布实习安排,对实习生进行分组并安排企业导师;
(3) 项目实习+理论培训,完成每日实习总结;
(4) 公司总结、交流。

注:项目实习在汇安公司不同业务板块间轮流进行,实习生可充分了解不同业务板块的工作;要求实习生每天完成当日实习总结,每实习一周进行一次总结、交流活动。

2.4 苏州新星核电技术服务有限公司实践基地

苏州新星核电技术服务有限公司(以下简称“新星公司”)自 2013 年创立以来,坚持创业创新,始终保持良好的发展势头。经过多年的不懈努力,历经业务发展,新星公司目前已开拓田湾、秦山、三门、海阳、昌江、福清等多个项目基地,拥有安全管理及研发人员 200 余人,专业化项目团队 10 余个。新星公司自创立以来一直秉承“专注安全，服务核电”的服务理念。

2.4.1 企业文化

目标同向：打造高标准、高水平的服务团队，共同努力实现企业目标！

立场坚定：坚决维护企业公司形象和利益，态度端正，与公司共进退！

勤于思考：勤于思考，善于总结，追寻问题的本质原因，持续提高管理水平！

勇于担当：忠于团队，勇挑重担，不畏艰辛，众志成城！

乐于奉献：不计较得失，甘于奉献，把工作当成事业并全身心投入！

修身守廉：遵纪守法，廉洁自律，建立良好的职业素养！

敬畏生命：尊重生命，珍爱生命，保护自己，保护他人！

心怀感恩：时刻怀有一颗感恩的心，牢记使命，将感恩回报到工作中！

2.4.2 企业的运营模式

新星公司面向核电工业安全各大领域，整合核电和工业安全领域专家团队，成立单独的技术支持部门，打造在安全管理方面专业化的技术团队，建立前台实施后台支持，对内打造技术管理支持，对外满足用户需求的工作模式，以及提供团队专业化的服务。

(1) 促进信息化安全管理：开发核电工业安全管理系统、安全动漫培训视频，将 3D 虚拟现实技术融入工业安全管理中。

(2) 注重预防：定期编制经验反馈学习材料，发送给承包商并组织承包商从业人员培训学习，以加强人员安全意识；审查施工作业方案，定期开展危险源辨识工作，并制定危险源管控措施；建立高风险作业模型，系统性识别风险作业。

(3) 坚持问题导向：现场监督检查作业过程风险，对作业现场安全进行趋势分析，寻找问题，提出建议。

(4) 推进安全标准化：作业安全标准化、设备设施标准化、场地管理标准化、安全警示标准化。

2.4.3 企业的业务方向

新星公司是一家专门为核电企业提供安全技术支持服务的公司，下设核电厂工业安全监督部以及工业安全技术支持部。工业安全监督部主要管理日常工业安全监督和大修工业安全监督两大子业务，根据核电站建设、安装、调试、运行等阶段，提供现场工业安全监督管理技术支持服务。工业安全技术支持部主要负责工业安全培训动画(二维、三维)课件制作、软件信息管理系统开发、咨询服务、安全手册和期刊等宣传材料的编制等技术支持服务。

(1) 工业安全监督管理

发展是第一要务，安全是第一保障。新星公司团队现有安全管理及研发人员 200 余人，安全管理和研发人员均具有核电建造、安装调试、日常运行及大修等阶段的安全监督管理经验，熟悉核电现场作业流程、法律法规和管理程序。所有人员均具有安全员证书，其中，40%的人员持有注册安全工程师执业资格证书，11%以上人员持有安全评价师以及其他相关资质证书。

工业安全监督涉及日常工业安全监督和大修工业安全监督两大子业务，业务范围涵盖安全隐患排查、“三违”建档、隐患数据库建立、事故调查与分析、安全培训教育与文化建设、安全评估等内容，主要根据核电站建设、安装、调试、运行，以及换料大修等各阶段的不同特点，通过现场监督人员以前端服务面向业主，总部以数据库分析予以后台支持的方式，为业主提供系统全面有针对性的工业安全管理服务，帮助业主进一步提高工业安全管理水平。

(2) 工业安全技术支持

工业安全技术支持部现有安全技术研发专业人员 18 人，均具有核电安全相关产品技术研发、手册编制等项目经验。

(3) 信息化管理

将多媒体技术应用于核电工业安全领域，能够让人们以动态交互的方式对各类静态建筑、设施设备，以及动态安全事故演示进行全方位的审视，使信息更加直观，更容易理解。智能系统开发将计算机网络技术和多媒体技术有机结合，打造数字化安全管理平台，为工业安全教育培训、工业安全管理提供信息和素材。目前信息化管理已涉及可视化培训视频制作、厂房 3D 模型建立、风险点识别数据库、动漫视频制作等多项业务。

(4) 安全文化建设

依托强大的核电工业安全管理数据平台，以一流的技术、一流的质量为各大核电企业提供专业化、全方位、一站式的优质服务，满足核电厂各领域的安全文化建设需求，帮助核电企业工业安全文化建设持续改进。

(5) 安全咨询服务

面向核电工业安全各大领域，整合核电和工业安全领域专家团队，为客户提供前期技术咨询、中期评估、后续改进的全过程个性化服务，并从技术、管理、体制等宏观和微观层面提供针对性的解决方案。

2.5 海沃机械(中国)有限公司实践基地

2.5.1 实习基地概况

成立于 40 多年前的海沃国际集团，现已成为为全球商用车行业和环卫服务行业提供运输解决方案的全球领先供应商之一。海沃国际集团拥有超过 20 000 个客户和 40% 以上的全球自卸车液压系统市场份额，在 110 多个国家开展业务，拥有 37 家全资子公司，并在 12 个国家设有制造基地，包括中国、巴西、德国、印度和意大利等。海沃国际集团致力于物流自装卸和运输解决方案的开发、生产、营销和分销。

海沃机械(中国)有限责任公司(以下简称“海沃公司”)是由海沃国际集团在中国扬州投资设立的全球第四个研发、生产、销售及服务基地，占地面积 250 多亩，现有员工 500 多人，拥有全球最大的多节缸生产基地。

海沃公司主要生产自卸车液压系统、随车吊上装系统、智能移动式垃圾压缩设备、固定式垃圾压缩设备、环卫特种车上装等中、重型车专用设备，是国内同行业中的骨干企业，有较强的生产能力和技术创新能力。

近年来，海沃公司荣获国家高新技术企业、全国五一劳动奖状、全国模范职工之家、江苏省企业技术中心、江苏省工程技术研究中心、江苏省外资研发机构、江苏省高压缩率低功耗垃圾压缩设备工程技术研究中心、江苏省管理创新示范企业、江苏省两化融合管理体系贯标示范企业、江苏省优秀劳动关系和谐企业、江苏省劳动保障诚信示范企业、江苏省"守合同重信用"企业、扬州市工业纳税十强企业等多项荣誉称号。

2.5.2 企业环境、健康与安全管理(EHS)体系介绍

安全管理是一项系统性的工作，应把企业内部的安全管理目标置于全体员工的控制下。海沃公司把安全工作摆在各项工作的首位，为此，公司设立了 QA-EHS(质量控制与企业环境、健康和安全管理)部门，任命了专职安全管理人员，并成立了安全生产委员会，由各生产和管理部门负责人参加的安全生产领导小组和各类事故应急救援领导小组；编制了公司安全生产网络图、生产事故救援预案(灭火和疏散；防高温中暑；防触电；食物中毒等)并定期进行演练。公司积极推进 ISO 14000(环境管理体系)、OHSAS 18000(职业健康安全管理体系)及安全生产标准化建设，并在 2017 年 12 月通过二级安全生产标准化审核，2019 年 10 月通过 ISO 14000 体系复核，2019 年 11 月将 OHSAS 18000 转变为 ISO 45000 并通过审核，为企业长期、有效、稳定地进行安全生产工作提供了系统性保障。

(1) 制度建设。完善各项规章制度，建立考核机制，落实安全生产主体责任。公司各部门层级间全员签订 EHS 目标及责任书，各部门经理是安全生产工作的第一责任人，每一位参与公司工厂运营的高层、中层领导的考核指标均包含 EHS 工作指标，EHS 工作不合格直接影响年终考核。并在生产现场推行人性化安全管理模式，提出了每位职工都是安全第一责任人的管理新理念，把安全生产目标责任落实到部门、班组、个人，形成了公司统一领导、部门全面负责、员工广泛参与的共同责任网络。

(2) 深化安全红线意识。2019 年公司开始推行《生命安全规则》，对于触碰 9 项安全红线规则的行为实行"零容忍"，两次违反《生命安全规则》的员工，将被开除。

2.5.3 实习内容

(1) 人员管理及入职培训教育

将进入公司的人员划分为公司职工、相关方人员和访客。建立健全安全教育培训制度，对新入职的职工包括实习生及外协工进行系统的三级安全教育培训，培训合格方可进入工作岗位，同时公司制订了全年培训计划，定期对全体员工进行安全、消防、环保及职业健康教育培训。

对于入场作业的相关方人员入场施工前签订"安全生产协议"，核实相关工伤或意外伤害保险信息，特种作业证真实有效性，人员经培训考试合格后方能入场施工。

对于访客进行入场前的风险及注意事项告知，进入厂区后由公司职工全程陪同参观。

(2) 安全检查与隐患排查工作

建立安全风险分级管控和隐患排查治理双重预防工作机制，对识别出的风险进行分级管控、责任到人，在厂区范围内进行三级公示，定期回顾和辨识；深化公司安全隐患排查工作，制定检查方案保障检查的效果，将公司综合检查、专项检查以及日常检查立体化，不断完

善自身安全隐患检查体系。

将公司区域划分为多个网格，每个网格内配1名安全网格员，对网格员进行相关安全培训。网格员负责网格区域内的日常安全、消防、环保等隐患排查，并将发现的隐患向所属区域QA-EHS部门网格长汇报，实施整改及纠正。网格化管理模式调动了各部门参与安全管理的积极性，配合EHS专员的日常巡查便于及时地发现各区域的安全隐患。

推行SMAT安全管理活动。SMAT安全管理活动是借鉴海沃国际集团海外公司的先进管理模式，简单来说就是管理者通过对一个岗位10 min左右的观察，记录期间其所观察到的不安全行为、不安全状态及安全的行为，然后对这些行为和状态进行讨论评估，制订专项整改计划，并进行追踪整改，通过这一管理活动的推行减少员工因不安全行为和环境带来的伤害。

(3) ERT(紧急应变小组)和义务消防队组建及培训、演练

按工厂成立ERT，行政楼区域成立义务消防队，在工厂区域设立紧急应变柜，行政楼区域设立微型消防站，每月组织对ERT成员及义务消防队成员进行培训及演练。培训及演练内容包括消防知识、各类专项救援预案、紧急应变程序响应等，通过不断的培训及演练熟悉救援方法及流程，提升面对突发情况时快速响应救援的能力，弥补社会救援到达现场的真空期，并尽力将人员和财产损失降至最低。

(4) 践行生态环境保护责任

海沃公司对危险废弃物和一般工业固体废物进行规范化管理，并设置专人进行分类收集、储存，建立相关台账和记录，储存场所规范化设置标识，配备应急处置装备及视频监控设备等，每月及时在网上系统申报，定期委托有资质处理厂商进行委外处置。

从源头上削减VOCs(挥发性有机物)的产生量，2018年公司全线完成油性漆至水性漆的切换工作，并新增废气处理设施，大大减少VOCs的排放量，与此同时安装废气在线监测装置并将数据同步实时传输至扬州市及广陵区生态环境保护局，对设备、设施定期进行维保、更换过滤棉及吸附介质活性炭，确保设备正常高效运行。

(5) 参与EHS周例会及月会

海沃公司QA-EHS部门，每周召集工厂工段长、班组长召开周例会，主要回顾上一周安全、消防隐患排查治理情况，环保设施运行情况，以及突发事件的调查通报和临时动议；每月初召集安全生产委员会成员召开月会，回顾上一月安全、消防、环保、职业健康管理情况以及当月EHS工作部署。

(6) 参与体系管理评审

以ISO 14000及ISO 45000体系评审为契机，对工作资料进行梳理，对发现的日常管理中的缺陷及不足，制定纠正及改善计划和措施，不断完善体系管理水平，为职工创造一个安全、健康的工作环境。

2.5.4 实习工作

海沃公司的实习内容围绕公司的EHS工作进行。从入职的企业介绍、安全培训开始，参与企业的安全日常管理、岗位日常管理、应急演练等。培训采取的模式："全模拟岗位"实习，图2-6为2019年安全工程专业学生实习剪影。

(a) 开始实习

(b) 签订安全协议

(c) 安全培训

(d) 配备安全工装

(e) 进入厂区

(f) 企业介绍

(g) 实习结束合影

图 2-6 实习剪影

2.6 运城职业技术大学教学矿井

2.6.1 实习矿井简介

运城职业技术大学位于山西省运城市，是经教育部和山西省教育厅批准，由山西宏源集团有限公司投资建设的一所具有高等教育资格的院校。运城职业技术大学设有智能采矿技术、安全技术与管理、建筑工程等 20 多个专业，学科涵盖理工、经管、艺术、医学等诸多领域。运城职业技术大学占地面积 1 400 余亩，其中包含一座投资建设经费 2 亿元、占地面积 200 余亩的教学矿井，该教学矿井已成为国家级的煤矿安全培训基地。

2010 年 6 月，运城职业技术大学教学矿井(简称“教学矿井”)正式开工建设并历时 3 年多建设完成矿井一期工程。教学矿井以中等生产能力水平的煤矿为原型进行 1∶1 比例建设，设计年生产能力 300 万吨。教学矿井主要组成系统(采煤、掘进、运输提升、通风、避险)均依照现代化矿井标准进行建设，符合《煤矿安全规程》和《煤炭工业矿井设计规范》的要求。教学矿井建成后，运城职业技术大学与中国矿业大学、河南理工大学等国内多所知名高校以及煤炭类科研院所共同挂牌成立了“矿业工程实践教育基地”。

教学矿井主要工程包括地下工程和地面工业广场，功能分区有地下井巷、地面建筑、教学区和生活区。地下井巷工程总长度达到 1 900 多米，主要包括 2 个采煤工作面和 4 个掘进工作面等。煤矿地面工业广场有绞车房、空压机房、矿井主要通风机机房等，总建筑面积达 8 520 m^2。与教学矿井配套，还建设了煤炭地质展示巷、矿井水害展示巷和煤矿锚杆支护展示室。

教学矿井能全面展示具备我国大多数煤矿特征的采煤、掘进、机电、运输、通风、地质灾害与预防、煤矿测量、煤矿调度与信息自动化等系统以及煤矿安全避险六大系统。

采煤系统包含综采工作面实践和高档普采工作面实践两个实践环节。

(1) 综采工作面

综采工作面配备有采煤机、工作面液压支架、超前支架、刮板输送机、可伸缩带式输送机、桥式转载机、破碎机、动力负荷中心、液压泵站和喷雾泵站。生产环节具备日产 5 500 t 原煤的生产能力，可演示综采工作面的破、装、运、移、支、处和超前支护生产工艺，如图 2-7 所示。

(2) 高档普采工作面

高档普采工作面配备有采煤机、单体液压支柱配合 π 型顶梁、超前支架、刮板输送机、带式输送机、桥式转载机、动力负荷中心、液压泵站和喷雾泵站等。生产环节具备日产 2 500 t 原煤的生产能力，可演示高档采煤的破、装、运、移、支、处和超前支护生产工艺，如图 2-8 所示。

图 2-7 综采工作面

图 2-8 高档普采工作面

(3) 掘进系统

① 煤巷综掘工作面

煤巷综掘工作面配备了综掘机、风煤钻、风动锚杆钻机、锚索张拉器具、锚索锚杆拉拔器具和激光指向仪等，可演示综掘机割煤、锚杆支护工艺，如图 2-9 所示。

② 岩巷炮掘工作面

岩巷炮掘工作面配备了耙斗装岩机、风钻、风动锚杆钻机、锚索张拉器具、锚索锚杆拉拔器具、喷浆机和中、腰线激光定向仪，标明了岩巷光面爆破炮眼布置，可演示岩巷光面爆破的打眼、锚杆支护、喷浆和施工质量检查工作。

③ 探放水的掘进工作面

探放水的掘进工作面配备有钻机、钻杆、水泵和防水防瓦斯封口装置，能全面展示探放水钻场的布置和探放水作业的基本步骤，如图 2-10 和图 2-11 所示。

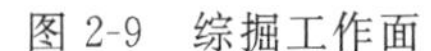

图 2-9 综掘工作面

图 2-10 探放水的掘进工作面

④ 探测煤与瓦斯突出的掘进工作面

探测煤与瓦斯突出的掘进工作面配备了钻机、瓦斯抽采管道和检测设备，可演示防突探测作业的全过程。

(4) 煤矿机电系统

矿井机电系统包括提升(图 2-12)、通风、排水、压风等煤矿大型机电设备及地面供电系统和井下供电系统等。

图 2-11 主排水泵房

图 2-12 副井绞车房

(5) 煤矿运输提升系统

矿井运输提升系统包括井下巷道硐室、运输线路、运输设备及运输安全设施等，包括轨道(图 2-13)、电机车、小绞车、架空乘人装置(图 2-14)、无极绳绞车、无轨胶轮车各种保护设施和各种矿用车辆。

(6) 矿井通风系统

矿井通风系统包括矿井通风、局部通风、通风设施、瓦斯管理、突出防治、瓦斯抽采、安全监控、防灭火、粉尘防治、井下爆破等，如图 2-15 和图 2-16 所示。

(7) 煤矿地质灾害防治系统

煤矿地质灾害防治系统包括煤矿地质构造、地质预报、瓦斯地质、水文地质、防治水工程、水害预警等。

图 2-13　轨道运输大巷

图 2-14　架空乘人装置

图 2-15　局部通风机

图 2-16　监测探头、隔爆设施及瓦斯抽采管路

(8) 煤矿测量系统

煤矿测量系统包括控制系统、中腰线标定、贯通精度、矿图测量等。

(9) 煤矿调度与信息自动化系统

煤矿调度与信息自动化系统包括调度管理和调度信息化系统。分设调度室、集控室和安全监测监控室。调度室安装了有线、无线调度通信系统，调度扩音电话指挥系统，集控室安装了带式输送机、主要通风机等自动控制系统，监测监控室设备齐全，实现了在调度室对井下三部胶带的远程操控。

(10) 煤矿安全避险六大系统

教学矿井建立完善了煤矿安全避险六大系统，包括监测监控系统、人员定位系统、紧急避险系统、压风自救系统、供水施救系统和通信联络系统。

教学矿井安全避险六大系统具体建设及组成包括：

① 监测监控系统，在井上下设立了 4 个监控分站，安装了传感器和设备控制设施，实现了对井下甲烷、一氧化碳、温度、风速等主要安全参数的动态监测监控；

② 井下人员定位系统；

③ 设置了可容纳 60 人的永久避难硐室(图 2-17)；

④ 安装了多处压风自救系统(图 2-18)；

⑤ 安装了多处供水施救系统(图 2-18)；

⑥ 布置了有线、无线扩音通信联络系统。

图 2-17 永久避难硐室

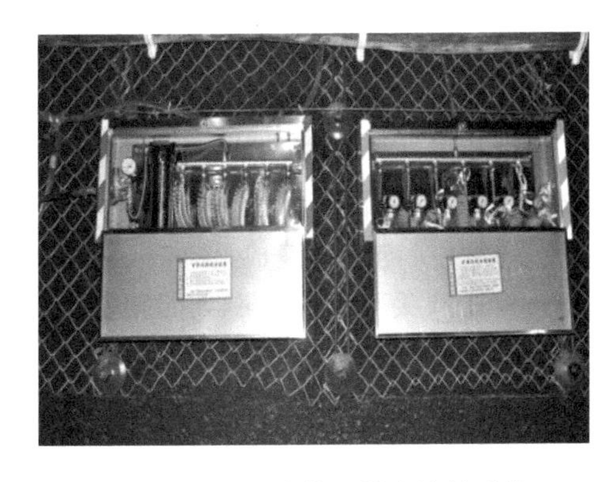

图 2-18 压风自救和供水施救系统

2.6.2 基地发展历程

(1) 工程建设历程

为了给煤炭企业、高等院校、科研院所煤矿安全培训、实践教学、煤炭科研提供一个真实的大型煤矿环境，2010 年 6 月，山西宏源集团有限公司决定在运城职业技术大学校园内建设教培研一体化基地——运城职业技术大学教学矿井。此后由企业、学校和科研单位专家组成联合考察组，对全国多家大型煤炭集团建设的煤矿培训井巷、煤炭高等院校实践教学中心和煤炭博物馆等进行考察，形成了教学矿井初步设计方案。随后邀请中国矿业大学、西安科技大学、山西省煤炭地质局、霍州煤电集团、山西焦煤集团等单位的专家，召开了 4 次设计方案研讨会议，形成了大型现代化教学矿井的总体布局和设计方案。

在地表浅部建设一个大型、真实、完整的煤矿井巷系统，与通常的煤矿矿井建设完全不同。为满足矿井建设需要，经过多方调研论证，结合矿井建设实际，在形成煤矿设计方案的基础上按煤矿设计重新进行土建工程设计和内部装修设计，工程建设历经土方开挖、土建工程建设、防水工程建设、井巷工程装修和机电设备安装 5 个阶段。2012 年初，区域煤矿培训基地建设工程开始。2012 年 4 月，成立教学矿井建设领导组，开始“四通一平”准备工程。如图 2-19 所示。

图 2-19 教学矿井前期建设图

2013年9月，通过组织土建、防水、钢结构、装修、机电安装等多支施工队伍协同工作，历经3年多，教学矿井一期工程竣工。按照我国当前中等煤矿水平和现代化矿井技术含量要求，教学矿井年生产能力为300万吨，井巷工程比例1∶1。教学矿井按照《山西省煤矿现代化矿井标准》和《高等职业学校专业教学标准》建设，总占地面积200余亩。

教学矿井一期工程建成后，与区域煤矿培训基地配套的矿山机械实训中心、矿山电气实训中心、煤矿综采综掘大型设备拆卸安装中心、煤矿地质展示巷、煤矿培训基地大楼、二号生活服务中心、五号公寓楼、矿山公园等先后投入建设，现已全部建成并投入教学培训使用，如图2-20所示。

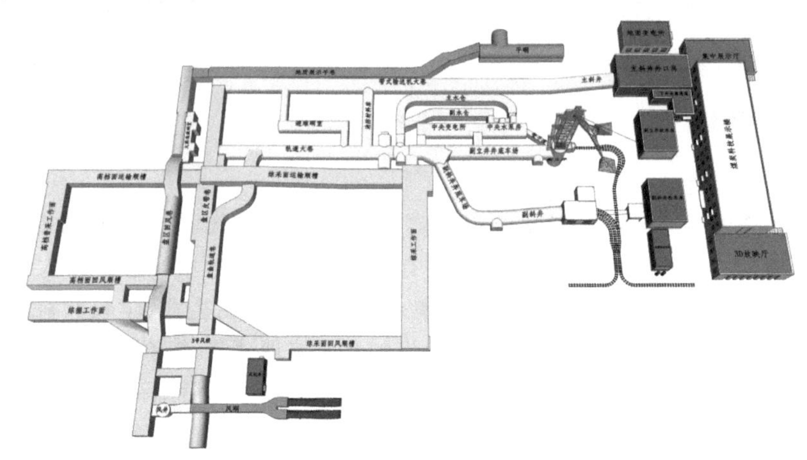

图2-20　教学矿井总体建设图

(2) 培训教学发展历程

煤矿安全培训以教学矿井为中心，采用先进的五步实践教学培训法进行培训。第一步课堂和模型教学，第二步计算机教学软件自学和虚拟仿真培训测试，第三步仿真操作台培训及测试，第四步教学矿井实际操作培训，第五步煤矿现场培训。教学矿井是实现其中二、三、四步的重要环节，为完善提升煤矿安全培训实操实训功能和煤矿自动化智能化培训教学水平，配套建设有：煤矿地质展示巷、地质灾害预防展示巷和锚杆支护展示室。煤矿地质展示巷展示了山西霍西煤田、河东煤田和沁水煤田纵深200 m的煤系地层；展示了河流冲刷、相变、煤层分叉变薄与尖灭、陷落柱、断层、天然焦、火成岩侵入、煤矿背向斜、地堑、地垒等多种地质构造。

(3) 硬件条件

① 地面矿山机械实训中心、矿山电气实训中心、煤矿综采综掘大型设备拆卸安装中心和采煤机、综掘机大修理中心。

② 配备72台计算机的安全培训计算机室。

③ 采掘机械仿真虚拟操作室。

④ 现代化矿井、教学矿井、山西宏源集团有限公司绿色循环产业链3个模型室。

⑤ 具有阶梯教室功能、可容纳200多人的3D放映厅，能够演示煤矿安全培训软件和放映多部煤矿安全生产的视频和影片。

⑥ 煤矿安全教育展览室。

(4) 教学矿井软科学建设历程

① 引进和开发综采、综掘操作台培训系统设备及软件。

② 引进和开发教学矿井3D虚拟模型漫游演示软件。

③ 引进和开发煤矿安全技术可视化仿真培训软件、煤矿特殊工种作业可视化实操仿真培训软件。

④ 引进和开发具有指纹辨识功能的煤矿培训考核评价体系软件。

⑤ 引进和开发矿山测量"复杂条件下长距离顺槽掘进机自动定位与自动成图系统"。

⑥ 引进和开发采矿施工设计CAD软件包的29个软件。

⑦ 与北京、西安、太原、重庆、常州、上海等煤科院开展专业对口技术合作，举办煤矿防治水、煤层瓦斯防治、煤矿安全监测监控和煤矿自动化专业培训班。

⑧ 研发自动化采煤技术，展示薄煤层综采无人开采工艺。

(5) 专家团队及师资队伍发展建设历程

① 专家团队。教学矿井由精通煤矿生产技术的煤炭集团企业高管、中国矿业大学教授、高等学校教学名师、煤炭集团机电高工、煤矿矿长和总工等多位专家组成教学矿井管理和煤矿安全培训专家组，全面管理指导煤矿安全培训工作。

② 培养建设优秀煤矿安全培训教师队伍。运城职业技术大学有矿业、机电类专业教师80余名，取得山西省煤矿安全培训资质的专职教师30名、煤矿特殊工种技师9名。

③ 建立煤矿安全技术研发中心。利用教学矿井平台，建立煤矿安全培训技术研发中心，定期邀请全国煤炭企业、高等学校、科研院所专家教授来运城职业技术大学和山西宏源集团有限公司的煤矿现场召开煤矿安全技术专题研讨会，提高培训教师水平，促进企业和学校的人才交流。

(6) 实习教学内容及组织形式

实习教学通过理论培训与现场参观实践相结合的方式展开，能够充分展现教学矿井生产系统与辅助系统，最大限度地再现煤矿的生产运营情况。运城职业技术大学教学矿井实习的理论教学内容和组织形式如表2-3所列，现场参观实践教学内容和组织形式如表2-4所列。

表2-3 教学矿井实习的理论教学内容和组织形式

序号	实习内容	实习要求	学时	备注	其他教学内容
1	矿井概况	熟悉实习矿井的基本概况	1天		
2	矿井开拓开采	了解煤矿开拓开采方法的分类及适用条件，掌握实习矿井采用的开拓开采方式及原因	3天	理论培训与其他教学内容结合	含地面参观1次，井下实习1次
3	运输与提升	了解煤矿运输与提升方法的分类及适用条件，掌握实习矿井采用的运输与提升方式及原因	2天	理论培训与其他教学内容结合	含地面参观2次
4	矿井通风	了解矿井通风的方法与方式，掌握实习矿井采用的通风方法与方式及原因。掌握矿井通风的相关通风设施、用途及原理	3天	理论培训与其他教学内容结合	含井下实习4次，地面参观2次

表 2-3(续)

序号	实习内容	实习要求	学时	备注	其他教学内容
5	矿井灾害防治	了解矿井顶板、瓦斯、煤尘、火灾等事故发生的原因及防治方法，掌握相关设备与方法的原理。掌握矿井安全避险六大系统的内容与作用	5 天	理论培训与其他教学内容结合	含井下实习 2 次，地面参观 2 次
6	矿山救护与应急救援	掌握矿山安全救护的基础知识及操作技能	2 天	理论培训与其他教学内容结合	含地面参观 1 次
7	矿山安全管理	安监科、监测监控室、通防科、地质科、救护大队分组科室实践。掌握矿山安全管理机构设置，安全监察、检查方式及方法，安全管理制度、模式及措施	5 天	理论培训与其他教学内容结合	分组轮换
合　计			21 天		

表 2-4　教学矿井现场参观实践教学内容和组织形式

序号	实习内容	实习要求	学时	备注
1	矿井开拓开采地面参观	参观地面机修车间，熟悉采煤机、刮板输送机、支架的作用及工作过程	1 天	
2	运输与提升地面参观	完成主副井提升，选煤厂等地面运输过程参观，熟悉矿井人员、材料、煤炭的运输提升方式	1 天	
3	矿井通风地面参观	完成风井、地面通风模型室参观，熟悉矿井主要通风机、风井、风硐、扩散器、局部通风机的工作原理及作用	1 天	
4	矿井灾害防治地面参观	完成瓦斯抽采泵站、压风机机房、地面瓦斯防治模型室参观，熟悉瓦斯抽采泵站、防突钻机、风机闭锁系统、压风自救系统的工作原理	1 天	
5	矿山救护与应急救援地面参观	参观救护大队，掌握矿山安全救护操作的基本技能	1 天	
6	矿山安全管理流程实践	安监科、监测监控室、通防科、地质科、救护大队分组科室实践，掌握其职能与工作流程	5 天	分组轮换，每组 4～5 人，每科室 1 天
7	矿井开拓开采井下参观	在熟悉下井自身安全装备的作用，下井纪律及注意事项的基础上，完成井下实地参观采煤工作面、掘进工作面，掌握其工作流程	1 天	必须现场老师与指导老师共同带队
8	矿井通风井下参观	参观井下风门、风桥、密闭、调节风窗等通风设施，参观局部通风机及风筒，参观风流分风、汇合地点及进风风流和回风风流巷道，熟悉其作用、原理及用途	1 天	

表 2-4(续)

序号	实习内容	实习要求	学时	备注
9	矿井灾害防治系统井下参观	参观井下排水系统，避难硐室，压风自救系统终端，临时瓦斯抽采泵站，瓦斯抽采孔，井下监控系统终端，各防尘地点等，掌握相关设备与方法的原理	2天	必须现场老师与指导老师共同带队
合　计			14天	其余7天时间为理论培训时间

通过矿井开拓开采、运输与提升、矿井通风、矿井灾害防治、矿山救护与应急救援、矿山安全管理等教学矿井的理论学习，同学们掌握了矿井安全避险六大系统的内容与作用，了解了矿山安全救护的基础知识及操作技能，并对矿山企业的安全管理规章制度有了一定的认知。

与教学矿井的理论教学内容相对应，教学矿井提供了一系列的实践教学活动。教学矿井的现场参观实践对实习内容有了很大的补充，让同学们实地参观了开拓开采、主副井提升等矿井生产过程，与教学矿井的理论学习进行了有效结合，发挥了理论联系实践的教学优势。

2.6.3 实习期间的住宿与生活

教学矿井的附属建筑群食宿功能齐全，包括12 000 m^2 的二号生活服务中心和建筑面积11 000 m^2 的五号公寓楼，具备同时接待2 000人的能力。在实习期间，二号生活服务中心给师生们提供了丰盛的饭菜和干净的就餐环境，五号公寓楼提供了舒适的住宿环境，教学矿井的附属建筑群充分保障了师生们的住宿与生活质量。在实习之余，师生们在教学矿井地面的矿山公园和体育场开展了各种体育运动和休闲活动，丰富了实习期间的生活。

2.7 海外实习实践教学平台

大学生海外实习实践不仅可以开阔学生的国际视野、提升跨文化交流能力，而且还能加深青年对不同国家文化的认知，巩固专业知识，这对培养国际竞争力具有重要的促进作用。近年来，中国矿业大学安全工程专业积极搭建海外实习实践教学平台。目前，已经与美国科罗拉多矿业学院(Colorado School of Mines，USA)和美国西弗吉尼亚大学(West Virginia University，USA)等海外知名学府建立了实习实践教学平台的合作关系。

2.7.1 美国科罗拉多矿业学院实习实践教学平台

2018年，美国科罗拉多矿业学院实习实践教学平台为中国矿业大学安全工程学院海外实习生提供了3周的实习实践教学活动。主要教学内容包括安全训练课程学习、试验矿井实践操作(图2-21)、学科前沿讲座、实验室参观实践和地质考察等。

第一周为安全训练课程的学习，同学们学习掌握了矿山顶板控制、灾害气体防治、火灾防治、矿井通风、粉尘防治和应急救援等矿山安全的基本知识。第二周在试验矿井Edgar Mine进行实践操作，同学们与科罗拉多矿业学院的硕士研究生和博士研究生一起共同实习，动手进行矿山运输设备、钻机、支护、取岩芯、通风演练、井下灭火、安全逃生等操作和演

图 2-21　Edgar Mine 试验矿井实践操作

练。第三周为学科前沿讲座，安排了太空采矿、矿山大数据、矿井设计、矿井虚拟 AR 技术、矿井安全管理、矿物加工、工业矿物应用、矿井开采与社会责任等讲座，同学们可在与教授的互动中对矿山安全、太空采矿等学科前沿研究有更深的理解。

在实习过程中，科罗拉多矿业学院教授带领同学们参观了电磁兼容 EMI 实验室、AR 虚拟矿井实验室、科罗拉多矿业学院图书馆、矿业博物馆等与矿业生产及安全有关的区域。在周末，外方组织了同学们对当地的国家矿业博物馆、国家岩石公园、红石地质公园等进行了参观和地质考察。

2.7.2　美国西弗吉尼亚大学实习实践教学平台

2019 年，美国西弗吉尼亚大学实习实践教学平台为中国矿业大学安全工程学院首届国际班实习生提供了 3 周的海外实习活动。实习分为职业安全训练理论及实践、危险源辨识与评价理论及实践、安全作业防护及紧急救援训练等环节进行。

(1) 职业安全训练理论及实践

第一周进行职业安全训练课程，全体师生前往西弗吉尼亚大学职业安全健康拓展中心进行参观学习。通过课堂互动及实验室参观的方式，同学们学习了电气安全及防护、气溶胶污染及呼吸防护、噪声防护、工业通风、高空坠落防护等安全生产知识，进一步理解了职业安全健康技术及管理手段在安全生产中的重要性。在国际顶级采样泵/取样器制造商 SKC 工厂里，同学们对于气体采集与检测的基本知识和方法有了初步的认知，拓展了同学们在粉尘及有毒有害气体取样方面的视野。

(2) 危险源辨识与评价理论及实践

在西弗吉尼亚大学公共卫生学院教授 Dr. McCawley 的带领下，同学们进行了安全生产中危险源辨识及评价的课程学习(图 2-22)。课程学习分为理论学习和实地考察两部分进行，在理论学习方面，主要掌握安全检查表的使用；在实地考察环节，Dr. McCawley 带领同学们参观了丰田汽车西弗吉尼亚制造厂(图 2-23)、美国 Fiesta 瓷器生产工厂和西弗吉尼亚校区旁 Kroger 超市，并对以上地点进行了危险源识别训练。在这一周里，同学们还参观了西弗吉尼亚当地一所实体矿井教学基地，了解了采矿过程中的防火设备与措施，参观了矿井火灾实体演示。

除了危险源辨识与评价的学习之外，西弗吉尼亚大学校医院相关负责人还为大家讲述了

图 2-22　危险源辨识及评价的课程学习

图 2-23　参观丰田汽车西弗吉尼亚制造厂

各种职业危害产生和职业健康防护的案例。同学们对于呼吸系统感染、皮肤穿刺受伤感染及护理人员因重体力劳动产生骨骼肌肉损伤等常见职业疾病的致病原因有了充分的认识。

（3）安全作业防护及紧急救援训练

第三周是安全作业防护及紧急救援训练。同学们在国际知名的安全设备生产商 MSA 进行安全作业防护的培训（图 2-24），主要内容包括危险的具体分类方法、事故案例分析、不同工作场所安全用具的使用方法及注意事项等。实践操作环节，同学们在使用防护装置的条件下，掌握了安全梯的攀爬方法以及受限空间救援工作的注意事项。在本周实训环节，同学们在西弗吉尼亚大学火灾培训机构进行了消防知识、灭火、人工紧急救护等方面的培训，切身体会到紧急救援的专业性，增强了安全救护意识。

图 2-24　安全作业防护及紧急救援训练

通过海外实习实践教学平台，同学们进一步了解了国外安全生产状况，尤其是矿山安全生产方面的前沿科学，获得了宝贵的学习经历。海外实习的开展，一方面提高了学生的英语交际能力，开阔了学生的视野；另一方面，实操训练提高了学生的动手实践能力和团队协作能力。

2.8　虚拟实践教学平台

安全工程学院虚拟现实实验室于 2018 年年底开始规划，2019 年年底通过硬件系统验收，2020 年年初实验室进入运行阶段，如图 2-25 所示。该实验室是基于虚拟现实技术软件系统及 VR 一体机整体设计的 VR 大场景多人交互、多人同步、实时互动的虚拟现实教学与实训环境。实验室由 HTC FOCUS 虚拟现实一体机、高性能服务器、教师定制化触碰交互集控台、虚拟现实内容与设备管理系统、高性能企业级路由器、高密度无线网络设备以及教室整体空间设计与布局于一体，支持学校开展虚拟现实沉浸式教学、交互式实训实操训练、创新课堂教学模式，解决传统教学不能支撑的高成本、高风险等教学难题，提升了教学质量。

图 2-25 虚拟现实实验室

2.8.1 虚拟现实实验室的基本硬件配置

安全工程学院虚拟现实实验室的主要硬件系统及其功能：

HTC FOCUS 虚拟现实一体机是一种整合显示单元、计算单元和定位设备的一体化设备，体验者只需佩戴头盔即可进行体验，如图 2-26 所示。其主要特点：① 支持瞳距调节。② 采用高通骁龙 835 高性能低功耗芯片组。③ 定位单元采用了独家的 World-Scale 六自由度 inside-out 大空间追踪技术。④ 采用双目前置摄像头配合高精度九轴传感器，能够在任何环境下即时准确捕捉到体验者的准确位置，无空间定位限制。⑤ 内置蓝牙、Wi-Fi、多麦克风、定向扬声器、光线传感器等模块或设备。

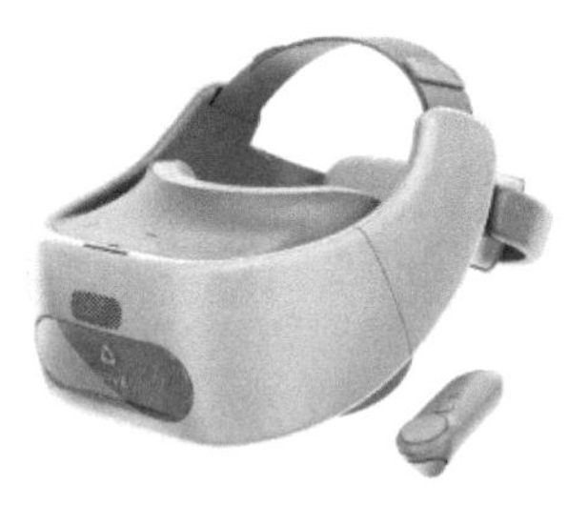

图 2-26 虚拟现实实验室配备的头盔

无线控制手柄作为体验者在虚拟现实空间内进行操作的一种外设设备，采用三自由度设计，配备了多功能触摸板、双阶段触发器、高精度九轴传感器等，能够准确地在虚拟现实中反映手柄的所指方向和用户的按键操作，满足用户自由探索并与虚拟环境进行互动。

虚拟现实内容与设备管理系统采用铝合金框架结构，符合工业化设计要求；门体采用钢体设计，实现工业级安防；内置多个排风扇，整体通风防止设备过热出现安全隐患；同时搭配专用定制化 USB 光纤数据线，能够实现 400 MB/s 和 30 m 的远距离高速传输；定制化安装电脑 USB3.0 高速传输接口，单口 5 V 2.1 A 输出的快速充电接口；内置 6 颗 Realtek 主控芯片，实现低功耗及高速稳定传输；内置 200 W 铝壳电源，自带稳流器；虚拟现实内容与设备管理系统配有主配电柜和副配电柜，能实现一体机头显数据的快速存储、分发和同步。

课堂教学管理系统采用的是威爱虚拟现实多人协同教学管理系统(简称“威爱通”),由教师PC机客户端兼教师中控服务器系统,以及师生的VR一体机客户端组成。该系统用于实现虚拟现实课堂教学中的教学资源推送播放、师生互动、教学流程管理等,其特点是支持师生多人在同一虚拟空间中的协同互动,使得教师讲解、师生互动研讨等教学需求在虚拟现实中成为可能。课堂教学管理系统支持各种虚拟现实日常课堂教学的需求,不但包括了以虚拟模型、场景、全景图片/视频展示为中心的展示型虚拟现实教学,提升教学趣味性,拓宽学生视野,增强学生对于知识点尤其是空间想象类知识的理解和记忆,还包括了以教师演示操作、学生上手训练为中心的实操型虚拟现实教学,提供低成本、安全、环保的实训替代方案。

安全工程学院虚拟现实实验室硬件配置清单如表2-5所列。

表2-5 安全工程学院虚拟现实实验室硬件配置清单

序号	名　称	单位	数量
1	高性能工作站	套	35
2	交换机	台	1
3	VMaker Editor	点	10
4	专业级虚拟现实头显套装	套	35
5	虚拟现实手柄支架	套	2
6	虚拟现实眼镜支架	套	2
7	虚拟现实体验资源	点	2
8	移动式虚拟现实一体机套装	套	2
9	触摸交互集控台	套	1
10	高性能中控服务器	套	1
11	VR安全教育课件资源	点	4
12	虚拟现实教学管理系统	套	1
13	虚拟现实内容与设备管理系统	套	1
14	定制化充电线	条	35
15	双核千兆企业VPN路由器	套	1
16	高密度无线吸顶式AP	套	2
17	PoE供电器模块	套	2
18	音响系统	套	1
19	沉浸式3D环幕系统	套	1
20	虚拟现实定制专用工作台	套	35
21	配套椅子	套	35
22	定制VR教学	套	1

2.8.2 虚拟实践教学模块

虚拟现实实验室配备了瓦斯爆炸虚拟展示、矿山生产系统漫游、通风阻力测定虚拟实践、通风机性能测定虚拟实践等一些虚拟教学资源。

2.8.2.1 瓦斯爆炸虚拟展示

瓦斯爆炸场景展示虚拟实践教学的目的，是通过虚拟实验让同学们对瓦斯爆炸具有初步的印象，掌握影响瓦斯爆炸强度的主要因素，了解瓦斯爆炸的上下限等参数。具体的操作步骤如下：

(1) 进入实验界面后，背景是煤矿井下巷道，通过实验对话框选择开始实验，如图 2-27 所示。

图 2-27　实验启动界面

(2) 通过手柄射线瞄准缩放按钮，点击手柄圆盘，可以实现缩小混合面板界面，查看矿洞内的实际情况，如图 2-28 所示。

图 2-28　操作界面 1

(3) 通过手柄射线瞄准位移地标点位，点击手柄圆盘，可以移动到相应位置，进行自主实验观察，如图 2-29 所示。

(4) 通过手柄射线瞄准刻度条，可以自由调整煤尘瓦斯混合比例，选择完成后，点击手柄圆盘可以开始爆炸演示，如图 2-30 所示。

(5) 点击手柄返回按钮，弹出菜单界面，可以退出该实验模块，如图 2-31 所示。

2.8.2.2 矿山生产系统漫游

(1) 场景认知

点击“场景认知”，选择认知区域（鼠标左键控制方向，WASD 控制位置移动），如图 2-32 所示。

图 2-29 操作界面 2

图 2-30 爆炸条件设置界面

图 2-31 退出界面

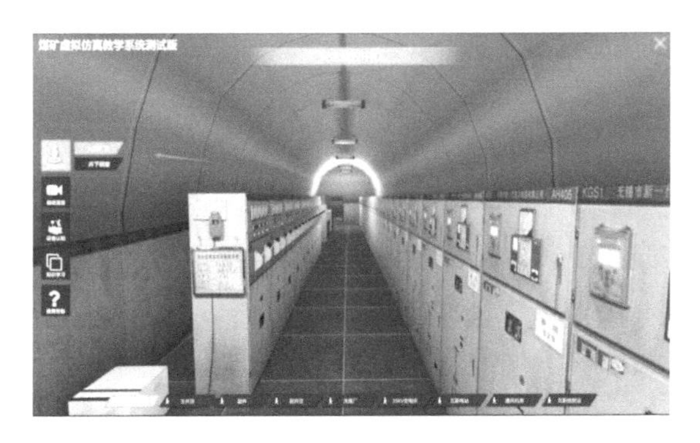

图 2-32 场景漫游界面

（2）井下硐室

热点区域在屏幕下方，点击热点区域进行跳转，如图 2-33 所示。

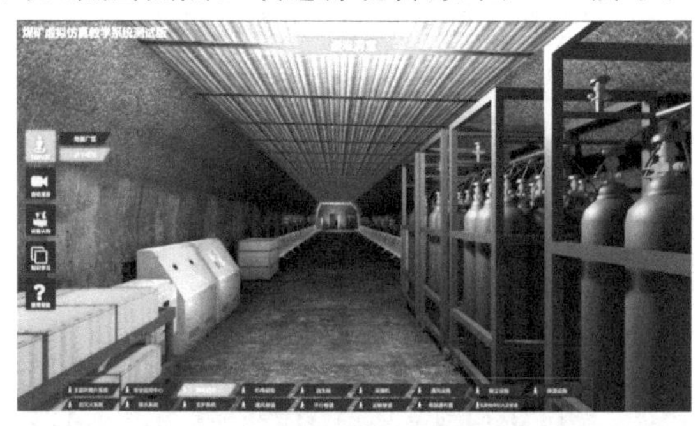

图 2-33　井下硐室漫游界面

（3）自动漫游

点击“自动漫游”，选择漫游区域，可在漫游区内自动开展场景的浏览，如图 2-34 所示。

图 2-34　工业广场的自动漫游

（4）地面厂区

选择地面厂区，点击热点区域对相应位置进行漫游，再次点击，停止漫游，如图 2-35 所示。

图 2-35　地面厂区漫游

（5）井下巷道

选择井下巷道，点击热点区域对井下一些位置进行漫游，再次点击，停止漫游，如图 2-36 所示。

图 2-36 井下巷道漫游界面

(6) 设备认知

点击“设备认知”，屏幕下部分出现设备类型选择，右侧为设备文字介绍，点击可查看对应设备结构外观以及设备的详细信息，此时通过鼠标左键拖动旋转观看设备，鼠标滚轮控制观看距离，如图 2-37 至图 2-39 所示。

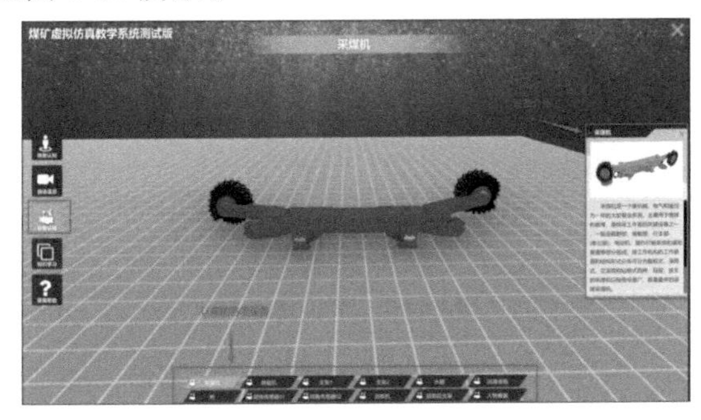

图 2-37 割煤机学习图

图 2-38 液压支架虚拟展示图

(7) 知识学习

知识学习包括了文档学习、图片学习和视频学习，该模块的所有资料可随意修改，文件格式分别为(图片：. png、. jpg；视频：. mp4、. mov；文档：. txt)

(8) 使用帮助

点击“使用帮助”，出现引导界面(图 2-40)。

图 2-39　个体装备展示图

图 2-40　帮助界面

2.8.2.3　通风阻力测定虚拟实践

通过本模块的训练可以使学生在不去现场的情况下学习掌握矿井通风阻力测定的基本操作步骤和仪器仪表的使用方法等。该实验模块主要包含以下几个操作步骤：

(1) 通过点击手柄圆盘的左右两侧，可以选择各种阻力测定过程中的实验仪器，如图 2-41 所示。

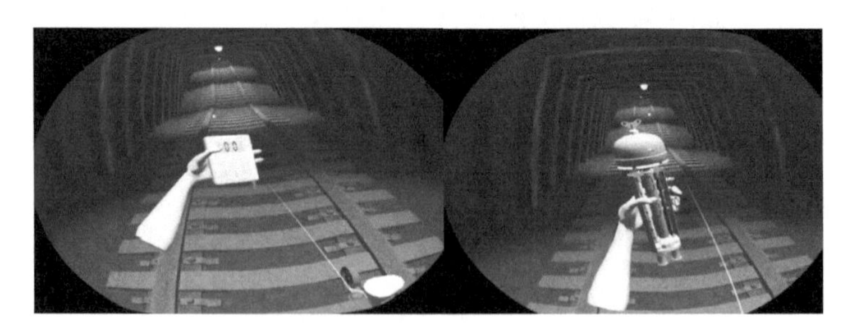

图 2-41　测试仪器选择界面

(2) 在此位置选择风速测量仪器后，点击手柄圆盘上方位置，进行第一次风速测量。

(3) 挥动手柄，描绘空中“几”字形，通过“几”字形进行风速测量，如图 2-42 所示。

(4) 在此位置选择温湿度测量仪器后，点击手柄圆盘上方位置，进行第一次温湿度测量，如图 2-43 所示。

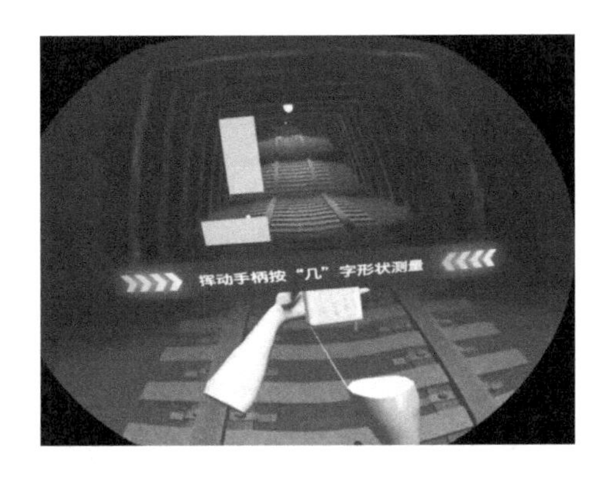

图 2-42　风速测量界面

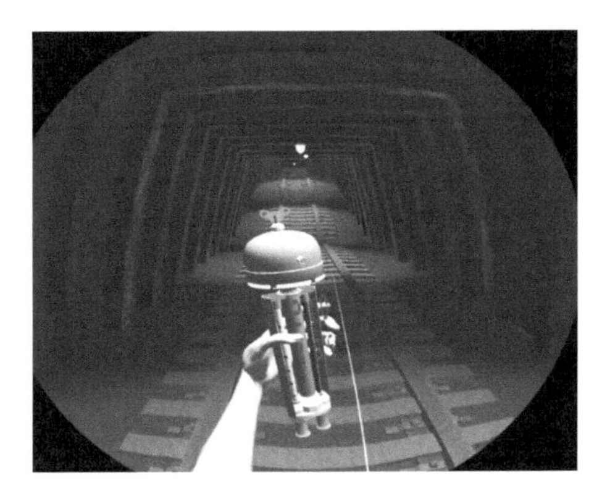

图 2-43　温湿度测量界面

(5) 通过长按手柄圆盘上方位置，可以移动到相应位置进行风压测量实验，如图 2-44 所示。

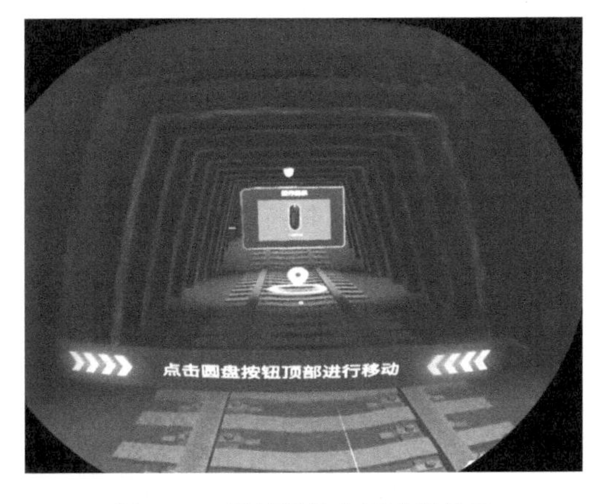

图 2-44　风压测量位置选择界面

(6) 通过点击手柄圆盘左右两侧，可以选择实验仪器，在此位置选择风压测量仪器后，点击手柄圆盘上方位置进行第一次风压测量，操作界面如图 2-45 所示。

(7) 通过长按手柄圆盘上方位置，可以移动到相应位置，进行第二次风压测量实验。

最终，通过以上操作反复进行可以在任意不同的位置，进行相应的风压、温湿度的测量

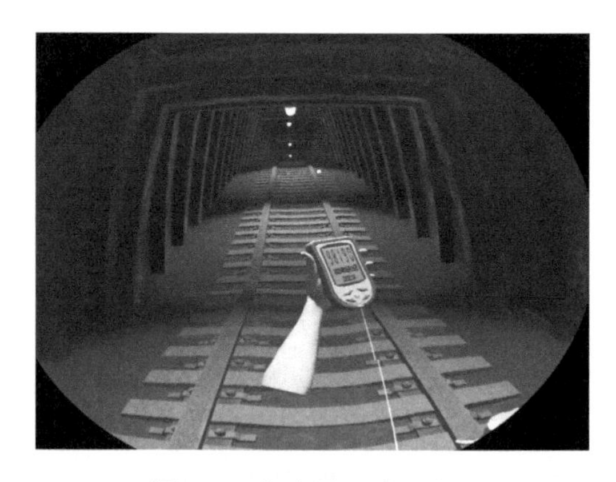

图 2-45　初次风压测量界面

虚拟操作，直到最后完成通风阻力的测定。

2.8.2.4　通风机性能测定虚拟实践

(1) 教学内容

通风机性能测定模块使用 VR 技术，模拟真实通风机场景，对轴流式通风机进行测定实验，主要包括 4 个方面：风量(风速)、风压、电参数、调阻。教学实验内容包含风量(风速)测定、风压测定、电参数测定和通风机调阻。

(2) 操作流程

① 标题界面

点击进入通风机性能测定实验程序后，渐亮切换至工厂场景，此时体验者初始位置在工厂外部场景，可以看到工厂全貌；

停顿 1 s 后，展示标题“通风机性能测定实验”，同时播放语音“本次实验主要目标是熟悉通风机性能测定要点，重点掌握风压、电功率、风量的测定和调阻”；

标题展示 2 s 后，标题消失，出现选择按钮，同时播放语音“请选择教学实验”，同时弹出教学实验选择列表。列表包含 4 个选项：风量测定、风压测定、电参数测定、通风机调阻，如图 2-46 所示。

② 风量(风速)测定

场景：在总回风巷前，有九宫格、装备箱(杯式风表、连接线)、采集器。

选择风量测定选项后，场景切换到总回风巷的九宫格前。然后弹出风量测定原理界面，如图 2-47 所示。与此同时，系统播放对应语音“通风机风量测定常用风速表法，通过用手持或固定安装的一只或多只风表直接测通过通风机的风量，每个工况下通常测定 3 次取平均值”。

点击“确定”按钮后，开始进行风量测定实验。

此时手中射线前端出现杯式风表，同时播放语音“请将 9 个杯式风表安装在‘井’字形支架上”。与此同时，界面上方将出现提示窗口显示“将风表安装在‘井’字形支架上”。

当射线瞄准井字格的 9 个目标点时，九宫格区域为高亮状态(方块区域)，点击圆盘按钮后，设备自动吸附在固定位置，风表插在固定位置，并且出现一根线连接风表下方接口至地面采集器上。

完成后，手中出现另一只风表，重复直到 9 个杯式风表全部安装在“井”字形支架上。

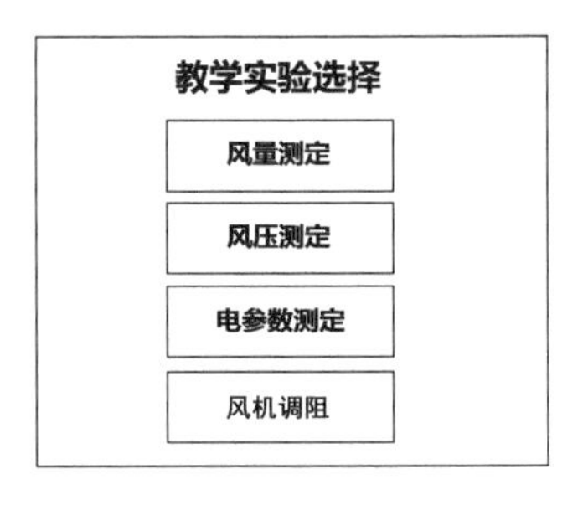

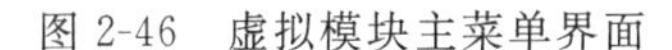
图 2-46 虚拟模块主菜单界面

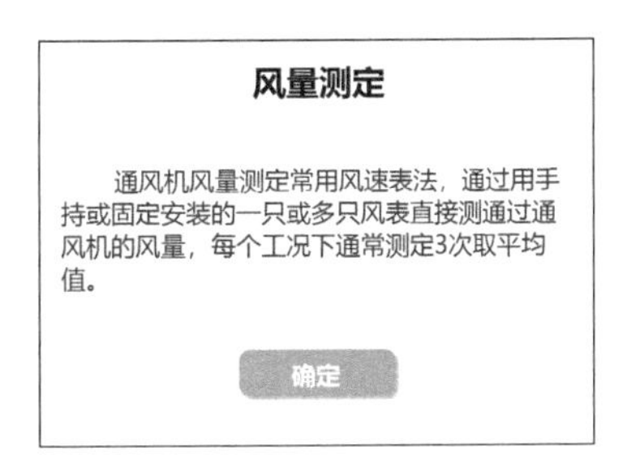

图 2-47 风量测定原理界面

每次拿起 1 个风表后，箱子中的风表数量减少 1 个。

安装完成后，语音提示“风表安装完成，点击按钮开始测量风量”。同时界面出现“开始测量”按钮，通过中央圆盘按钮点击后，出现测量结果界面。测量结果界面如图 2-48 所示。

图 2-48 全断面风速测定结果展示

点击“完成”按钮后，再次弹出教学实验选择列表。

③ 风压测定

场景：在通风机机室内，需要有轴流式通风机、静压差传感器、皮托管及 U 型水柱计和连线，如图 2-49 所示。

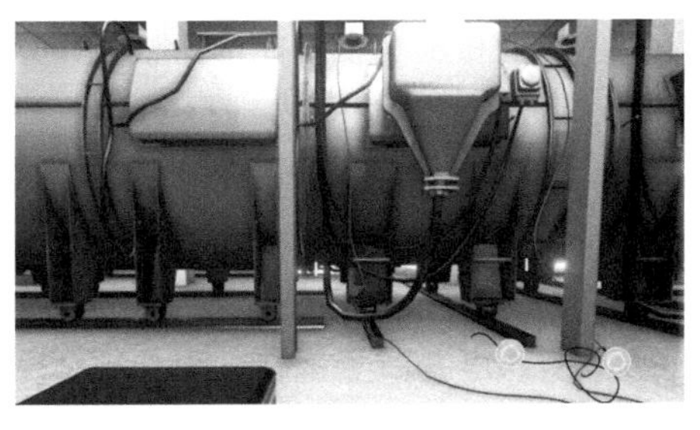

图 2-49 虚拟通风机风压测定场景

选择风压测定选项后，场景切换到通风机机室的前面进行实验。初始场景在集流器前。弹出风压测定原理界面，如图 2-50 所示。与此同时，系统播放对应语音“在每一工况下，用皮托管的静压端或机壳上的静压口在通风机进风侧（抽出式）测得其相对压力（负压）；用 U 型水柱计、倾斜式压差计或补偿式压差计来读数。每个工况下测定 3 次取平均值”。

点击“确定”按钮后，开始进行风量测定实验。

随后，通风机集流器部分的筒身变成透明，可以观测到通风机入口处内部结构，展示整

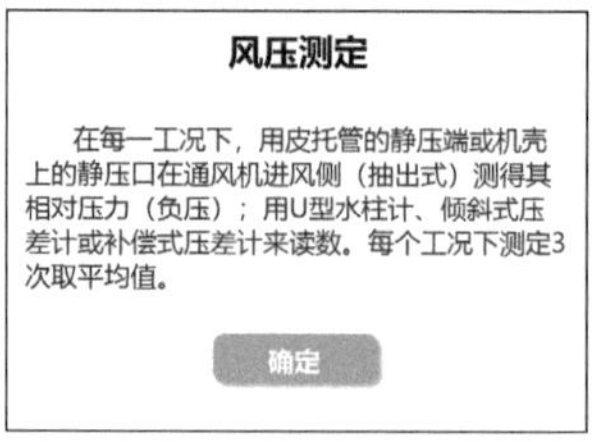

风压测定

在每一工况下，用皮托管的静压端或机壳上的静压口在通风机进风侧（抽出式）测得其相对压力（负压）；用U型水柱计、倾斜式压差计或补偿式压差计来读数。每个工况下测定3次取平均值。

确定

图 2-50　风压测定原理界面

流罩，同时进行语音介绍“整流罩安装在叶轮或进口导叶前，以使进气条件更为完善，降低通风机的噪声，一般设计成半圆形或椭圆形，也可以与尾部扩压器内筒一起设计成流线型”。

随后筒身还原为不透明状态，弹出通风机结构平面图，播放语音介绍“通风机包括集流器、导流体、进风筒、隔爆电机、轮毂、扩散器等”。

点击“确定”按钮后，语音提示“请将连接静压差传感器的皮托管连接至进压口 1 和进压口 2”，此时地上的两根皮托管高亮状态，同时旁边出现两个抓取标识，同时进压口 1、2 也处于闪烁状态。

同时通风机左侧出现“透视图”按钮，点击后通风机外壳降低透明度，展示进压口这一段的内部结构；点击“遮盖图”按钮则还原。

点击抓取标识或接线后，按住中央圆盘按钮，线出现在射线另一端，松开中央圆盘按钮回到原地，当线进入进压口 1、2 的识别区域时，则显示为连线状态，并且手中的线消失。

两根连线分别连接在进压口 1 和进压口 2 后，播放语音“皮托管连接完成，点击按钮开始测量风压”。同时界面出现“开始测量”按钮，通过中央圆盘按钮点击后，出现测量结果界面，如图 2-51 所示。

点击“完成”按钮后，再次弹出教学实验选择列表。

④ 电参数测定

场景：主控室内，需要有 1 组机柜和 1 个多功能电参数测定仪，以及 5 根电线。

选择电参数测定选项后，场景切换到主控室内进行实验。初始场景位置在电箱前。弹出电参数测定原理界面，如图 2-52 所示。与此同时，系统播放对应语音“对现场使用较多的 6 kV 电机，在配电柜中已装有(6 000/100)电压互感器(即变比为 60)，测定时只需将配电柜中电压互感器(PT)的二次端子 100 V 电压直接引出即可，按 A、B、C 电压所对应的黄、绿、红三个接线夹直接通过三芯插座接入电参数变换器的电压输入口”。

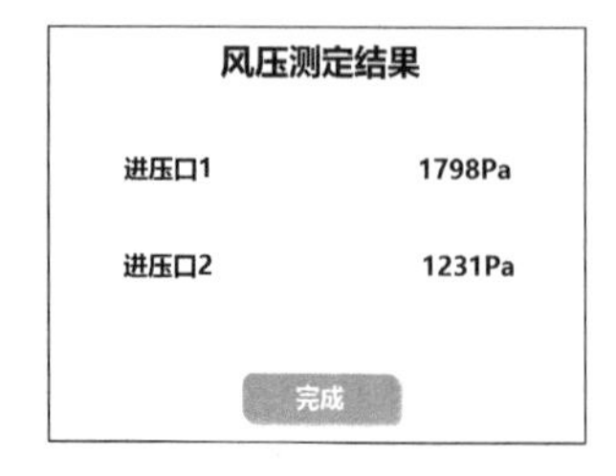

图 2-51　风压测定结果展示

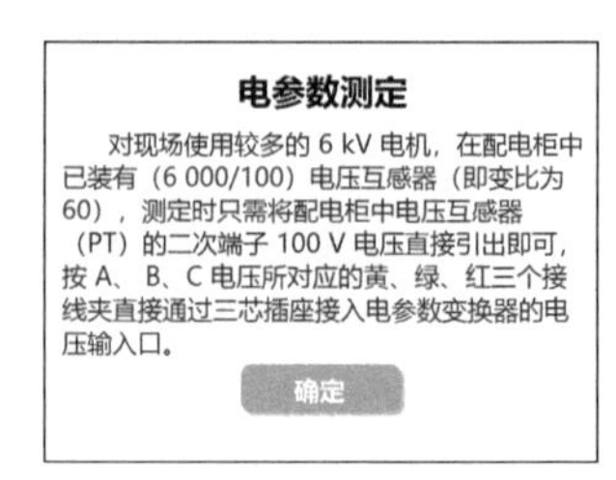

图 2-52　电参数测定原理界面

点击“确定”按钮后，开始进行电参数测定实验。

播放提示语音“请将 A、B、C 电压所对应的黄、绿、红三个接线夹接入电柜对应电线路上”。此时，地上的 3 根连接线高亮提示，同时出现 3 个抓取标识，点击抓取标识或连线时，电线出现在射线一端，按住中央圆盘按钮，线出现在射线另一端，同时摄像机上移，能够看到电箱内部结构。松开中央圆盘按钮，则摄像机归位，同时线放置在原来位置，当线进入对应的颜色插口识别区域时，则显示为连线状态，并且手中的线消失，摄像机归位。

当三根线全部接好后，播放语音“接线夹接入完成，点击按钮开始测量电参数”。同时界面出现“开始测量”按钮，通过中央圆盘按钮点击后，出现测量结果界面，如图 2-53 所示。

图 2-53 电参数测定结果展示

点击“完成”按钮后，再次弹出教学实验选择列表。

⑤ 通风机调阻

测定场景一：立风井防爆盖前，12 块木板。

a. 选择通风机调阻选项后，场景切换到立风井防爆盖前，同时出现语音提示“轴流式通风机通常由大到小进行风量调节，此处采用搭木板进行调阻实验”，防爆盖自动升起，升起后同时界面上方显示“当前遮挡井口面积：0”。

b. 共 3 块木板搭在井口上方，播放语音“当前遮挡井口面积：1/4”。

c. 共 4 块木板搭在井口上方，播放语音“当前遮挡井口面积：1/3”。

d. 共 6 块木板搭在井口上方，播放语音“当前遮挡井口面积：1/2”。

e. 共 9 块木板搭在井口上方，播放语音“当前遮挡井口面积：3/4”。

f. 共 12 块木板搭在井口上方，井口全部被遮盖，播放语音“当前遮挡井口面积：4/4”。

测定场景二：测试地点为总回风巷，12 层砖墙。

g. 上述结束后，场景切换到总回风巷前，同时出现语音提示“总回风巷采用搭砖墙进行调阻实验，当前遮挡回风巷面积：0”，同时界面上方显示“当前遮挡回风巷面积：0”。

h. 共 3 层砖墙搭在回风井井口上方，播放语音“当前遮挡回风井井口面积：1/4”。

i. 共 4 层砖墙搭在回风井井口上方，播放语音“当前遮挡回风井井口面积：1/3”。

j. 共 6 层砖墙搭在回风井井口上方，播放语音“当前遮挡回风井井口面积：1/2”。

k. 共 9 层砖墙搭在回风井井口上方，播放语音“当前遮挡回风井井口面积：3/4”。

l. 共 12 层砖墙搭在回风井井口上方，井口全部被遮盖，播放语音“当前遮挡回风井井口面积：4/4”。

m. 上述结束后，弹出测定结果界面，如图 2-54 所示。

n. 点击“完成”按钮后，再次弹出教学选择列表。

⑥ 退出操作

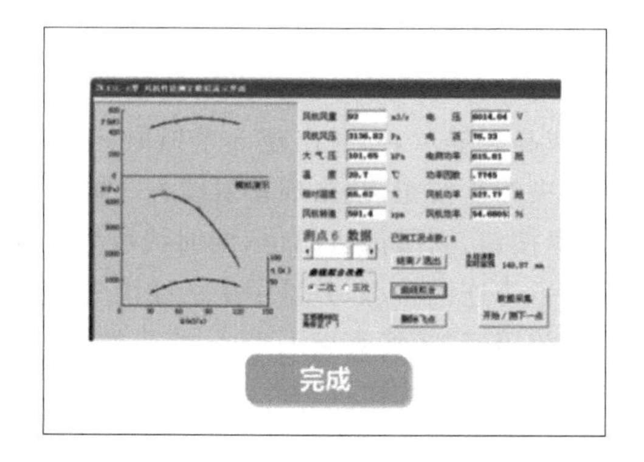

图 2-54　通风机调阻结果展示

在实验过程中点击中央圆盘下方的退出按钮，弹出选择列表：退出实验、重新开始、返回实验 3 个选项，如图 2-55 所示。

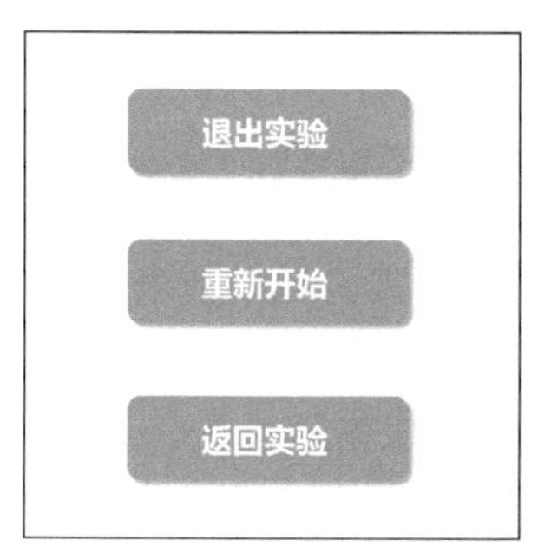

图 2-55　实验结束界面

3 安全工程专业实践教学的组织与管理

3.1 本科生实习实践教学工作规范

本规范参照《中国矿业大学本科实习工作规范》制定，其内容在《中国矿业大学本科实习工作规范》基础上结合安全工程学院实际情况进一步细化，使其更加适用于安全工程专业教学需要。

3.1.1 总则

(1) 规范所指的实习包括认识实习、生产实习、毕业实习及其他各类教学实习。

(2) 实习尽可能体现“就地就近、互惠互利、专业对口、相对稳定”的原则，提倡和鼓励与实习单位联合逐步探索“实习—见习—就业”的合作模式。

(3) 实习方式分为集中实习和分散实习两种。集中实习时根据专业特点和实习单位实际情况，可按班级为单位集中安排，也可将班级分为若干小组分组进行。

(4) 严格控制分散实习，对分散实习实行审批制。其中分散实习学生人数不超过本专业应实习总人数10%的，由学院审批；分散实习学生人数占本专业应实习总人数10%～30%的，由教务部审批；分散实习学生人数占本专业应实习总人数比例超过30%的，由学院提出申请，经教务部审批并报主管教学副校长批准后方可进行。

(5) 对拟进行分散实习的学生，必须由本人填写《中国矿业大学校外分散实习申请表》(见附录1)并连同实习大纲、实习指导书一起送达接收单位。接收单位在确认有条件满足实习要求的情况下，将同意接收学生实习的意见、要求以及现场指导教师名单反馈给学生所在学院。学院根据接收单位具体情况进行审批，学院审批同意后，学生本人需同学院签署《中国矿业大学校外分散实习安全承诺书》(见附录2)后方可离校前往实习单位实习。

3.1.2 实习大纲与实习计划

(1) 实习大纲是本科实习教学的重要指导性文件，是组织实习教学、指导实习教学开展、保证实习质量的重要依据，各类实习必须按照实习大纲的要求进行。

(2) 根据实习大纲的要求，结合现场实际情况，编写配套的实习指导书。实习指导书应根据教学要求和现场生产、技术及管理等情况的变化及时修订。实习指导书的编写由各专业负责，报经教学院长审定后方可使用。

(3) 各实习指导教师要严格按照《中国矿业大学本科教学培养方案》和实习大纲制定出实习计划，实习计划的内容包括：专业年级、人数、实习类型、实习内容、实习地点、时间(周数)、指导教师、实习的特殊要求(如下井次数、跟班劳动天数等)。在填报实习地点时，可以同时填写两个,其中第二个实习单位作为后备实习点。实习指导教师根据实习计划提前一周联系落实实习地点,并同实习接收单位一同安排有关实习事宜。

(4) 每年5月、12月学院下达实习任务,学院将实习计划汇总并报教务部审批备案。实习指导教师必须严格执行学校批准的学生实习计划,不得擅自更改实习时间、地点、人数和实习内容。因特殊原因需要更改实习计划者,应提前两周提出变动申请,经学院和教务部审查同意后方可改变。学院将根据实习计划进行抽查。

3.1.3 实习指导教师

(1) 原则上实习班级的班主任必须带实习,四级教授以下教师每三年必须带一次实习,实习指导教师在实习现场时间原则上不得低于总实习时间的2/3,实习期间如因特殊情况离开的必须向专业负责人请假,同时报送教学研究中心。

(2) 实习指导教师由教学研究中心负责选派。分散实习的学生除选派校内指导教师外,还要由实习现场单位确定一名具有中级及以上技术职称的人员作为校外指导教师;实习指导教师应加强与实习单位的联系,熟悉实习单位的生产、经营、生产过程各环节、建设和发展全过程、各工种的任务与要求及生产过程中可能会遇到的问题及解决办法。

(3) 实习指导教师与学生数比例一般为:认识实习,地面为1∶(20～30),井下及野外为1∶(15～20);生产实习,地面为1∶(15～30),井下及野外为1∶(10～15);毕业实习1∶(6～8)。

(4) 指导教师在联系实习期间,要熟悉实习现场的工艺和环境,并提前备课,根据实习大纲、实习计划、实习指导书要求及实习地点的具体情况制定实习教学日历;实习教学日历一式五份,教务部、学院、专业负责人、指导教师各一份,另外一份同实习大纲、实习指导书和实习学生名单一起交送实习单位。对有下井及跟班劳动等实习内容的,要求学生要严格执行实习的安全措施和要求。没有实习教学日历的,不得进行实习。

(5) 实习指导教师在实习过程中,应充分发挥学生主观能动性,引导学生深入生产实际,学习生产技术管理、工艺流程、工程设计、产品设计等方面的经验和方法;学会主要工艺流程的一般操作技能,熟悉生产过程的各个环节;学会如何发现问题和解决问题的方法,并针对一些具有代表性的技术问题,运用专业知识进行调查研究,探寻解决问题的办法,以提高学生分析问题、解决问题的能力。

(6) 实习指导教师在实习中应经常检查学生实习日记、资料收集及实习报告完成等情况,及时向学院反映实习中存在的问题,保证实习质量。同时要保证学生实习全过程的安全。

(7) 实习指导教师应在实习结束一周内将实习成绩和实习总结报告送交学院。同时,对整个实习工作进行总结,肯定成绩,找出差距,提出改进意见和措施,并向学院提交实习工作总结。

(8) 实习指导教师应以身作则,教书育人,为人师表,自始至终参加学生实习的全过程,遇有特殊情况须向学院教学院长请假,安排好下阶段工作后方可离开实习地点,学院派其他教师及时接替实习工作。

(9) 对于分散实习的学生,校内实习指导教师要根据实习大纲、实习任务书和实习任务,结合实习单位实际情况,与实习单位、实习学生一起制订实习进度计划;要与实习单位进行密切联系,要不定期进行检查指导,加强对学生的检查、管理和考核,以确保实习质量和实习学生的安全。

3.1.4 实习学生

(1) 学生实习前必须熟悉实习大纲内容并认真预习实习指导书,认真学习《关于学生查阅、收集和使用保密资料的有关规定》,虚心接受现场有关部门进行的安全教育,对安全生产要求较高的重点实习环节,须经安全考试合格后方可进行实习。

(2) 学生在实习期间应尊敬师长、服从领导安排,遵守安全和保密制度,自觉遵守劳动纪律和实习单位有关制度,在实习车间(科室)着装应符合实习单位的要求。

(3) 学生应虚心向现场工程技术人员和工人师傅学习,在指导教师和厂矿企业等有关人员的指导下,按照实习大纲、实习指导书和实习计划的要求认真进行实习,做好实习日记,圆满完成实习要求的任务及作业,写好实习报告及个人实习小结。除完成实习任务外,要利用节假日或其他空闲时间,努力为现场做一些力所能及的工作,与实习单位和现场工程技术人员建立良好的关系。

(4) 学生在实习期间,除生病外一般不得请假,病假一天以内者由指导教师批准,两天及以上者需出具医院诊断证明,由指导教师批准并向学院领导汇报;实习期间学生原则上不得离开实习地点,对不听劝阻到外地者按无故旷实习处理。

3.1.5 实习成绩评定

(1) 学生按实习大纲要求,完成实习的全部内容并提交实习报告后方能参加实习成绩的评定。凡未参加实习或实习缺勤超过 1/3 及以上者,必须按本次实习大纲要求补修实习。实习不及格者,按一门课程不及格处罚。补修实习或重新实习不及格者,毕业时作结业处理。

(2) 实习成绩的评定要结合学生实习态度、日常表现、独立工作能力、实际操作、实习报告质量及实习中进行的必要考核(口试、笔试、实际操作等)成绩,按五级分制进行综合评定,评定标准如下:

优秀:学习态度端正,无缺勤和违纪现象,劳动刻苦、勤奋,工作积极主动,出色完成大纲要求,实际操作能力强,理论联系实际好,有独立的见解与创新的精神,作业质量高,内容正确,实习报告全面系统,考核或答辩中回答问题准确。

良好:实习态度端正,无违纪现象,工作积极主动,较好完成大纲要求,有一定的实际操作能力,能理论联系实际,作业内容正确,实习报告较全面系统,考试或答辩中能较圆满回答问题。

中等:实习态度基本端正,无违纪现象,有一定的实际操作能力,能理论联系实际,作业内容基本正确,实习报告基本系统,达到实习大纲的要求,考试或答辩中能正确回答出基本问题。

及格:实习态度基本端正,能达到实习大纲的基本要求,能完成实习作业和实习报告,内容基本正确,考试或答辩中能较正确回答出基本的问题。

不及格:未达到实习大纲中的基本要求,实习报告中有原则性的错误,考试或答辩中不能正确回答出主要的问题,或无故旷实习三天以上者(含三天);其中不交实习报告者,成绩按零分计。

(3) 分散式实习的学生必须完成实习任务并提交实习报告和实习鉴定表(根据专业性质及实际情况自定内容和格式)后方可参加成绩评定。对于分散实习学生的考核采用小型答辩、口试等形式进行。考核小组由实习指导教师和专业建设负责人等组成，一般不少于3人。成绩评定标准参照集中实习成绩评定标准执行。

3.1.6 实习的组织管理

(1) 全院的实习工作在主管教学院长的统一领导下进行。具体组织管理工作由各专业负责人、实习指导教师以及教学研究中心负责。

(2) 教学研究中心具体负责实习工作的具体实施；负责编写实习教学大纲、实习指导书；负责审定实习计划、实习教学日历；选派并考核实习指导教师，做好实习前的师生动员工作；组织教师做好实习答辩考核、实习成绩的评定及实习总结等工作。

(3) 教学研究中心负责监督检查实习计划的落实、实习安排、学生实习任务完成情况及实习质量、实习经费使用等。根据实习大纲和实习教学日历，深入实习现场对实习状况进行随机抽查，检查实习教学情况。

(4) 实习指导教师在实习结束后，于开学后2周内提交实习成绩，并向教学管理办公室提交实习报告、实习总结和实习教学日历。上述三项材料交齐后，教学管理办公室返回签字后的实习计划，作为学院实习经费报账凭证。

3.1.7 实习经费管理

(1) 实习指导教师负责向主管教学院长借实习指导经费。徐州市市内实习生均经费150元/周，外地实习生均经费400元/周。各实习小组经费实报实销，可统筹使用。

(2) 实习经费使用仅限差旅、住宿和现场指导费。实习指导教师可报一次联系实习差旅费。

(3) 实习经费报账工作必须在实习结束后3个月内完成。实习指导教师凭教学管理办公室出具的实习计划单，经主管行政院长签字，完成报账工作。

3.1.8 其他

(1) 对于未能按实习大纲、实习计划、实习教学日历进行实习的，学院将予以通报批评，情节严重者，将参照《中国矿业大学本科教学事故认定和处理办法》给予严肃处理。

(2) 规范自公布之日起实施，由教学管理办公室负责解释。

3.2 认识实习

3.2.1 认识实习教学质量标准

3.2.1.1 实习目标和任务

认识实习是安全工程专业在读学生的必修课程之一，同时也是一门工科实践课。认识实习的目的是使学生在掌握专业课程的基础之上，进入有关企业参观学习。认识实习不仅能够有效巩固所学的专业知识，还能在实践中综合运用课本所学的专业知识，使理论与实践相结合，帮助学生初步了解工矿企业生产过程和工艺流程，学习工矿企业安全工程技术和安全管理知识，开阔眼界、增长见识，培养学生的动手能力和主动思考能力，以激发学生对后续课程学习的热情和动力，为专业基础课程的学习打下坚实的基础；使安全工程专业学生初步具备安全评价与风险分析的基本知识和技能，合理分析企业安全问题解决方案存在的风险及对经济、健康、环境和社会可持续发展产生的影响，撰写报告、设计文件、陈述发言，并能够就企业安全问题与同行及社会公众进行有效沟通和交流的能力。此外，认识实习还能有效检验教师在教学过程中存在的短板，有助于教师针对教学上的短板，在课堂上对学生进行针对性的教学。

3.2.1.2 实习内容、要求及学时分配

(1) 矿井生产系统部分

根据安全工程专业学生选择方向的不同，选择不同类型的实习，见表 3-1。

表 3-1 实习简表

类型	序号	实习内容	时间分配	备注
矿山安全	1	了解煤矿工艺及其生产设备，学习煤矿安全管理制度	1 周	教师带领学生与有经验的技术人员进行交流讨论
	2	进入矿井，深入了解矿井构成及工作流程	1 周	
	3	将实习所学知识进行整理，编写实习报告	1 周	
	合计		3 周	
工业安全	1	了解所在企业基本情况，搜集有关资料	1 周	教师带领学生与有经验的技术人员进行交流讨论
	2	进入所在企业工厂车间，听取工作人员介绍，记录相关信息	1 周	
	3	将实习所学知识进行整理，编写实习报告	1 周	
	合计		3 周	

(2) 煤矿实习主要教学内容

煤矿实习主要教学内容见表 3-2。

表 3-2 煤矿实习主要教学内容

序号	实习内容	实习要求	学时	备注
1	矿井概况与地质	熟悉实习矿井的基本概况，了解井田区域的地质情况	1 天	
2	矿井开拓开采	了解煤矿开拓开采方法的分类及适用条件，掌握实习矿井采用的开拓开采方式及原因	4 天	含地面参观 1 次，井下实习 1 次
3	运输与提升	了解煤矿运输与提升方法的分类及适用条件，掌握实习矿井采用的运输与提升方式及原因	4 天	含地面参观 2 次

表 3-2(续)

序号	实习内容	实习要求	学时	备注
4	矿井通风	了解矿井通风的方法与方式，掌握实习矿井采用的通风方法与方式及原因。掌握矿井通风的相关通风设施、用途及原理	4天	含井下实习1次，地面参观2次
5	矿井灾害防治	了解矿井顶板、瓦斯、煤尘、火灾等发生的原因及防治方法，掌握相关设备与方法的原理	4天	含井下实习1次，地面参观2次
6	矿山救护与安全检查	了解矿山安全管理机构设置、安全监察、检查方式及方法，安全管理制度、模式及措施，掌握矿山安全救护的基础知识及操作技能	4天	含地面参观2次
合计			21天	

(3) 工业企业实习主要教学内容

工业企业实习主要教学内容见表3-3。

表 3-3　工业企业实习主要教学内容

序号	实习内容	实习要求	学时	备注
1	厂区总览	整体参观工厂，熟悉企业概况、生产经营和安全管理工作现状	2天	必须现场老师与指导老师共同带队
2	主要生产车间（第一类）	参观第一类生产车间，了解生产线的主要特点，了解生产线主要事故特点，了解生产线安全管理工作要点	4天	
3	主要生产车间（第二类）	参观第二类生产车间，了解生产线的主要特点，了解生产线主要事故特点，了解生产线安全管理工作要点	4天	
4	主要生产车间（第三类）	参观第三类生产车间，了解生产线的主要特点，了解生产线主要事故特点，了解生产线安全管理工作要点	4天	
5	安全规章制度学习	学习企业、行业安全管理各种规程和制度，了解安全管理机构设置、安全监察、安全检查方式和方法，学习同类企业应急救援方法及技术要点	4天	
6	企业生产经营	参观企业财务、市场、销售和后勤等部门，了解企业经营运行机构设置情况，了解同类型企业运营特点	2天	
7	实习现场总结与座谈	与企业主要负责人、安全管理负责人等交流座谈；收集资料，为撰写实习报告做好准备	1天	
合计			21天	

3.2.1.3　师资队伍

课程负责人配置要求:具有安全工程专业博士学位或者受聘安全工程专业副教授及以上职称的专职教师,且具有累计集中实习教学经历3年以上。

带队老师配置要求:具有安全工程专业博士学位或者受聘安全工程专业中级及以上职称,且具有累计1年以上的实习教学经历。

现场指导老师配置要求:从事煤矿安全生产相关工作3年以上,能够熟练掌握一种或多种技能的主要技术人员或副科级以上的煤矿管理人员。

3.2.1.4　实习教学组织

(1) 教学构思

认识实习作为一门实践化课程,重点在于初步培养学生对于矿山的认识,使学生对煤矿生产过程中的生产工艺流程和设备功能以及设备工作原理有一定的了解。用现场教学方式强化学生对理论知识的理解,做到理论与实践相结合,提高学生的综合素质。

(2) 教学设计

本专业学生在认识实习前,对矿井无任何概念。认识实习开展过程大体如下:在实习前一周,由学院老师召开认识实习动员大会,解答学生存在的问题。然后由带队老师分别对矿井形貌、矿井地质、矿井作业技术流程、矿井自然灾害以及矿井安全规章制度进行讲解。保证学生对矿井有初步了解后,安排学生下井参观,保证学生对于矿井的印象足够深刻。实习结束后对学生的实习报告进行考核,考核结果计入总成绩。

(3) 教学方法和手段

本次认识实习教学为老师与井下技术工作人员现场讲解,通过老师的讲解以及学生与井下技术工作人员进行交流结合的方式进行教学。

(4) 实习方式

统一集中实习与分散实习相结合方式,优先采用统一集中实习,分散实习需要阐明理由,并由专业负责人和教学院长批准。

(5) 实习规模

原则上每位指导教师指导人数不超过20人,超过的需要征得专业负责人同意。

(6) 实习考核

本课程采用过程考核和实习报告评审相结合的考核方式。

教师根据实习过程中参观指导讲解及现场答疑时学生的实习态度及出勤情况,实习记录及安全培训考核结果进行过程考核;其中,过程考核实习态度及出勤情况、实习记录及安全培训考核结果和实习报告比例分别为20%、30%、50%。教师也可以适当调整各部分考核内容的比例,但实习报告不超过70%。

最终成绩按五级制(优秀、良好、中等、及格、不及格)给出,及格为合格。

3.2.1.5　认识实习的组织管理

(1) 注意全程把控,在整个认识实习过程中,带队老师应提前与企业管理人员和学校领导进行全方位沟通,实习老师在带领学生实习过程中,应及时向企业提供学生人数、实习内容以及实习时间,保证实习方案具备可行性。对于实习中可能出现的问题提前进行准备,排除可能存在的安全隐患,提前做好突发事件的应急预案,确保实习的安全顺利进行。

(2) 做好认识实习前的准备工作。学校在组织学生进行认识实习之前,应组织学生召开认识实习动员大会,使学生了解实习目的、实习内容、实习时间安排,对学生认识实习提出一定的要求,如定期查收学生认识实习期间的笔记。此外,应对学生开展安全教育,保证学生在实习过程中的人身安全,从而确保实习的顺利进行。其次应提前安排好学生的住宿、饮食、交通出行等,做到实习过程中有条不紊。

(3) 保证认识实习的质量。在认识实习的过程中,带队老师应及时对学生给予技术上的指导,解答学生所提出的问题。按时对学生进行抽查提问,定期组织学生开展交流讨论会,互相交流学习心得,使学生在认识实习的过程中有较大的收获。

(4) 做好认识实习后的总结。实习结束后,实习老师应带领学生开展认识实习总结大会。通过师生之间的交流互动,使老师对于学生的实习情况有一定的了解,对于学生实习中存在的问题,带队老师应及时进行归纳总结,不断完善,最终形成一套完整的认识实习体系,为下一年度认识实习提供一个参考和指导,保证下一年实习顺利进行。

3.2.2 认识实习的教学案例

为保证安全工程学科教学质量,提高学生的综合素质以及创新人才培养机制,学院立足于国家级工程教育优势平台,积极开展认识实习活动。通过认识实习,帮助学生正确认识矿井生产过程中的实际情况,进一步增强学生对安全工程专业的认识,使学生比较全面地了解井下工作要求,加深本专业学生对于安全工程专业的全方位认识,进而培养一批专业能力突出,具有良好工程思维的优秀创新型人才。认识实习还有助于提高学生的动手能力、主动思考能力以及交流能力,增强学生对本专业重要性的认识,以激发学生对后续课程学习的热情和动力。以下以 2017 年安全工程专业联合地处安徽省萧县的金黄庄煤矿共同开展的认识实习教学活动为例,介绍典型认识实习的教学组织与管理。

3.2.2.1 实习动员会

2017 年 7 月上旬,在中国矿业大学南湖校区教二楼举行安全工程专业 2017 年暑期实习动员会,参加会议的有学院教学院长、教学中心实践教学负责人、实习指导教师和安全工程专业 2016 级全体本科生。

3.2.2.2 教学活动内容

认识实习的教学活动安排见表 3-4。

表 3-4 认识实习的教学活动安排

序号	实习教学安排	地点
1	召开师生见面会,进行实习动员	中国矿业大学安全实验室
2	了解实习意义及重要性、确定实习任务	中国矿业大学安全实验室
3	采矿、开拓巷道模型参观	中国矿业大学安全实验室
4	矿井通风、安全系统模型参观	中国矿业大学安全实验室
5	进入实习地点	实践基地
6	整理内务	实践基地
7	矿井安全培训:实习要求及下矿须知	实践基地

表 3-4(续)

序号	实习教学安排	地点
8	借阅并了解矿井资料	实践基地
9	矿井安全培训:矿井概况部分	实践基地
10	矿井安全培训:矿井通风	实践基地
11	矿井安全培训:矿井灾害状况及防治技术	实践基地
12	熟悉了解矿井相关知识	实践基地
13	学习并查看矿图了解井下安全常识	实践基地
14	矿井地面工业广场参观、了解	实践基地
15	参观了解主要通风机及其附属装置	实践基地
16	了解矿井通风系统及工作面配风情况	实践基地
17	了解矿井灾害情况及治理技术	实践基地
18	安全培训知识考核	实践基地
19	了解矿井采掘工作面配置及实际操作	实践基地
20	了解矿井运输、提升各个环节配置及操作	实践基地
21	了解井下主要机电硐室的作用及装备要求	实践基地
22	了解井下生产、通风系统状况	实践基地
23	了解煤矿井下防火系统布置情况及效果	实践基地
24	了解煤矿井下防尘系统布置情况及效果	实践基地
25	了解井下瓦斯灾害治理与抽采系统及效果	实践基地
26	了解矿井安全监测系统布置情况	实践基地
27	了解、熟悉井下避灾硐室的位置及设置情况	实践基地
28	了解煤矿井下各种安全设施的位置及作用	实践基地
29	了解矿井应急救援及矿井安全管理状况	实践基地
30	与实习单位座谈,实习单位考核	实践基地
31	返校	实践基地
32	整理汇总资料、撰写实习报告	中国矿业大学
33	实习考核	中国矿业大学

3.2.2.3 实习分组

实习按照每组 15～20 人进行分组,每组配备指导教师 1 名。

3.2.2.4 实习成绩考评

本次实习按照实习出勤情况、实习答辩和实习报告写作情况综合评定实习成绩,各部分占比分别为 30%、30%和 40%。

3.2.3 认识实习的建设成效

近年来,安全工程专业学子通过认识实习,切身感受到了国家对安全工程专业的重视,也认识到了这个专业在各个行业中的重要性。学生通过在煤矿现场的实地学习,对安全工程专业在煤矿作业过程中起到的重要作用有了进一步认识。在认识实习过程中,老师和工作人员通过与学生的互动,激发学生的好奇心,开阔学生视野,引导学生不断思考,帮助学生更好地理解书本中的理论知识。

认识实习也培养了学生们的团队协作精神。在实习过程中,学生之间互相请教,互相讨论,对于新问题大家共同探索,共同进步。无论是在提升学生的实际动手能力方面,还是提高学生的思考能力方面均取得了很好的成果。

3.3 生产实习

3.3.1 生产实习的教学质量标准

3.3.1.1 实习的目的

通过安全工程专业生产实习,使学生进一步理解“安全第一,预防为主,综合治理”的安全生产方针,加深了解工矿企业安全生产的基本技能及管理方法,进一步验证、深化、巩固和充实所学安全理论知识;掌握调查、研究工矿企业解决安全生产实际问题的方法,培养能够综合运用所学知识,理论联系实际,分析和解决实际问题的基本能力;为后续专业课的学习、课程设计和毕业设计打下坚实的基础,同时激发学生向实践学习和探索的积极性。达到让毕业生掌握工矿企业生产过程中各类安全系统的工作原理和设计方法,熟悉安全法规、安全评价与风险分析的基本知识和技能,能够就复杂安全工程问题与业界同行及社会公众进行有效沟通和交流,利用所学的自然科学和安全工程专业技术理论与技术知识,以创新的思维方法,针对复杂的安全工程问题设计出满足特定工程需求的解决方案的培养目标。

3.3.1.2 师资队伍

(1) 课程负责人配置要求:具有安全工程专业博士学位或受聘安全工程专业副教授及以上职称的专职教师,且具有集中实习教学经历 3 年以上。

(2) 指导教师配置要求:具有安全工程专业博士学位或受聘安全工程学科中级及以上职称,且具有累计 1 年以上工矿企业实践经历的教师。

(3) 现场指导老师配置要求:从事工矿企业安全生产相关工作 3 年以上,能够熟练掌握一种或多种技能的主要技术人员或副科级以上的工矿企业管理人员。

3.3.1.3 实习内容、要求及学时分配

实习分为两组:矿山安全组和工业安全组,具体实习分组按学生所选专业方向进行实习分组。两组实习内容及学时分配见表 3-5 和表 3-6。

表 3-5 矿山安全组实习内容及学时分配

序号	实习项目	实习内容	实习方式	学时分配
1	实习准备	召开实习动员会、进行实习准备	集中	1 天
2	煤矿概况	了解煤矿企业的基本概况:地理位置、地质条件、瓦斯赋存、安全管理等内容	集中培训/分组参观	2 天

表 3-5(续)

序号	实习项目	实习内容	实习方式	学时分配
3	矿井生产系统与辅助系统	了解并熟悉矿井目前的开拓方式:矿井工作制度、采区储能、生产能力、采区生产系统、矿井提升系统、矿井供电系统、矿井运输系统等内容	集中培训/实训基地培训/分组培训	3 天
4	采煤方法及巷道布置	熟悉和掌握矿井采区巷道布置和采煤方法:掘进工作面掘进工艺、采煤工作面回采工艺、采区(盘区)或带区巷道布置等内容	集中培训/分组培训	3 天
5	通风系统	熟悉和掌握矿井通风系统:矿井通风系统和方法、工作面(采煤和掘进)供风方式、工作面风量确定、矿井通风设施及装置、矿井主要通风参数、矿井主要通风机参数的选择原则等内容	集中培训/分组培训	3 天
6	灾害防治系统	熟悉和掌握矿井的灾害防治系统:瓦斯、煤尘、火、水防治系统,矿山安全避险六大系统,职业安全健康管理体系,事故救灾与应急救援等内容	集中培训/分组培	7 天
7	安全技术与安全管理措施	了解和熟悉矿井安全技术及安全管理措施:矿井通风系统、瓦斯、粉尘、水、火、冲击地压、提升、运输、爆破等安全技术及管理措施;矿井安全标志及其使用情况资料、安全生产责任制、安全生产管理规章制度、安全操作规程、其他安全管理和安全技术措施	集中培训/分组培训	4 天
8	其他安全技术措施	了解其他安全技术措施:安全机构设置及人员配置;安全管理、通风防尘、灾害监测机构及人员配置;工业卫生、救护和医疗急救组织及人员配置;安全教育、培训情况;安全专项投资及其使用情况;安全检验、检测和测定的数据资料	集中培训/分组培训	1 天
9	完成实习任务	① 针对通风系统、灾害防治、安全技术与安全管理措施三个方面专题研讨或考察; ② 整理汇总资料,编写实习报告	集中培训/分组培训	4 天
合 计				28 天(4 周)

表 3-6　工业安全组生产实习内容及学时分配

序号	实习项目	实习内容	实习方式	学时分配
1	实习准备	召开实习动员会、进行实习准备	集中	1 天
2	企业概况	了解企业基本概况:企业名称、企业性质、地理位置;企业的历史沿革、企业组织机构与管理体制、人员结构及规模等	集中培训	1 天
3	安全生产管理状况	了解和熟悉企业的安全生产管理状况:企业的生产系统和辅助系统,企业人力资源管理,企业安全法规管理,企业安全目标管理,企业安全信息管理等内容	集中培训/现场参观	5 天

表 3-6(续)

序号	实习项目	实习内容	实习方式	学时分配
4	安全评价工作开展情况	熟悉和掌握安全评价的基本工作和流程:企业安全评价的一般过程与步骤、采用的评价标准和评价方法;企业工程、系统的危险、有害因素辨识与分析。企业安全定性、定量评价:包括企业划分的评价单元,以及所采用的评价标准和方法;企业安全对策措施等内容	集中培训/现场参观	6 天
5	专项安全技术措施	熟悉和掌握企业专项安全技术措施:工业通风、空调、除尘(净化)系统及其使用设备的性能参数和运转情况;工业卫生、防火防爆系统所使用的设备型号、性能参数及运转情况;消除危险和有害因素的原理、方法、设备和工艺流程;安全措施的实施效果和技术经济性分析等	集中培训/现场参观	5 天
6	安全监测与监控系统	熟悉和掌握安全监测与监控系统:安全监测与监控系统图、工作原理图(电路图)、传感器布置图;使用的传感器性能参数和基本工作原理;安全监控装置布置图、监控性能参数和控制原理	集中培训/现场参观	4 天
7	其他安全	了解其他安全技术:企业安全监察工作开展情况;安全教育与安全培训开展情况;企业的安全文化建设情况等内容	集中培训/分组培训	2 天
8	完成实习任务	① 针对安全评价、专项安全措施、安全技术与安全管理措施三个方面进行专题研讨或考察; ② 整理汇总资料,编写实习报告	集中培训/分组培训	4 天
合 计				28 天(4 周)

3.3.1.4 课程教学资源

校外实习基地:优先选择校级以上的工程实践教育培训中心,或安全工程学院指定的实习培训基地。

3.3.1.5 生产实习的组织与管理

(1) 实习教学组织

① 教学构思及教学策略

本生产实习为实践课程,重点在于进一步向学生介绍工矿企业现场安全生产的技能及安全管理的方法,利用先进多媒体教学设施,提升理论培训的直观性;利用现场参观、互动交流、实训操作等方法,提升教育培训的趣味性,形成理论培训、实践技能培训、现场作业培训有机结合的培训网络体系,进一步加强同学们对安全工程专业知识在工矿企业安全生产实际管理中的应用,培养理论联系实际,理论结合实际,提高分析和解决实际问题的能力。

② 教学方法

采用集中培训与分组培训相结合、理论培训与实际操作培训相结合、教材培训与现场培训相结合的方法。

③ 教学场地与设施

集中培训利用多媒体教室，分组培训利用工矿企业现场的安全技术装备。

④ 教学服务

现场培训由工矿企业现场高级技术人员进行讲解，实习指导教师在实习期间全程提供答疑指导服务。

(2) 实习教学管理

① 全院的实习工作在主管教学院长的统一领导下进行。具体组织管理工作由各专业负责人、实习指导教师以及教学研究中心负责。

② 教学研究中心具体负责实习工作的具体实施；负责编写实习教学大纲、实习指导书；负责审定实习计划、实习教学日历；选派并考核实习指导教师，做好实习前的师生动员工作；组织教师做好实习答辩考核、实习成绩的评定及实习总结等工作。

③ 教学研究中心负责监督检查实习计划的落实、实习安排、学生实习任务完成情况及实习质量、实习经费使用等。根据实习大纲和实习教学日历，深入实习现场对实习状况进行随机抽查，检查实习教学情况。

④ 实习指导教师应加强与实习单位的联系，熟悉实习单位的生产、经营、生产过程各环节、建设和发展全过程、各工种的任务与要求及生产过程中可能会遇到的问题及解决办法。

⑤ 生产实习指导教师与学生人数比例一般为：地面实习为 1∶(15～30)，井下及野外实习为 1∶(10～15)。

⑥ 实习指导教师在联系实习期间，要熟悉实习现场的工艺和环境，并提前备课，根据实习大纲、实习计划、实习指导书要求及实习地点的具体情况制定实习教学日历；实习教学日历一式五份，教务部、学院、专业负责人、指导教师各一份，另外一份同实习大纲、实习指导书和实习学生名单一起交送实习单位。对有下井及跟班劳动等实习内容的，要求学生要严格执行实习的安全措施和要求。没有实习教学日历的，不得进行实习。

⑦ 实习指导教师在实习中应经常检查学生实习日记、资料收集及实习报告完成等情况，及时向学院反映实习中存在的问题，保证实习质量。同时要保证学生实习全过程的安全。

⑧ 实习指导教师应以身作则，教书育人，为人师表，自始至终参加学生实习的全过程，遇有特殊情况须向学院教学院长请假，安排好下阶段工作后方可离开实习地点，学院派其他教师及时接替实习工作。

⑨ 实习指导教师在实习结束后，对整个实习工作进行总结，肯定成绩，找出差距，提出改进意见和措施，并向学院提交实习工作总结。

⑩ 实习指导教师在实习结束后，于开学后 2 周内提交实习成绩，并向教学管理办公室提交实习报告、实习总结和实习教学日历。上述三项材料交齐后，教学管理办公室返回签字后的实习计划，作为学院实习经费报账凭证。

3.3.1.6 *实习要求*

生产实习要求学生在掌握入井安全前提下，应充分深入现场，并跟班劳动，全面熟悉煤矿“一通三防”的各项技术与管理业务，并按照生产实习的大纲要求编写生产实习报告，具体要求如下：

(1) 指导老师对实习全面负责。工作中积极争取实习地点的领导及有关人员的支持，调动学生的积极性，做好学生的思想工作和技术内容指导。督促学生完成实习任务，并根据学生实习的态度，遵纪守法情况，独立工作能力和实习效果评价学生成绩。

(2) 遵纪守法，注意实习和路途中的安全。

(3) 发扬团结友爱、互帮互助的精神，搞好团结，为顺利完成实习任务创造良好的实习氛围。

(4) 要虚心向现场工程技术人员及工人师傅学习请教。

(5) 学生要培养独立工作能力，独立思考、分析、研究问题的能力。

(6) 必须在实习结束时，按时完成实习大纲要求的实习内容，提交实习报告。

(7) 学生在实习中违反纪律，不服从指挥，视情节轻重及本人态度按校规处理。

(8) 学生在实习期间，除生病外一般不得请事假，病假一天以内者由指导教师批准，两天及以上者需出具医院诊断证明，由指导教师批准并向学院领导汇报；实习期间学生原则上不得离开实习地点，对不听劝阻到外地者按无故旷实习处理。

3.3.1.7 实习考核

本课程采用过程考核和实习报告评审相结合的考核方式。教师在生产实习过程中安排实习签到、课题研讨等过程考核，实习签到、课题研讨和实习报告最终成绩的比例分别为15%、15%和70%。教师也可以根据实习地点条件适当调整过程考核内容及比例，但实习报告考核成绩不得低于50%。学生实习参与时间少于规定实习时间的2/3，实习成绩按照不及格处理。最终成绩按百分制给出，60分为及格。

(1) 学生实习成绩的评定工作由实习指导老师和学院考核小组共同主持完成。指导教师根据学生实习态度、实习表现、出勤率、实习报告、理论考核、实践能力考核等项目的考核成绩汇总而成。

① 平时实习成绩(占15%)

a. 严格遵守国家法律、学校的实习纪律及实习单位规章制度；

b. 严格遵守技术操作规程；

c. 工作积极主动，责任心强，能吃苦耐劳；

d. 团结互助，以礼待人，学习态度端正，虚心向现场指导人员学习；

e. 现场教学能注意听讲，认真笔记，当天实习日记能及时完成。

注：平时实习成绩，指导教师可通过观察学生表现，批阅实习日记，个别辅导提问，口试或笔试等方式进行。

② 实习报告成绩(占70%)

a. 能按时独立完成实习报告；

b. 内容应符合实习大纲要求；

c. 能正确运用所学知识和理论，分析与解决实际问题能力强；

d. 报告内容层次分明，语言简练，书写整齐，绘图清晰。

注：以上规定的两方面考核内容，各实习指导教师可视实习的性质给予具体的实习成绩。

③ 考核小组考核(占15%)

重点考核实习报告撰写情况，并通过笔试或口试考核学生实践技能提高情况。

上述3项成绩累加后为综合考核成绩，考核结果按优秀、良好、中等、合格、不合格填写。其中，优秀比例不超过20%。

(2) 有下列情况之一者，实习成绩为不合格。

① 未经批准，擅自决定、改变实习方式或实习单位的。

② 未经批准，在校外实习擅自返校的。

③ 实习期间，不听从安排，表现极差的。

④ 实习期间，严重违反工作纪律的。

⑤ 实习在岗时间未达到规定学时的 2/3 以上的。

⑥ 实习单位鉴定为实习成绩不合格的。

(3) 凡实习考核不合格者，必须按重修处理，实习费用自行承担。实习不合格者，按一门课程不及格计算。重新实习仍不合格者，毕业时按结业处理。

(4) 本细则适用于安全工程学院安全工程专业生产实习。

(5) 本细则具体由安全工程学院教学管理办公室负责解释。

3.3.2 生产实习教学案例

3.3.2.1 实习动员前准备

参加 2017 年暑期生产实习的学生共计 129 人，参与实习的指导教师共计 11 人。2017 年 7 月 6 日，所有实习生和指导老师共同参加了实习动员会，在动员会上专业负责人下达了本次实习的教学任务。动员会后，7 月 6 日 13 时，师生在中国矿业大学校内乘坐大巴车出发，16 时到达济东新村丹枫宾馆，济东物业服务中心安排入住，随后 7 月 9 日 8 时 30 分，在济宁二号煤矿办公楼四楼多功能会议室，举行了开班仪式。7 月 10 日—26 日按照生产实习大纲进行了实习。

3.3.2.2 教学活动内容及安排

教学活动的主要内容和日程安排如下所述。

(1) 教学活动安排简表(表 3-7)

表 3-7 实践教学活动内容简表

授课时间		实践教学内容	承担部门
7 月 9 日	上午	矿井概况	矿领导
	下午	煤矿法律法规及安全管理	安监处
7 月 10 日	上午	济宁二号煤矿质量标准化管理	企管审计科
		矿井辅助运输系统	技术科
	下午	综采技术施工工艺(实训基地模拟)	技术科
7 月 11 日	上午	掘进技术施工工艺(实训基地模拟)	技术科
	下午	矿井提升系统(参观副井提升房)	运转工区
7 月 12 日	上午	矿井供电系统(参观 110 kW 变电所)	运转工区
	下午	矿井压风系统(参观压风机房)	运转工区
7 月 13 日	上午	矿井机电管理系统	胶带工区
		矿井供排水系统	运转工区
	下午	矿井注浆系统(参观注浆站)	通风工区

表 3-7(续)

授课时间		实践教学内容	承担部门
7月16日	上午	事故救灾与应急救援(参观调度室)	调度室
	下午	矿井识图	地测科
7月17日	上午	通风系统	通风科
	下午	矿井安全避险六大系统	通风科
7月18日	上午	矿井人员定位系统	通风科
	下午	职业安全健康管理	通风科
7月19日	上午	选煤的工艺与流程(参观选煤厂)	选煤厂
	下午	矿井防爆电气设备管理(参观工作室)	综机工区
7月20日	上午	矿井测量	地测科
	下午	矿井地质	地测科
7月23日	上午	瓦斯检查仪的规范使用	通风工区
	下午	煤矿急救、互救、自救常识(心肺复苏)	人力资源科
7月24日	上午	爆破器材储存、运输系统	通风工区
	下午	入井须知(自救器的佩戴与使用)	通风工区
7月25日	上午	实习考核	教培中心
	下午	实习考核	教培中心

(2) 主要教学活动详述

7月9日8时30分,在济宁二号煤矿办公楼四楼多功能会议室,矿领导为安全工程学院2015级学生举行了生产实习开班仪式(图3-1),企业领导介绍了兖矿集团济宁二号煤矿的基本概况及实践教学基地的发展历史。当天下午,监察处老师向同学们介绍了煤矿法律法规及安全管理措施,强调了兖矿集团及各矿(处)始终高度重视法律法规的宣贯工作,组织开展不同形式的安全法律法规学习、培训活动,所有员工上岗作业前,必须学习掌握相关的安全法律法规知识,严格依法依规组织生产,加强安全生产过程控制,强化安全生产监督管理,对待事故严格按照“四不放过”的原则进行处理,严格追究有关责任人的行政、党纪责任。

监察处老师还讲解了“双基”建设、岗位危险源辨识、“三位一体”和“手指口述”等知识。在安全管理方面,兖矿集团坚持“安全第一,预防为主,综合治理”的方针,以安全高于一切、安全先于一切、安全重于一切、安全压倒一切为指导,牢固树立安全发展理念,发扬以“铁面孔”对安全、“铁手腕”抓安全、“铁心肠”保安全的“三铁”精神,全面落实上级有关安全生产决策和部署。

随后矿上老师对学生们进行了理论知识的培训,具体内容包括济宁二号煤矿质量标准化管理,煤矿急救、互救、自救常识(心肺复苏),入井须知(自救器的佩戴与使用),矿井安全避险六大系统等。图3-2为实习师生参加理论学习。

在经过理论学习之后,学生们对济宁二号煤矿有了充分的了解,对井下的安全措施、各大系统有了初步的认识,为了使学生的认识更加具体,随后老师带领学生们参观了教育培训中心的实际学习。

教育培训中心为国家级工程实践教育中心,占地总面积3 000 m^2,由安全展览区和实践

图 3-1　开班仪式

图 3-2　实习师生参加理论学习

操作教学训练区两大部分组成。安全展览区面积为 1 000 m^2，由“天地人和”浮雕、法律法规展区、事故灾害展区、4D 动感警示教育影院、灾害防治展区、安全基础管理展区、安全风险管理展区、职业健康展区、应急救援展区、“安全为天”主题造型、兖矿集团简介展区、安全词典、岗位技术标兵展区、安全文化展区、嘱托区、安全避险六大系统展区、科技兴安展区、安全培训展区等组成。

“天地人和”浮雕是根据兖矿集团企业文化为背景设计而成。浮雕分为左、中、右三部分，左边部分为井下生产场景，中间部分为矿工群体，右边部分为地面和谐矿区；背景由旭日、祥云、和平鸽以及兖矿集团办公大楼、游泳馆、济宁二号煤矿工业广场区等标志性元素组成。

4D 动感警示教育影院是通过先进的立体成像显示技术，结合功能齐全的动感座椅，制造出一种逼真的现场环境，使观看者如同身临事故现场。本影院把透水事故、火灾事故、瓦斯爆炸等事故案例还原成极富冲击感和真实感的立体影片并配合摇动座椅的模拟撞击、热风烟雾等特效，使观众通过视觉、听觉、触觉等全方位体验到事故现场的震撼，如图 3-3 所示。

灾害防治展区介绍了井下水、火、瓦斯、煤尘、顶板、冲击地压的事故预兆、事故原因、预防措施等知识。树立事故可防、灾害可治、风险可控的理念。

安全风险管理展区介绍了“四级”安全风险评估体系，即以矿科室为责任主体的系统安

图 3-3　4D 沉浸式事故案例学习

全风险评估、以井下区队为责任主体的“三位一体”安全风险评估、以班组为责任主体的重点工序安全风险评估、以职工为责任主体的岗位“五五”安全风险评估。根据评估出的风险发生的可能性和造成后果的大小，将安全风险等级按照 A、B、C、D 四个级别进行划分。该体系贯穿安全生产工作全过程，运用勒利轮系统分析模型对危险因素进行辨识、评估和控制，并通过应用 PDCA 闭环管理，不断持续改进，达到提升矿井安全风险综合预控能力的目的。

应急救援展区展示了煤矿井下针对突发、具有破坏力的紧急事件采取预防、预备、响应和恢复的活动与计划。

安全避险六大系统展区介绍了煤矿井下安全避险六大系统，即矿井安全监控系统、井下人员管理系统、矿井压风自救系统、矿井供水施救系统、矿井通信联络系统、井下紧急避险系统。安全避险六大系统是坚持建设完善与加强管理并重，依靠科技、统筹兼顾，提高系统技术先进性和安全可靠性，实现与矿井现有生产条件、生产系统、技术装备和应急救援体系有机结合，提高煤矿灾害防控和应急救援能力、最大限度降低事故风险、保障职工生命安全的重要手段，能够全面提高煤矿灾害防治和应急救援能力。

安全培训展区介绍了近年来济宁二号煤矿认真落实国家有关安全培训法律法规和集团公司的相关规定，按照“保安全、强素质、提质量、促生产、争效益、谋发展”工作思路，坚持“管理、装备、培训并重”的原则，强化教育培训责任落实，规范教育培训机构管理，丰富教育培训载体，不断加强教育基地基础建设，全面推进了“四五级联动”安全教育培训、多媒体培训仿真教学以及全员安全教育培训等工作，着力抓好“三项岗位人员”、班组长安全和新工人培训，重点抓好新工人的岗前和实践培训，有针对性地强化开展安全技能实训，严格落实以师带徒制度，对达不到“必知必会”要求的一律不准上岗，重新培训。

之后开始了实践操作训练区的实习，实践操作教学训练区包括轨道平巷、移动电泵站、综放工作面、运输平巷、风门、普掘工作面、综掘工作面、轨道运输上山、临时避难硐室、采区变电所、机电实操训练工作室、教学实验室等部分。首先老师向同学们播放了入井须知教学片。经过认真学习和充分准备后才能进入井下参观学习。

老师首先介绍了轨道平巷：它是综采工作面的非常重要的组成部分，与运输平巷对称布置，主要用于工作面的进风（或回风）、布置移动电泵站、高低压电缆等，为综采放顶煤工作面的机电设备、液压支架提供动力源。

接下来是移动电泵站：它是专门为综采放顶煤工作面的采煤机、前后部刮板输送机、转载机、破碎机、乳化泵、清水泵供电的系统。移动电泵站从结构组成上可分为五部分，即前部、中1部、中2部、后部和单轨吊。

前部：由生根固定装置、前拉移装置、配件车、电缆车等组成。主要作用是拉移整列移动电泵站车辆，并临时存放部分电缆、工具、备品备件等。

中1部：由矿用隔爆型移动变电站(以下简称移动变电站)、3 300 V负荷中心、1 140 V组合开关、集中通信控制台等设备组成。主要为综放工作面的采煤机、刮板输送机、转载机、破碎机、乳化泵、喷雾泵等设备提供动力电源。

中2部：由乳化泵、乳化液箱、喷雾泵、水箱、自动配液装置组成。主要为工作面的液压装置提供动力液；为采煤机的截割电机、牵引控制箱等提供冷却水源和喷雾降尘水源。

后部：由牵引绞车、电缆车等组成，主要承担因地形变化时，移动电泵站的拉移、生根固定。

单轨吊：主要用于移动电泵站至工作面的各种电缆、液压管路、水管、通信电缆的吊挂和拉移。

综放工作面：放顶煤开采是指在厚煤层中，沿煤层底板(或在煤层中某一高度范围)布置采煤工作面，利用矿山压力或辅以人工松动方法使工作面上方的顶煤破碎，并随工作面推进而在前方或后方放出并回收，这样的采煤方法称为放顶煤开采。利用综采工作面进行放顶煤开采，称为放顶煤综合机械化开采，简称为综放。综采放顶煤工作面的开采主要由破煤、放煤两大工序组成。破煤是由采煤机完成，采煤机将煤割下，由前部输送机运出工作面。放煤是采煤机破煤后，拉移液压支架使支架前移，上下煤体形成无支护空间，在矿山压力的作用下，煤体受力变形、断裂，通过操作支架尾梁将顶煤放下，由后部输送机运出，经转载机、带式输送机将煤炭运出工作面。图3-4为综放工作面参观实践。

普掘工作面：普掘工作面，也叫炮掘工作面。在煤岩体中，采用一定的破岩手段将部分岩石破碎下来，形成设计的掘进空间，接着对这个空间进行支护的工作叫巷道掘进。根据掘进中的机械化程度，可将巷道分为炮掘和综掘。采用钻爆法破岩的掘进方式称为普掘或炮掘。

图3-5中的巷道完全模拟了井下炮掘工作面布置，巷道内安装了P-60B型耙斗式装岩机，配置了YT-27型风钻和MQT120、MQT130锚杆钻机。可开展巷道支护、瓦检工、爆破工等工种的现场培训和技术比武活动。为了便于教学，在普掘迎头采用透明玻璃钢制作了三维立体炮眼布置图，可对打眼工和爆破工进行现场操作培训。

经过生产实习，同学们对煤矿井下的各类设施有了具体形象的认识，对安全生产制度、法律法规有了深刻的理解。

3.3.2.3 实习分组情况

本次实习共分为9组，每组12～15人不等。

3.3.2.4 实习成绩评定

本次实习按照实习出勤情况、实习结业考试和实习报告写作情况综合评定实习成绩，各部分占比分别为30%、30%和40%。其中实习结业考试在济宁二号煤矿教育培训中心的考试教室开展，考试为上机在线考试，考察内容主要为实习期间各企业导师在实训环节讲授内容。

图 3-4　综放工作面参观实践

图 3-5　普掘工作面

3.4　毕业实习

3.4.1　毕业实习的教学质量标准

3.4.1.1　实习内容

(1) 矿山安全组

① 了解煤矿企业的基本概况：地理位置、地质条件、瓦斯赋存、安全管理等内容。

② 熟悉矿井生产系统的全貌：矿井目前的开拓方式、工作制度、采区储能、生产能力、采

区生产系统、矿井提升系统、矿井供电系统、矿井运输系统等内容。

③ 熟悉和掌握矿井采区巷道布置和采煤方法：掘进工作面掘进工艺、采煤工作面回采工艺、采区（盘区）或带区巷道布置等内容。

④ 熟悉和掌握矿井通风系统：矿井通风系统和方法、工作面（采煤和掘进）供风方式、工作面风量确定、矿井通风设施及装置、矿井主要通风参数、矿井主要通风机参数等内容。

⑤ 熟悉和掌握矿井的灾害防治系统：瓦斯、煤尘、火、水防治系统，矿山安全避险六大系统，职业安全健康管理体系，事故救灾与应急救援等内容。

⑥ 熟悉矿井安全技术及安全管理措施：矿井通风系统、瓦斯、粉尘、水、火、冲击地压、提升、运输、爆破等安全技术及管理措施；矿井安全标志及其使用情况资料、安全生产责任制、安全生产管理规章制度、安全操作规程、其他安全管理和安全技术措施。

⑦ 了解其他安全技术措施，安全机构设置及人员配置：安全管理、通风防尘、灾害监测机构及人员配置；工业卫生、救护和医疗急救组织及人员配置；安全教育、培训情况；安全专项投资及其使用情况；安全检验、检测和测定的数据资料。

⑧ 针对通风系统、灾害防治、安全技术与安全管理措施 3 个方面专题研讨或考察。

⑨ 根据毕业论文（设计）的要求，详细收集并获得有关数据和资料。

⑩ 整理汇总资料，编写毕业实习报告。

（2）工业安全组

① 总体了解实习企业的性质、企业的历史沿革、企业组织机构与管理体制、人员结构及规模、企业的行业特色等。

② 了解并熟悉企业的生产系统和辅助系统，了解企业人力资源管理，学习企业安全规章制度管理、安全生产管理等内容。

③ 掌握企业安全生产评价的基本工作和流程，采用安全系统工程知识和安全评价方法对企业各生产环节进行安全评价，对企业生产各环节的危险、有害因素辨识与分析。

④ 现场学习企业专项安全技术措施，包括企业车间工业通风技术、除尘（净化）系统及其使用设备的性能参数和运转情况，参与企业现场安全技术措施的制定；了解工业卫生、防火防爆系统所使用的设备型号、性能参数及运转情况；消除危险和有害因素的原理、方法、设备和工艺流程；安全措施的实施效果和技术经济性分析等。

⑤ 熟悉和掌握企业安全监测与监控系统，掌握企业安全监测与监控系统图、工作原理图（电路图）、传感器布置图；掌握通风、除尘、防爆等安全监控环节使用的传感器性能参数和基本工作原理；安全监控装置布置图、监控性能参数和控制原理。

⑥ 学习和了解企业其他方面的安全情况，如企业安全监察工作开展情况、安全教育与安全培训开展情况、企业的安全文化建设情况等。

⑦ 在企业导师指导下，参与现场安全管理和安全技术措施的实施等工作。

⑧ 结合毕业论文（设计）选题要求，详细收集并获得有关数据和资料。

⑨ 整理汇总资料，编写毕业实习报告。

3.4.1.2 实习要求

（1）学生实习前必须熟悉毕业实习大纲内容并认真预习毕业实习指导书，与毕业论文（设计）指导教师交换意见，明确实习中必须收集的有关资料，认真学习《关于学生查阅、收集和使用保密资料的有关规定》，虚心接受现场有关部门进行的安全教育，对安全生产要求较高的重点实习环节，须经安全考试合格后方可进行实习。

(2) 学生在毕业实习期间应尊敬师长、服从领导安排，遵守安全和保密制度，自觉遵守劳动纪律和实习单位有关制度，在实习车间(科室)着装应符合实习单位的要求。

(3) 学生应虚心向现场工程技术人员和工人师傅学习，在指导教师和厂矿企业等有关人员的指导下，按照毕业实习大纲、毕业实习指导书和毕业实习计划的要求认真进行实习，做好实习日记，圆满完成实习要求的任务及作业，写好毕业实习报告及个人实习小结。

(4) 学生在毕业实习期间，必须严格遵守实习纪律，自觉遵守各项规章制度，除生病外一般不得请事假，病假一天以内者由指导教师批准，两天及以上者需出具医院诊断证明，由指导教师批准并向学院领导汇报；毕业实习期间学生原则上不得离开实习地点，对不听劝阻到外地者按无故旷实习处理。

3.4.1.3 实习时间安排

毕业实习时间为期 4 周，可根据现场具体情况和毕业论文(设计)对收集资料的要求来具体安排。

3.4.1.4 实习成绩考核

(1) 学生实习成绩的评定工作由实习指导老师和学院考核小组共同主持完成。指导教师根据学生实习态度、实习表现、出勤率、实习报告、理论考核、实践能力考核等项目的考核成绩汇总而成。

① 平时实习成绩(占 40%)

a. 严格遵守国家法律、学校的实习纪律及实习单位规章制度；

b. 严格遵守技术操作规程；

c. 工作积极主动，责任心强，能吃苦耐劳；

d. 团结互助，以礼待人，学习态度端正，虚心向现场指导人员学习；

e. 现场教学能注意听讲，认真笔记，当天实习日记能及时完成。

注：平时实习成绩，指导教师可通过观察学生表现，批阅实习日记，个别辅导提问，口试或笔试等方式进行。

② 毕业实习报告成绩(占 40%)

a. 能按时独立完成毕业实习报告；

b. 内容应符合毕业实习大纲要求；

c. 能正确运用所学知识和理论，分析与解决实际问题能力强；

d. 报告内容层次分明，语言简练，书写整齐，绘图清晰。

注：以上规定的两方面考核内容，各实习队指导教师可视实习的性质给予具体的实习成绩。

③ 考核小组考核(占 20%)

重点考核毕业实习报告撰写情况，并通过笔试或口试考核学生实践技能提高情况。

上述 3 项成绩累加后为综合考核成绩，考核结果按优秀、良好、中等、合格、不合格填写。其中，优秀比例不超过 20%。

(2) 有下列情况之一者，毕业实习成绩为不合格。

① 未经批准，擅自决定、改变实习方式或实习单位的。

② 未经批准，在校外实习擅自返校的。

③ 毕业实习期间，不听从安排，表现极差的。

④ 毕业实习期间，严重违反工作纪律的。

⑤ 毕业实习在岗时间未达到规定学时的 2/3 以上的。

⑥ 实习单位鉴定为实习成绩不合格的。

(3) 凡毕业实习考核不合格者，实习费用自行承担，毕业时按结业处理。

3.4.2 毕业实习教学案例

与认识实习和生产实习有所不同，导师将要同时承担毕业实习和毕业设计的指导工作，一般一个导师指导学生 2～5 名，因此实习小组规模较小。并且，实习基地的选择更为灵活，一般由实习小组指导老师依据小组内成员毕业设计类型、毕业去向等具体情况来选择实习基地，不再是专业统一安排实习地点。本次毕业实习案例以淮北矿业集团某生产矿井实习基地的毕业实习作为案例。

3.4.2.1 实习动员

毕业实习动员会是实习启动的标志，安全工程学院教学中心统一组织实习动员会。实习动员会一般安排在实习任务分配完成后举行，根据教学任务安排实习动员会的时间大约处于每年 12 月份。

3.4.2.2 教学活动内容及安排

教学活动的主要内容和日程安排见表 3-8。

表 3-8 毕业实习教学活动安排表

授课时间		授课内容	具体内容
12 月 9 日	上午	生产实习开班仪式	实习安排、实习计划
		矿井概况	矿井的基本情况介绍
	下午	煤矿法律法规及安全管理	涉及煤矿安全管理相关的法律法规
12 月 10 日	上午	矿井质量标准化管理	质量标准化的实施过程
		矿井辅助运输系统	矿井辅助运输系统的运输过程
	下午	综采技术施工工艺(1)(实训基地模拟)	详细介绍综采放顶采煤过程中采、放、运及安全技术措施(监控、除尘等)
12 月 11 日	上午	矿井通风系统(1)	详细介绍矿井的通风系统、通风方式、巷道通风、风量的计算以及风量的调节等
	下午	综采技术施工工艺(2)(实训基地模拟)	详细介绍综采放顶采煤过程中采、放、运及安全技术措施等
12 月 12 日	上午	矿井通风系统(2)	详细介绍矿井的通风系统、通风方式、巷道通风、风量的计算以及风量的调节等
	下午	综采技术施工工艺(3)(实训基地模拟)	详细介绍综采放顶采煤过程中采、放、运及安全技术措施等

表 3-8(续)

授课时间		授课内容	具体内容
12月13日	上午	矿井识图	详细介绍矿井图纸的绘制、图例的含义，尤其是井底车场、主副井、风井的绘制等
	下午		
12月14日	上午	矿井防爆电气设备管理（参观工作室）	防爆电气设备介绍
	下午	瓦斯检查仪的规范使用	瓦斯检查仪的使用
12月15日	上午	煤矿各部门分散参观，整理实习记录本	通风、地质、运输相关科室交流参观
	下午		
12月16日	上午	矿井防灭火技术介绍	详细介绍矿井防灭火系统的设计（注浆和注氮），矿井防灭火的流程
	下午	参观注浆泵站	详细介绍设备工作流程、工作原理
12月17日	上午	矿井安全避险六大系统	结合煤矿详细介绍安全避险六大系统的工作原理
	下午	参观矿井安全避险六大系统（实训基地模拟）	避难硐室、供水供风系统
12月18日	上午	事故救灾与应急救援（参观调度室）	详细讲解各种事故发生后的应急救援预案
	下午	掘进技术施工工艺(1)（实训基地模拟）	详细介绍掘进过程中掘、运及安全技术措施等，安排巷道风速测定
12月19日	上午	矿井提升系统（参观副井提升房）、矿井供电系统（参观 110 kV 变电所）	重点讲解主要通风机的工作原理，以及主要通风构筑物的位置、作用
	下午	掘进技术施工工艺(2)（实训基地模拟）	详细介绍掘进过程中掘、运及安全技术措施等，安排巷道风速测定
12月20日	上午	矿井测量、矿井地质	详细讲解矿井测量方法与步骤、矿井地质等
	下午	掘进技术施工工艺(3)（实训基地模拟）	详细介绍掘进过程中掘、运及安全技术措施等，安排巷道风速测定
12月21日	上午	全国煤矿重大事故案例介绍	详细讲解瓦斯、水、火等事故
	下午	实训基地 4D 事故案例观看	瓦斯爆炸事故
12月22日	上午	入井须知介绍，煤矿急救、互救、自救常识（心肺复苏）	入井须知介绍
	下午	外来人员下井，考试所学通风知识	外来人员下井考试
12月23日	上午	矿井压风系统、矿井机电管理系统	重点介绍主要通风机的作用，通风构筑物的位置、原理
	下午	参观压风机房	详细介绍准备工作流程、工作原理
12月24日	上午	选煤的工艺与流程	详细讲解煤炭分选的流程
	下午	参观选煤厂	按照分选流程进行讲解

表 3-8(续)

授课时间		授课内容	具体内容
12 月 25 日	上午	职业安全健康管理	讲解煤矿目前的职业健康管理现状
	下午	所学通风知识考试	对矿井通风的具体内容进行考试
12 月 26 日	上午	井下实习	综采工作面、掘进工作面、井底车场、配电室、避难硐室等
	下午		
12 月 27 日	上午	井下实习	综采工作面、掘进工作面、井底车场、配电室、避难硐室等

3.4.2.3 实习分组

本次实习共分为 2 组,每组 5～10 人不等。

3.4.2.3 成绩评定

本次毕业实习成绩的考核主要由指导教师根据实习学生在实习期间的表现以及实习报告的撰写情况进行评定。

3.5 海外实习

大学生海外实习作为国际化人才培养最有效的途径之一,不仅可以开阔学生的国际视野、提升跨文化交流能力,而且还能加深青年对不同国家文化的认知,巩固专业知识,这对培养国际竞争力具有重要的促进作用。自 2013 年以来安全工程专业积极推动学生海外实习实践,提升人才培养质量。

3.5.1 实习学生的选拔

为了加快推进人才培养国际化,进一步规范海外实习工作,根据《实习教学工作规范》《因公临时出国经费管理办法》《中国矿业大学出国(境)管理办法》等文件精神,结合目前实际情况,本专业海外实习教学实习学生选拔工作遵循下述几条原则。

(1) 海外实习学生应符合学校派出的有关规定和要求,具有良好的个人素养、学习能力和团队合作意识。

(2) 选派学生应具有较强的国际意识,对目标国家的风土人情具有一定了解,且具有较强的外语能力。

(3) 学生需服从海外实习的各项工作安排,且有能力支付除学校和学院资助项目以外的其他的必要的费用。

(4) 原则上选择学习能力较强的同学,且具有较强的自理能力。对有意愿参与海外实习的同学进行统计,统一进行笔试、面试,优中选优,确定最终人选。

3.5.1.1 学生基本信息的收集

首先应将海外实习教学的详细流程,以及实习单位和报名方法在中国矿业大学官方网站上予以公示,并在班级群进行通知,且对学院的学生举办讲座进行介绍,对学生的参与意愿进行收集。

对有参与意愿的学生的基本信息进行收集，在规定时间内让各个有意愿的同学填写表单，表单内容见附录 3。

3.5.1.2 选拔笔试内容

拟定的笔试内容应考察学生的外语能力、专业能力和目标国家学校风俗三大方面。

(1) 外语能力的考察

对外语能力的考察应主要以口语和听力为主，对考试内容及分值占比如表 3-9 所列。

表 3-9 外语能力考察内容与占比

序号	考察内容	占比
1	口语	30%
2	听力	30%
3	阅读	15%
4	写作	15%
5	翻译	10%

(2) 对专业能力的考察

对专业能力的考察应与海外实习的内容对接，从需求端出发制定考试科目，并指定考试范围，优中选优，选拔出专业能力较强的学生。

(3) 对目标国家学校的风俗情况的考察

需学院事先对海外实习的目标院校所处的国家的风土人情情况和学校的相关硬性规定进行收集，汇总之后发布给学生进行学习，一定时间之后通过考试的形式进行考察。

3.5.1.3 选拔面试内容

对面试主要考察的方面为：

(1) 学生的应变能力和自理能力是否出色；

(2) 学生的吃苦耐劳精神；

(3) 学生的交流能力；

(4) 学生的团队合作能力；

(5) 学生的个人素养。

对面试的结果进行量化考核，如面试不及格则直接取消海外实习的资格，具体考察表格见附录 4。

3.5.1.4 实习生名单的确定

在笔试面试过后，根据学生最后的笔试面试的结果，从高到低进行排位，择优录取，对每个确定参加海外实习的学生指定指导教师，海外实习带队教师应符合学校派出的有关规定和要求，具有较强的组织沟通能力、较高外语水平和高度责任心，能够胜任海外实习的各项组织管理和指导工作。海外实习带队教师数量配备严格按照江苏省外办要求执行。学生在 20 人以下的可配备 1 名带队教师，学生在 20～40 人的可配备 2 名带队教师，学生在 40 人以上的可配备 3 名带队教师，并对其信息进行整理汇总。

3.5.2　费用与交通

3.5.2.1　费用问题

海外实习学生费用由学校、学院(部)和学生三方共同承担。学校和学院以资助方式对学生海外实习所发生的费用给予一定补贴,其中学校给予每名学生的资助额度不超过1万元,学院(部)给予每名学生的资助额度由各学院(部)党政联席会讨论确定。海外实习带队教师所发生的费用由学校和学院(部)共同承担,其中,学校承担部分每人不超过3万元。

海外实习必须按照学校合同管理和采购管理的有关要求签订合同或协议,对海外实习的内容、组织实施方案、合作费用及付款方式等进行详细说明。与国外大学、企业直接开展合作的,合同或协议必须报教务部审核、财务资产部备案。若交由第三方教育机构办理,超过学校集中采购限额标准的,由财务资产部采用询价、招标等学校集中采购方式确定服务商。

海外实习经费资助范围包括国际旅费、国外城市间交通费、住宿费、实习培训费、保险费、签证费、国内段差旅费等。海外实习经费由学校、学院(部)资助和承担的部分,应全部纳入学校当年经费预算和业务出国费预算。

海外实习交通费、住宿费、伙食和公杂费标准:

(1) 国际交通费:带队教师和学生可乘坐飞机经济舱、轮船三等舱、火车硬卧或全列软席列车的二等座。

(2) 国外住宿费:海外实习应按照经济便利原则,在国家《因公临时出国经费管理办法》(财行〔2013〕516号)规定的标准内,合理安排住宿。

(3) 国外伙食费:学生自行承担伙食费支出,不列入学校和学院(部)资助范围。教师用餐由承接单位或外方安排的,不再发放国外期间的伙食费补助;未安排用餐的,按照《因公临时出国经费管理办法》规定的伙食费标准发放。

(4) 国外公杂费:学生公杂费支出自行负担,不列入学校和学院(部)资助范围。带队教师境外期间的公杂费按《因公临时出国经费管理办法》规定的标准发给个人包干使用。

(5) 带队教师和学生国内段发生的相关费用和标准按照《中国矿业大学校外实习经费管理办法》有关规定执行。

(6) 国外实习天数按离、抵我国国境之日计算。

3.5.2.2　差旅问题

海外实习人员必须按照学校相关规定办理因公出国(境)审批手续,未经审批的出国(境)所发生的费用不予报销。海外实习教师应按照国际合作交流处出国出境办理指南办理审批及出国(境)证照;海外实习学生出国(境)经所在学院同意,由学院(部)党委负责政审。

海外实习带队教师出国(境)应持因公护照,学生可持因私护照。

学生海外实习国际交通应当优先选择由我国航空公司运营的航线,按照经济适用原则,选择优惠票价,并尽可能提前购买往返机票。国际机票购买可采用分散采购或学校集中采购两种方式。学校集中采购是指委托第三方代理机构购买机票总额大于5万元的(含5万元),由财务资产部采用询价、招标等方式进行集中采购。

海外实习带队教师出国(境)原则上应当按照《关于加强公务机票购买管理有关事项的

通知》等文件规定，优先购买通过政府采购方式确定的国内航空公司航班优惠机票。机票款须通过公务卡、对公转账方式支付。若通过政府采购与学生购买同一班次确有困难的，应提供有关非政府采购机票购买情况说明并经所在单位审核后，报教务部和国际合作交流处批准同意。

3.5.2.3　海外实习预借款管理

(1) 海外实习经费需预借款的，必须提交按规定要求签订的合同或协议(原件或复印件)、带队教师的《江苏省人民政府出国、赴港澳任务批件》(复印件)、有关海外实习经费学院资助办法和标准的院(部)党政联席会会议纪要(复印件)、经学院(部)和教务部共同认定的海外实习经费资助学生人员名单(原件)。

(2) 海外实习经费借款原则上应是公对公转账。带队教师为学生购买机票(不通过第三方机构)需要借款的，可刷公务卡和信用卡先行垫付，凭机票订单信息和付款信息到财务借款冲还垫付款。

(3) 预借款总金额不得超过学校和学院(部)按每人资助标准确定的金额。

3.5.2.4　报销手续

海外实习任务结束后，带队教师应在 2 个月内完成财务报销手续，报销时须提供以下材料：

(1) 按规定要求签订的合同或协议(原件或复印件)。

(2)《中国矿业大学处级及以上干部因公出国(境)申报审批表》或《中国矿业大学教师、职工因公出国(境)申报审批表》复印件。

(3)《江苏省人民政府出国、赴港澳任务批件》原件并经国际合作交流处领导签字。

(4) 护照(通行证)(包括出访人员个人信息及出入境记录页)复印件。

(5) 经教务部、所在学院(部)共同签字的《中国矿业大学海外实习经费资助额度审批报销表》(原件)。

(6) 经学院(部)和教务部共同认定的海外实习学生人员名单(原件或复印件)。

(7) 海外实习过程中发生的全部支出和费用单据原件，具体包括：

① 国际机票、登机牌原件以及其他城市间交通费用票据，其中，搭乘我国航空公司航班的，提供航空运输电子客票行程单；搭乘外国航空公司航班的，提供电子行程单(IATA 或 ITINERATY)。

② 境外合作单位开具的印有“INVOICE”或“RECEIPT”字样的海外实习合作票据。

③ 境外开支的所有消费票据，如住宿费、伙食费、签证费、保险费和其他费用等。

④ 委托第三方代为办理或代订机票、住宿的，报销时还应提供受托单位开具的税务发票和学校与受托单位签订的委托协议或合同；超过学校集中采购限额的，按规定程序由学校进行集中采购。

⑤ 银行转账结算支付记录；各种报销凭证须用中文注明开支内容、日期、数量、金额(外币金额，业务发生日汇率、人民币金额)等，并由经办人签字。

3.5.2.5　实习安全责任书

针对已确定的海外实习学生人选，在各个流程走完之后，需签署《中国矿业大学海外实习安全责任书》，责任书模板见附录 5。

3.5.3 实习基地

海外实习合作方原则上为国外的高校、知名企业或第三方教育机构。海外实习内容应符合专业培养目标要求，形式可为学科专业讲座、现场参观及动手操作等。海外实习时间原则上应与培养方案对应的实习学分数一致，不一致的须向学校提出申请认定。

为加强与海外高校的交流，培养一批具备国际视野的安全人才，海外实习原则上选择相关专业排名靠前的高校或国外知名企业进行合作。拟定合作高校为科罗拉多矿业学院、肯塔基大学、西弗吉尼亚大学、伊利诺伊大学、罗德岛大学、中央兰开夏大学、皇家墨尔本理工大学、格里菲斯大学、昆士兰科技大学、阿尔托大学等全球知名大学。

3.5.4 实习内容规划

第一周进行安全训练的课程，了解矿山顶板控制、灾害气体防治、火灾防治、矿井通风、粉尘防治和应急救援等内容，进一步理解了安全操作在矿山工作中的重要性。

第二周在试验矿井进行实践操作，同学们与目标大学的硕士研究生和博士研究生们一起共同实习，动手进行矿山运输设备、钻机、顶板支护、取岩芯、通风演练、井下灭火、安全逃生等操作和演练。

第三周进行学科前沿讲座，安排了太空采矿、矿山大数据、矿井设计、矿井虚拟 AR 技术、矿井安全管理、矿物加工、工业矿物应用、矿井开采与社会责任等讲座。

3.5.5 安全工程专业海外实习教学案例

3.5.5.1 中国矿业大学-西弗吉尼亚大学联合实践平台实习教学案例

我校采矿工程专业、安全工程专业从 2016 年开始，连续 3 年分 3 期 5 批次，选拔了 51 名学生赴美国肯塔基大学、29 名学生赴澳大利亚新南威尔士大学、20 名学生赴美国科罗拉多矿业学院和 8 名学生赴美国西弗吉尼亚大学开展了为期 15～21 天的海外实习实训活动，主要实习内容如图 3-6 所示。主要实习内容如下：

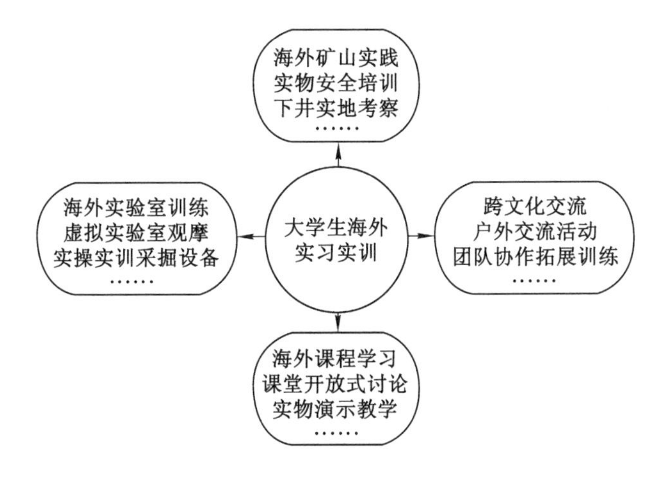

图 3-6 主要实习内容

(1) 海外课程学习

安全工程专业2017级国际班在王亮和朱金佗两位老师带领下赴美国西弗吉尼亚大学完成了为期3周的海外实习。在实习过程中开展了全英文课程学习活动,重点学习了采矿方法、矿山安全和法规、矿井通风安全、矿井粉尘防治、矿井瓦斯综合治理、矿井火灾治理、矿业经济学、矿山压力控制、矿山电力和矿山数据管理、太空采矿、矿物加工与利用以及采矿与社会、采矿与安全等两个专业交融的专业课程。国外专家讲授专业课程,在课堂通过实物演示进行教学,频繁组织课堂开放式讨论、辩论,使学生融入课堂教学,提高了学生学习主动性和创造性,如图3-7所示。

图3-7　多样化的国际课堂

西弗吉尼亚大学工学院工业和管理系统工程系制订的教学计划:第一类为讲座,包括采矿方法、选矿方法、矿井通风、矿山职业保护、可燃冰的开采和利用、煤的清洁转化(液化和气化)、页岩气和天然气的开采利用等;第二类是实地参观,包括该校的中美能源研究中心、采矿实验室和选矿实验室、分析测试中心、露天矿、煤炭采空区复垦前后场地,以及下井、选煤厂参观,培训中心、素质拓展基地的现场体验等。

(2) 职业健康安全训练

在本实践教学环节,全体师生前往西弗吉尼亚大学安全与健康拓展中心进行体验。首先了解了美国职业安全与健康法案的来源及其在美国企业生产中扮演的角色,对美国职业安全与健康管理体制进行了初步认识。随后在这一周里,通过课堂互动及实验室参观学习的方式,依次了解了电气防护、呼吸防护、噪声防护、工业通风、高空坠落防护等内容,进一步理解了职业安全与健康管理在安全生产中的重要性。

同时参观了SKC公司(世界一流空气采集检测公司)和USWS(U. S. Well Services)公司。在SKC公司参观过程中了解到很多职业卫生防护装置和采集与检测的先进设备,让同学们感受到职业卫生涉及范围的宽广和广阔的前景；在 USWS 公司参观过程中了解到了页岩气、煤层气开发地面压裂钻井的工艺流程，并对施工过程中的职业伤害和防护措施进行了系统的学习，如图 3-8 所示。

图 3-8 职业安全训练课程现场

组织了虚拟现实实验室参观活动(图 3-9)。3D 环幕 VR 设备能立体模拟井下生产情景，学生利用虚拟现实设备可模拟下井实习内容，实现了实习环节的生动化与安全高效。学生在自动化综采设备实验室实操实训了采掘设备，锻炼了动手实践能力，对材料、机械设备制作过程及自动化作业流程等进行了调研，提升了专业知识认知水平和创新实践能力。

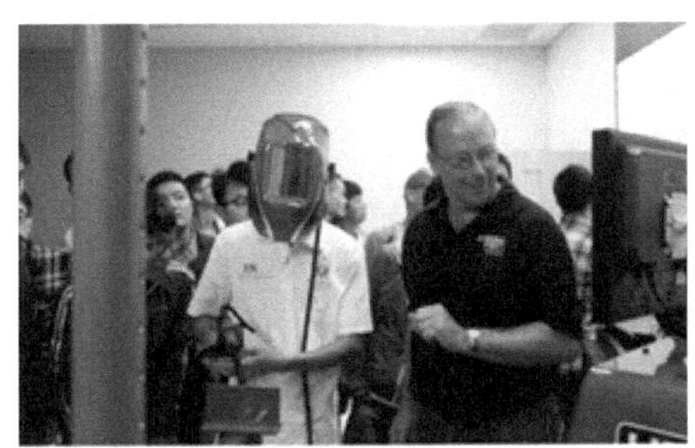

图 3-9 海外实验室训练

(3) 危险源辨识与评价课程学习

第二周主要由美方任课老师 Dr. McCawley 带领，与国外的学生们一起进行了安全生产中危险源辨识及评价的课程学习，课程学习过程中 Dr. McCawley 详细讲述了安全检查表的使用，并带领大家前往丰田汽车西弗吉尼亚制造厂(TMMWV)、美国 Fiesta 瓷器生产工厂参观并进行危险源识别训练及考核。还围绕煤炭和铜矿、金矿等矿产资源的井工矿、露天矿开展了现场实践考察(图 3-10),涵盖了长壁开采、房柱式开采与崩落法开采等采矿方法,对国外矿产资源赋存条件和采矿技术有了客观认识,意识到国外采掘系统普遍自动化程度较高,大大减少了从业人员数量,降低了劳动强度,改善了作业环境,提高了安全度和生产效率。在采矿装备制造工厂和选煤厂观摩时,进行了自动化设备操作训练,对采掘与分选设备制作和操控有了深刻认识,进一步拓宽了专业知识面。

图 3-10　海外矿山实践

(4) 安全作业防护培训

本次海外实习最后一周是在 MSA 安全公司进行安全作业防护培训(图 3-11),同学们了解了危险的具体分类方法、真实事故案例和不同工作场所安全用具的使用方法及注意事项。此外,还给同学们亲身实践的机会,在使用防护装置的前提下,学会如何安全攀爬安全梯,如何进入受限空间并展开救援等。在这一周里,同学们还参观了西弗吉尼亚大学的火灾培训机构,进行了消防知识及灭火培训、人工紧急救护培训等。

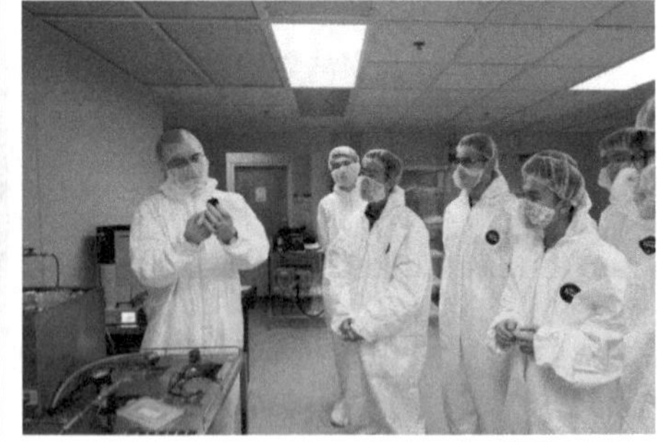

图 3-11　安全作业防护培训

(5) 海外文化交流

丰富多彩的海外文化交流涵盖了跨学科、人文、自然、地理等多项内容,在时间跨度上伴随了整个实习实训过程，在空间上覆盖了整个活动场域。因此，海外文化交流是海外实习实训的重要组成部分。此次海外实习基于多元化、开放型、交融式的交流理念，在美国西弗吉尼亚大学校内外，充分利用有限实习时间，采取著名建筑与景观欣赏、户外饮食与餐饮文化交流活动、体育赛事观赏与体育文化交流活动、自由话题开放式辩论交流、团队组织协作拓展训练等多种形式，形成了多元、开放、交融的文化交流机制（图 3-12）。认识、体验与品鉴国外的景观、文化，在价值观碰撞与人文素质培养过程中，有效促进学生融入开放的教育环境，锻炼了学生的国际交流能力，增强了专业自信和文化自信，显著提升了大学生的跨文化交流和国际竞争力。

图 3-12　跨文化交流

（6）总结汇报交流会

在海外实习过程中，学生应对每日的实习内容编写实习日志，对自己在海外实习过程中接触到的知识进行总结提炼，并对海外实习通过录像和照相的方式进行记录。

在实习结束后，组织了一场报告会，对海外实习内容及收获进行汇报，汇报的形式采用全英文汇报，多维度全方位展示参与海外实习的学生在海外实习期间的学科讲座、现场实践、文化体验等方面的感受和收获，如图 3-13 所示。

（7）实习成绩与评定

学生实习成绩主要根据学生的考勤、平时表现、实习笔记撰写和实习报告撰写 4 个方面进行综合评定，最终成绩由平时成绩和实习报告成绩组成，前者占 50%，后者占 50%，平时成绩包括考勤、平时表现、实习笔记 3 个部分，比例为 3∶4∶3。实习最终成绩分优秀、良好、中等、及格、不及格 5 个等级。

图 3-13　海外实习汇报工作

① 优秀:完成实习大纲的要求,实习过程中积极主动,虚心好学,严格要求自己,服从校内外实习指导教师的领导和安排,遵守实习的各项规章制度,可以协助教师进行实习的管理。实习报告内容全面、系统,并能运用所学理论知识对某些实际问题加以分析;专业训练或专业考核成绩突出。

② 良好:完成实习大纲的要求,实习态度认真,遵守实习的规章制度;实习报告内容较全面、系统;专业训练或专业考核成绩较好。

③ 中等:达到实习大纲的要求,实习态度较认真;实习报告撰写较认真;实习报告内容较全面;专业训练或专业考核成绩尚好。

④ 及格:达到实习大纲中规定的基本要求,实习期间表现一般;能够完成实习报告,内容基本正确但不够系统;专业训练和专业考核成绩一般。

⑤ 不及格:

a. 未达到实习大纲规定的基本要求或实习考核要求;

b. 未完成实习报告或实习报告有明显错误;

c. 未经允许擅自离开实习地点超过 12 h;

d. 不服从实习指导教师安排;

e. 实习过程中严重违反纪律。

3.5.5.2　中国矿业大学-波兰克拉科夫 AGH 科技大学海外实习教学案例

(1) 日程安排

按照一流学科建设指南、采矿工程专业和安全工程专业实习大纲以及本科生海外实习要求,本次海外实习团队由采矿工程专业和安全工程专业两个专业共 31 名师生组成,赴波兰克拉科夫 AGH 科技大学进行为期 10 天的海外实习。主要目的与行程安排为:

① 了解波兰矿山开采现状和前沿技术，包括金属矿、盐矿和露天煤矿的开采历史与开采工艺；了解波兰矿山灾害治理与安全防护技术方法等。

② 学习国际课程，主要包括碳足迹课程、未来采矿课程、采矿大数据课程、世界能源政策课程、采矿工程创新课程和矿山灾害管理课程等。

③ 了解采矿与安全实验设备与方法，参观波兰中央矿业研究所和采矿与安全工程实验室，学习力学实验方法和矿业前沿技术。

④ 了解欧洲文化，拓宽国际视野，锻炼英语交流能力，确立自身定位，为培养国际一流矿业人才奠定基础。

(2) 行前准备

同学们提早准备申根签证等出国材料，参加签证经验交流会和工作进展讨论会等，积极准备英语口语、听力知识及国外生活文化的学习。

团队临行之际，国际合作交流处和矿业工程学院的领导也给同学们作了海外实习动员讲话(图 3-14)，就同学们的人身安全问题、国际交流礼仪等方面提出了嘱托，同学们也在思想上引起了高度重视。

图 3-14　行前动员

(3) 初识波兰克拉科夫 AGH 科技大学

在带队老师的悉心照料下，同学们集体出发，相伴而行，跨越亚欧大陆准时抵达波兰。在波兰克拉科夫 AGH 科技大学的负责老师 K. Frydrych 教授的带领下，顺利安排好了住所，并参加了波方为师生举行的欢迎晚宴。老师和同学们身着整齐的西装隆重出席了与波兰克拉科夫 AGH 科技大学领导的见面会(图 3-15)。教务部副部长 P. Małkowski 教授和国际处代表 K. Gawron 老师会见了同学们，并为大家翔实地介绍了波兰克拉科夫 AGH 科技大学的整体情况。带队老师向国外老师赠送了精心准备的礼物。会后，同学们和国外老师展开了交流互动，同学们给国外老师留下了非常好的印象，也得到了国外老师极高的评价。

(4) 课程学习

① "Carbon footprint"课程学习(图 3-16)

在该课程中 W. Sobczyk 教授热情洋溢地为同学们描绘了一个多彩的碳世界。人们在生活和工作中都会产生碳足迹，如使用手机、开车等，这些碳足迹会使大气中的温室气体增加，加重温室效应。碳足迹可以通过使用可回收材料，使用绿色能源来减少，最终实现碳抵消(carbon offseting)这个目标，使温室气体处在稳定阶段。

② "Future for mining"课程学习(图 3-17)

图 3-15 初到波兰克拉科夫 AGH 科技大学

图 3-16 “Carbon footprint”课程学习

未来采矿课程中 W. Korzeniowski 教授严谨活泼，在同学们面前描绘了一座繁盛的矿业殿堂。从采矿历史，到如今的采矿现状，最后展望未来采矿工程的发展前景，讲述了采矿工程对人类社会的重要意义。

图 3-17 “Future for mining”课程学习

③ “Big data in mining engineering”课程学习(图 3-18)

采矿大数据课程中 E. Brzychczy 教授细致入微，同学们一睹数字宝藏的风采。大数据技术是数字技术发展的重要保障，更是推动工业 4.0 实现的重要保障。虽然大数据技术在采矿业应用尚浅，但它是一种新的潜在的有效的分析方法，有利于采矿行业工艺流程的优化和效率提升，因此，未来大数据技术必将在采矿业得到极大的应用。

④ “Energy policy in the world”课程学习(图 3-19)

世界能源政策课程中 W. Suwała 教授幽默风趣，让同学们感受到学科交叉的魅力。该

图 3-18 “Big data in mining engineering”课程学习

课程介绍了一些用于能源系统开发的分析模型，同时讲述了燃料与能源系统的基本关系，使同学们认识到能源在国民经济中的重要地位。

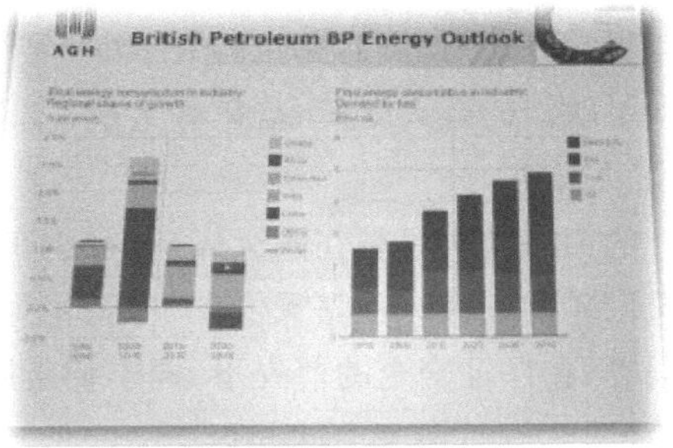

图 3-19 “Energy policy in the world”课程学习

⑤ “Innovation in mining engineering”课程学习(图 3-20)

采矿工程创新课程中 W. Korzeniowski 教授绘声绘色，把每个同学都带入汹涌起伏的头脑风暴中。该课程详细讲述了矿业领域目前应用的各种新兴技术，矿业未来发展需进行哪些方面的技术创新，以及当前存在的问题及其解决瓶颈。

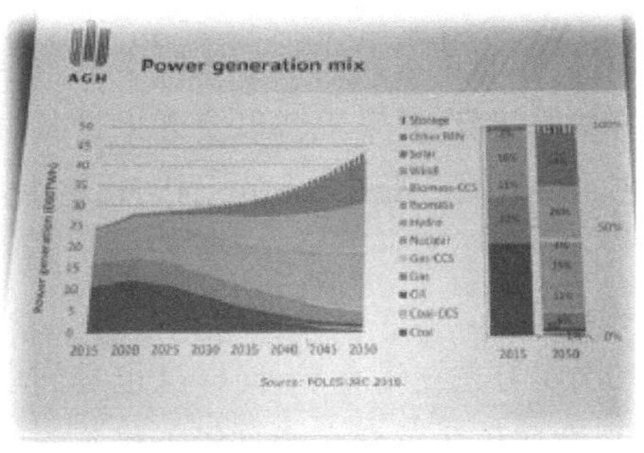

图 3-20 “Innovation in mining engineering”课程学习

⑥ “Management of mining hazards”课程学习(图 3-21)

从岩石性质、自然灾害监测、采矿对环境影响评估、采矿机器动力控制和紧急预警、矿山设备、矿石品位6个方面介绍了矿山灾害管理的前沿研究方向。

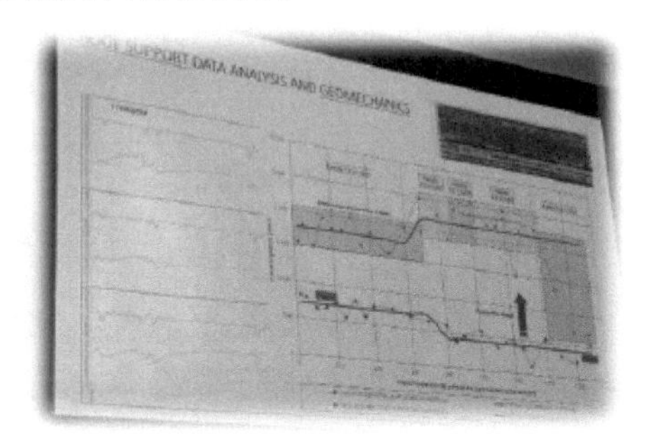

图 3-21 “Management of mining hazards”课程学习

以上授课老师都充分调动了同学们的参与度,与同学们热烈讨论,同学们也都着正装参加课程,踊跃发言、交流,双方互动交流得非常愉悦,彼此留下了美好的回忆。

(5) 矿山体验

在课程学习期间,波兰克拉科夫 AGH 科技大学同时安排了3次矿井实习,在此环节同学们见到了欧洲的露天煤矿、盐矿和金属矿,对欧洲的矿业生产现状有了初步的认识。

① 露天煤矿

海外的第一次实习是在露天煤矿,在驱车走在露天煤矿台阶进入该矿的路途中,同学们无不感叹该矿的宏大。在露天煤矿中,工程师为同学们讲解了该矿的生产能力、开采工艺和环境问题等,在保证安全的前提下,同学们近距离观看了轮斗挖掘机的现场作业以及煤炭的连续运输(图 3-22),课本中的知识又一一活泛起来。作为主攻地下矿井的采矿工程专业学生和主攻井工矿安全与城市消防的安全工程专业学生,非常难得有机会能目睹欧洲露天矿的风采,所以同学们也积极同现场老师交流,询问了轮斗挖掘机工作效率、劳动力分配情况等问题。通过细致的观摩,同学们对露天开采产生了满满的兴趣和喜爱,对今后的专业知识学习充满了期待。

② 盐矿

第二次实习是在盐矿(图 3-23),中国矿业大学采矿工程专业主要研究煤矿问题,学生们也很少去煤矿之外的矿井实习,这也是同学们第一次见到盐矿。波兰的这座盐矿虽然已经关闭,但盐矿的负责人还是带领同学们乘电梯下到了该矿的多个开采水平,为同学们介绍了该矿的基本情况、开采工艺以及开采设备,同学们也学习了盐矿围岩的支护方式、矿盐的运输工艺、灾害的控制和工人的工作方式,并与煤矿做了深入的比较,收获了关于盐矿开采的知识。

③ 铅锌矿

第三次实习是在铅锌矿,同样这也是同学们第一次见到铅锌矿。无轨胶轮车只是在影像中见过,此次矿区负责人亲自驾车载着同学们从地面沿着斜井直达采矿工作面。进入采矿工作面后,负责人为同学们讲解了该金属矿的生产过程和矿物的组成成分,并为同学们现场演示了将废石运出矿井的过程。同学们也积极提问,与矿区负责人交流了支护方式等问

图 3-22 露天煤矿实习

图 3-23 盐矿实习

题。从铅锌矿出来后又参观了该矿的博物馆，一位退休老教授为大家细致地讲解了铅锌矿物冶炼金属的方法以及该矿的赋存状况和开采工艺发展的历史。同学们第一次比较全面地了解了金属矿以及金属冶炼的过程。如图 3-24 所示。

（6）科研平台

① GIG 学术讲座和实验室

参观完波兰克拉科夫 AGH 科技大学之后，同学们又来到了波兰中央矿业研究所，该研究所相当于中国的煤炭科学研究总院，是波兰实力雄厚的矿业研究机构，十多位不同部门的负责人为同学们展示了最新的研究成果，丰硕的研究成果展现了波兰矿业研究的先进性，每一位老师展示的科研成果都引人入胜，激发了同学们的浓厚兴趣，如图 3-25 所示。

图 3-24　铅锌矿实习

图 3-25　GIG 学术讲座和实验室参观

② 参观波兰克拉科夫 AGH 科技大学实验室

同样，波兰克拉科夫 AGH 科技大学的老师也带领同学们参观了采矿、安全和环境的诸多个实验室(图 3-26)。在实验室内同学们看到了实验的材料，了解了实验的方法，观摩了实验装备，见到了许多力学等基础学科的实验。

(7) 文化交流

在课余，波兰克拉科夫 AGH 科技大学还给同学们特意安排了两次中波双方学生之间的见面会(图 3-27)。在见面会上，双方同学就民族文化、本国的采矿行业特征、学习习惯等方面展开了热烈的讨论。从不敢说到踊跃发言，同学们实现了自我的突破。

(8) 证书颁发

海外实习的最后一晚，波兰克拉科夫 AGH 科技大学教务部副部长等领导为同学们举行了欢送晚宴，并发表了热情洋溢的致辞，为每个同学都准备了纪念品，而且亲自给每个人颁发了实习证书，与同学们合影留念，如图 3-28 所示。波兰克拉科夫 AGH 科技大学的学生也与中国学生会面并进行了友好交流。

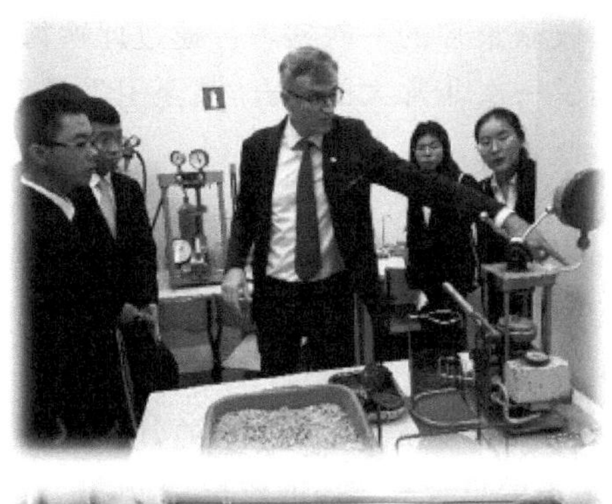

图 3-26　波兰克拉科夫 AGH 科技大学实验室参观

图 3-27　文化交流

图 3-28　学员获得证书

(9) 实习总结

同学们普遍反映本次海外实习是大学期间收获最多的一次实习。通过此次海外实习，同学们的国际视野、国外文化、学科知识都得到了一次非常大的提升，甚至引发了对人生规划的再思考。

从行前准备到实习途中再到事毕返回，每一个时间段都让同学们感到自己的人生在不断攀升。烦琐严谨的签证资料准备，细致入微的欧洲文化学习，种种行前准备让同学们完整地经历了一次异国生活问题的独立思考；丰富多彩的课程安排，翔实有趣的现场实践，实习期间各种活动都让同学们在异国文化知识中濡染、成长。

回首本次海外实习，时间虽稍短，但内容紧凑。每一分钟都是饱满的，同学们不只是增长见识，还有独立规划生活、安排生活，对人生未来的思考等方面的成长。

总的来说，此次波兰克拉科夫 AGH 科技大学实习让同学们认识到了国外的技术发展，与其相比找到了我们的优势和不足，激发了同学们今后努力学习、专心科研的斗志。

4 安全工程专业课程设计实践

课程设计是专业课程的实践教学环节，通过课程设计的训练，使学生加深对专业课程中所学概念和理论知识的理解，培养学生检索科技文献资料、独立确定设计方案、完成设计计算、绘制设计图纸、规范编制设计说明书的能力。安全工程专业的课程设计主要包含安全系统工程课程设计、矿井通风与空气调节课程设计、工业通风与防尘课程设计等。

4.1 安全系统工程课程设计

安全系统工程课程设计是安全工程专业学生专业基础能力训练的主要模块，共 1 周学时，1 个学分。

4.1.1 课程设计目标

本课程设计旨在进一步加深所学安全系统工程专业知识，培养学生对安全系统工程课程所学知识的综合运用能力。通过设计不同行业经典安全场景，引导学生运用安全系统工程的基本原理和方法，辨识企业生产过程中存在的危险源，并利用系统安全分析方法评价系统的危险性，根据辨识分析结果，提出建议措施。

4.1.2 课程设计内容、要求及学时分配

课程设计内容、要求及学时分配如表 4-1 所列。

表 4-1 课程设计内容、要求及学时分配

序号	设计内容	设计要求	学时
1	企业安全现状分析	要求简要介绍企业的地理位置、气候、水文地质情况等，以及企业的生产组织情况。同时，整理分析企业的安全生产数据，并利用事故统计分析方法，对企业安全现状进行安全预测分析	1 天
2	主要危险源辨识与分析	要求利用文献资料或网络查阅同类企业的主要事故类型及原因。同时，结合给定企业近年来事故特点列出本企业潜在的危险源	2 天
3	危险源危险性的计算分析	要求采用系统安全分析方法，至少对一种危险源进行定性、定量分析；如涉及的企业存在重大危险源，要求按照国家相关标准规范，进行具体计算	3 天
4	结论与建议	要求根据危险源辨识和分析结果，从人、机、环、管理和事故处理五个方面给出措施建议	1 天
合 计			7 天

4.1.3 师资队伍

本课程设课程负责人1名，主讲教师多名(要求讲师以上职称)，要求课程负责人为副教授以上职称、博士学位，具有安全工程、消防工程等相关专业背景，同时还应具有丰富的教学经验和实践能力。

本课程师资队伍数量应能满足教学需要，且结构合理。主讲教师应具备博士学位，具有足够的教学能力、专业水平，能开展工程实践问题研究，参与学术交流；并且能有足够时间和精力投入教学和学生指导中，积极参与教学研究与改革。

4.1.4 参考资料

参考书：

[1] 林柏泉，等.安全系统工程[M].徐州：中国矿业大学出版社，2005.
[2] 林柏泉，张景林.安全系统工程[M].北京：中国劳动社会保障出版社，2007.
[3] 张景林.安全系统工程[M].2版.北京：煤炭工业出版社，2014.

网络资源：

[1] 中华人民共和国应急管理部：http://www.mem.gov.cn/
[2] 美国疾病控制与预防中心(CDC)：http://www.cdc.gov/
[3] 英国健康与安全执行局：http://www.hsl.gov.uk/

4.1.5 教学组织

(1) 教学方法

教师集中辅导，采用课堂讲授，利用多媒体组织教学。

(2) 教学辅导

采取集中辅导为主、个别辅导为辅的课程辅导模式，每天答疑时间不少于1.5 h。

4.1.6 课程考核

课程考核依据课程设计说明书分数确定，课程设计成绩的评定主要依据设计说明书的完整性和合理性、选用计算方法合适性和计算结果正确性。

课程设计成果质量按五级记分评定方法评定，分为优秀、良好、中等、及格和不及格。凡成绩不及格者必须重修。具体要求如下：

(1) 优秀：① 能按进度要求独立完成；② 设计说明书编写符合规范要求，方案合理，结构完整；③ 选用的计算方法合适，计算结果正确。

(2) 良好：① 能按进度要求独立完成；② 设计说明书编写符合规范要求，方案比较合理，结构较完整；③ 选用的计算方法合适，计算结果比较正确。

(3) 中等：① 基本上能按进度要求独立完成；② 设计说明书编写基本符合规范要求，方案一般；③ 选用的计算方法合适，计算结果一般。

(4) 及格：① 能完成设计成果，工作态度较好；② 设计说明书完成质量一般，基本能达到设计要求；③ 计算基本完整。

(5) 不及格：① 表现较差，工作不努力；② 设计说明书未能达到基本要求，有原则性错误；③ 计算书不完整。

4.1.7 说明

（1）本课程设计标准适用于安全工程、消防工程两个专业的安全系统工程课程设计。
（2）本课程设计教学质量标准的变更需由课程负责人提出，专业负责人进行审批。

4.2 矿井通风与空气调节课程设计

矿井通风与空气调节课程设计主要面向矿山安全课组方向设置，主要培养解决矿山安全工程问题的能力，学时 3 周，总计 3 个学分。

4.2.1 课程设计目标

矿井通风与空气调节课程设计是必修的一门专业实践课程，是矿井通风与空气调节课程的实践性教学环节。通过本课程设计的训练，使学生加深对矿井通风与空气调节课程中所学概念和理论知识的理解，巩固掌握矿井通风系统设计的原则、内容、步骤和方法，针对矿井存在的安全问题，开展专题初步设计，培养学生检索科技文献资料、独立确定设计方案、完成设计计算、绘制设计图纸、规范编制设计说明书的能力。

4.2.2 课程设计内容、要求及学时分配

课程设计内容、要求及学时分配如表 4-2 所列。

表 4-2 课程设计内容、要求及学时分配

序号	教学内容	学时	教学要求	教学方法	课程思政教学点
1	布置课程设计任务、准备设计资料	1 天	教师下达设计任务，提供煤层地质、巷道布置、采掘工作面位置及数目、巷道支护方式等设计所需条件的资料	讲授法、任务驱动法	工程伦理
2	简述矿井的地质概况，开拓方式及开采方法	1 天	根据提供的设计资料进行归纳整理，分析设计需求	读书指导法	科学素养
3	选择通风方式，确定通风系统	2 天	应用所学知识选择矿井通风系统，系统满足技术先进、经济合理、安全可靠的要求	合作学习法	工匠精神、规则意识、合作意识
4	确定采区的通风方式并作技术比较；确定采煤工作面的通风方式并作技术比较；确定主要通风机的工作方法并作技术比较	3 天	选定的采区、工作面的通风方式和主要通风机工作方式应满足安全生产需求，抗灾能力强，运行经济合理	问题教学法、合作学习法	批判精神、工匠精神、规则意识、合作意识

表 4-2(续)

序号	教学内容	学时	教学要求	教学方法	课程思政教学点
5	计算各用风地点的需风量和矿井总用风量,并进行风量分配	3天	风量计算依据合理,计算得出风量既可满足安全需求,又经济可行	合作学习法	工匠精神、规则意识、合作意识
6	确定矿井通风困难时期和容易时期的开采位置,分别绘制两个时期的通风系统立体图和网络图	3天	通风容易和困难时期选择准确,通风系统立体图和网络图中风流方向、通风设施等要素标注准确合理	问题教学法、合作学习法	合作意识、工匠精神
7	分别计算两个时期的矿井最大通风阻力与等积孔,并评价矿井通风难易程度	3天	最大通风阻力路线选择正确,通风阻力、等积孔计算准确	合作学习法	合作意识、工匠精神
8	选择矿井主要通风机并确定两个时期的工况点,选择配套电机	2天	会根据矿井风量、通风阻力确定两个时期的理论工况点和实际工况点,根据实际工况点计算通风机功率,选择配套电机	合作学习法	求实精神、合作意识、工匠精神
9	概算通风费用,提出对通风设备的安全技术要求	2天	掌握通风机运行电费的计算方法,核算通风人员费用,概算通风费用,计算出的通风成本经济合理	合作学习法	合作意识、工匠精神
10	以设计说明书的形式提交设计成果,答辩	1天	能依据老师提供的基础资料,分析出矿井可能存在的通风安全问题,并简单给出解决安全专题的技术手段和初步方案	任务驱动法、合作学习法	合作意识、工匠精神、创新精神、规则意识
合　计		21天			

4.2.3　师资队伍

课程负责人:具有安全科学与工程专业博士学位和副教授以上职称的教师。

主讲教师配置要求:具有安全科学与工程专业博士学位或受聘安全科学与工程学科中级及以上职称的教师。

4.2.4　参考资料

[1] 王德明. 矿井通风与安全[M]. 3版. 徐州:中国矿业大学出版社,2023.

[2] 张国枢. 通风安全学[M]. 3版. 徐州:中国矿业大学出版社,2021.

[3] 中华人民共和国应急管理部,国家矿山安全监察局. 煤矿安全规程[M]. 北京:应急管理出版社,2022.

4.2.5　教学组织

(1) 教学构思与策略

矿井通风与空气调节课程设计是实践教学环节之一，具有较强的实践性，应合理设置课程设计的设计任务书。课程设计题目及内容应根据实际工程设计项目或优秀的采矿工程专业、安全工程专业相关的毕业设计加工整理编制而成，逐年积累设计需要的资料，并以"设计任务书"的形式下达给每个学生。

(2) 教学方法

设计开始前，授课教师对学生进行分组，指定指导教师，并集中下达设计任务和要求。

(3) 教学场地与设施

课程设计应在设计室中集中进行。

(4) 教学服务

指导教师每周应前往设计室3～5次，向学生提供答疑服务与辅导，每次2学时；要布置课外作业，作业应尽量全部批改，并适时进行作业讲评。

4.2.6　课程考核

采用指导教师评阅设计说明书的方式进行课程设计考核，按优秀、良好、中等、及格、不及格五级制标准给出最终设计成绩。

4.2.7　说明

(1) 建议在矿井通风理论教学完成后，尽早布置设计任务、准备设计资料，给学生充分的查阅资料和思考的时间。

(2) 本课程教学质量标准的变更需由课程负责人提出，专业负责人组织会议讨论通过。

4.3　工业通风与防尘课程设计

工业通风与防尘课程设计主要面向工业安全课组，培养学生解决工业安全工程问题能力，共2周学时，2个学分。

4.3.1　课程设计目标

通过工业通风与防尘课程设计的学习，使学生加深对工业通风与防尘课程中所学概念和理论知识的理解及应用，熟悉工业建筑通风与空气调节设计规范和标准，具备工业场所通风除尘系统设计的专业素质和能力，能进行工业场所通风除尘系统建设方案的设计，能维护工业场所通风除尘系统的正常稳定运行，培养学生利用工业通风与防尘专业知识解决工业场所安全生产问题的基本能力，达到所学专业知识解决复杂工程问题能力要求的培养目标，并使学生正确认识工业通风与防尘设计在工业灾害防治中的重要作用，树立从事污染和灾害防治工作为社会服务的理想信念，并坚守严格管控工业场所通风和除尘的职业道德。

4.3.2 课程设计内容、要求及学时分配

课程设计内容、要求及学时分配如表 4-3 所列。

表 4-3 课程设计内容、要求及学时分配

序号	教学内容	学时	教学要求	教学方法	课程思政教学点
1	布置课程设计任务	0.5 天	教师下达设计任务，给定设计所需全部资料	多媒体教学法；启发式教学	(1) 结合课程目标及理论知识，阐述开展课程设计的重要性，以增强学生的专业荣誉感、职业使命感、从业信心，激发学生努力学习、献身专业的热情。 (2) 通过典型的工业通风与防尘事故案例，强调构建良好工业通风与防尘系统对实现工业安全、健康生产的重要性，让学生树立专业的使命感及责任感；让其切实体会到工人劳动条件的安全舒适是以人为本的重要体现
2	工业通风除尘系统整体设计	2 天	根据工业场所内设备或工艺的布置和生产特点，正确估计有害物质散发源的散发程度，并决定采用何种通风综合措施，当采用机械通风时，应首先决定局部排风罩的安装位置和设计形式，并根据工艺特点，确定外形尺寸和排风量	多媒体教学法；案例教学法；启发式教学	(1) 在开展工业场所不同生产特点及有害物质调研及讲解中，融入相关生产及职业危害事故案例，在增加学生学习兴趣的同时也进一步体现工业通风与防尘设计的重要性。 (2) 通过讲解国内外最新的工业通风除尘技术及系统，结合工业通风除尘实际问题，对学生开展启发教育，提升学生解决问题的积极性，激发学生科技报国的家国情怀和使命担当
3	通风除尘系统空间布置及单线草图绘制	4 天	(1) 按工业场所建筑情况及通风系统划分要求，布置外部吸气罩、通风机等设备，用风管将它们连成一体，连接时注意与工艺、土建等设计相配合，确定风管走向，选择风管的材料及连接附件。 (2) 系统绘图时，管网及净化设备、通风机的空间位置应表达清晰，注明各吸尘点、管道、通风机相互关系和管件的数量。作图时，按比例绘制，工作台、净化装置、通风机等可采用简单图形表示，管道可用单线表示并用短线划出管段位置	多媒体教学法；案例教学法；启发式教学	通过对工业通风除尘系统各部分选型、匹配及空间位置的讲解，让同学认识到严谨、认真是从事科学研究的基本要求，同时结合其他领域科学家事迹，如“共和国勋章”获得者王永志院士的相关事迹，让同学树立严谨、正确的科学态度

表 4-3(续)

序号	教学内容	学时	教学要求	教学方法	课程思政教学点
4	风管水力计算	3天	采用假定流速法,确定风管断面的尺寸和阻力,进而为选择通风机和电机提供依据。主要包括:对各管段进行划分和编号,标注长度和风量;确定合理的管内流速;确定管道断面尺寸及各段阻力损失;平衡并联管路阻力;计算总阻力和总风量	多媒体教学法;启发式教学	通过讲解风管阻力与能耗间的关系,将"节能环保""降低能耗"等理念灌输到学生学习生活中,树立勤俭节约、绿色低碳的生活方式
5	通风机、电机选定	2天	根据输送气体性质、系统的风量和阻力,确定通风机的类型,并在考虑风管、设备的漏风以及通风机性能曲线等基础上,确定通风机的风量、风压	多媒体教学法;案例教学法;启发式教学	引入国内外通风机研发现状,让学生们了解到我国还不是制造强国,培养学生提升我国机械化水平贡献力量的意识,为早日成为制造业强国奠定基础,实现"两个一百年"的奋斗目标而努力奋斗
6	通风系统施工图绘制	2天	主要包括平面图及轴测图	多媒体教学法;案例教学法;启发式教学	(1) 通过讲解通风系统施工图绘制过程,将"一丝不苟""精益求精"的工匠精神灌输给学生,让其树立认真负责、追求卓越的做事态度。 (2) 将通风防尘系统工程设计与国家大工程相联系,比如青岛胶州湾隧道和港珠澳大桥海底隧道等大型通风工程设计建设,培育学生报效祖国的使命感
7	设计成果提交,并开展答辩	0.5天	能依据提供的基础资料,分析出工业场所存在的通风安全问题,并简单给出解决安全专题的技术手段和初步方案	多媒体教学法;案例教学法;启发式教学	通过评价同学工业通风与防尘系统方案设计过程中,引入国内一些高新的工业通风设计案例,比如煤矿井下智能通风系统,通过讲述国内煤矿通风如何从学习国外经验到引领行业发展,增强学生专业荣誉感和爱国意识
合计		14天			

4.3.3 师资队伍

课程负责人:粉尘防治研究方向的具有博士学位的高级职称教师。

主讲教师:粉尘防治研究方向的具有博士学位的中级及以上职称教师。

4.3.4 参考资料

[1] 王德明.矿尘学[M].北京:科学出版社,2015.
[2] 杨胜强.矿井粉尘防治[M].徐州:中国矿业大学出版社,2015.
[3] 中华人民共和国煤炭行业标准.长钻孔煤层注水方法(MT/T 501—1996).
[4] 中华人民共和国安全生产行业标准.煤矿采掘工作面高压喷雾降尘技术规范(AQ 1021—2006).

4.3.5 教学组织

学生集中设计,指导教师分组指导。

根据设计内容,可采取分组设计的方式,即 2～4 人共同完成一组设计内容。

4.3.6 课程考核

根据设计说明书、图纸完成情况评定给出成绩,成绩分为五个等级:优秀、良好、中等、及格、不及格。

5 安全工程专业创新创业实践

5.1 科研创新创业实践教学质量标准

创新创业实践总学时2周,共计2个学分。

创新创业实践是大学创新创业型人才培养目标得以实现的重要实践环节,适用安全工程专业。创新创业实践依托我校各级各类大学生创新创业计划、“挑战杯”全国大学生课外学术科技作品竞赛、国家重点实验室、国家工程研究中心、国家级工程实践教育中心、本科生“安全科技创新基地”、安全工程学院本科生“导师制”培养制度、开放性实验等平台,通过教师指导学生开展具体的创新性工作,使学生通过创新创业实践,能清晰地认识到创新的重要性,掌握一些基本的创新技法,并且在学习生活中能积极主动去创新。通过创新创业实践的锻炼,培养学生的创新意识和创新素养,切实提升学生的创新能力,培养学生善于思考、勇于探索的创新精神。

5.1.1 创新创业实践目标

国家的飞速发展与进步对高等教育的人才培养提出了更高的要求,培养新世纪创新型人才就是其中重要一点,注重大学生创新能力的培养已刻不容缓。通过创新创业实践,增强学生创新意识和创新能力,提升学生科学研究和科技创新的能力,加强创业能力的培养。

知识目标:通过创新创业实践,学生应熟悉创新思维提升的基本方法;知道创业的基本路径和基本方法。

能力目标:通过创新创业实践,学生应具有创新创业者的科学思维能力,利用所学的自然科学和安全工程专业技术理论与技术知识,以创新的思维方法,针对复杂的安全工程问题提出满足特定安全工程需求的解决方案。

素质目标:通过创新创业实践让学生具备主动创新意识,创业潜质分析能力,并能够进行创业机会甄别和分析,树立科学的创新创业观。激发学生的创新创业意识,提高学生的社会责任感和创业精神,促进学生创业、就业和全面发展。

5.1.2 创新创业实践内容和要求

5.1.2.1 创新能力培养内容

鉴于创新内容的广泛性,不便设定具体内容,而是借助各类创新创业实践活动平台,在学生自主自愿选择的基础上,通过具体的创新型实践活动,培养学生的创新能力。下面以各类活动的分类为基础,简要叙述应完成的训练内容。

(1) 校级、省级、国家级大学生创新创业计划近年来，中国矿业大学对各级大学生创新创业计划在申请、立项、中期检查、结题与成果验收及相关经费的使用等方面都有了明确的规章制度，各项工作均走向成熟。对申报校级、省级、国家级大学生创新创业计划的同学，应按照相关文件规定，在指导教师的指导下，完成申请书、立项现场答辩、中期检查报告或答辩、结题报告、成果(研究报告、论文、专利、创业计划书或实体创业等)汇总等工作，将创新融入具体的工作中，提升创新能力。

(2)“导师制”培养制度

安全工程学院在“导师制”培养制度方面的工作已开展多年，并逐步走向正规与成熟。参与“导师制”培养的学生，在与导师协商下，确定创新创业实践活动的参与方式，可以是：导师的某一科研项目、科研项目中的具体实验室实验或重点实验室的开放性实验等，学生在具体工作的基础上，应注重成果的物化，完成科技学术论文、专利申请或研究报告等。

(3)大学生竞赛活动

大学生竞赛活动主要包括：“挑战杯”全国大学生课外学术科技作品大赛和创业计划大赛等。学生应按照各类活动的具体要求，在指导教师的指导下完成参赛作品的制作，并在大赛中获得名次。

(4)其他能够反映大学生创新创业能力的有关活动

参加学校或者学院举行的创新创业活动并取得好的成绩；参加学校、学院的各类科研助理及实验室建设活动，取得学校或学院有关领导和导师的认可；其他能够充分反映大学生创新创业能力的活动；等等。

5.1.2.2 创新能力培养的基本要求

(1)学生应结合本学期课程安排等实际情况，对该学期是否参与创新创业实践及具体的时间安排，做出具体规划，报送至指导教师。

(2)学生结合自身实际情况及所参加的创新创业实践类别，自主、自愿、双向选择指导教师。

(3)学生参加各种创新创业实践活动，其成果必须物化和量化。

(4)在参加各类创新创业实践活动中，学生应严格按照活动的要求来开展相关工作，严禁出现各类学术不端、违反校纪校规等行为，否则不予考核资格并按照校规进行严肃处理。

(5)毕业前，学生至少应完成“创新能力培养内容”中所列内容的一项，并通过考核，才能获得课程相应的学分。

5.1.3 师资队伍

创新创业实践负责人：具有安全技术及工程专业博士学位和副教授及以上职称的教师。

指导教师配置要求：具有安全技术及工程专业博士学位和讲师及以上职称的教师。

5.1.4 教学组织

(1)教学构思与教学设计

采用探究性学习、研究性学习，体现以学生为主体、以教师为主导的教育理念；根据创新创业实践内容和学生特点，进行合理的教学设计，重视教学方法改革，灵活运用多种恰当的教学方法，如讨论式、启发式教学等有效调动学生学习积极性，提高实践教学效果。

(2)创新创业能力培养内容的时间分配

学生与指导教师协商创新能力培养内容的时间分配，相对自由、自主安排(2 周)。

(3) 创新创业能力培养方式

综合各类创新创业实践活动的具体情况，学生创新能力的培养方式主要体现在以下几类：基金项目申请书撰写、项目研究报告撰写、科技学术论文写作、专利申请、创业计划书撰写、创新型实验设计及相关实验报告撰写、实验设备研制、实体创业活动、机器人、采矿实践作品等各类大赛的参赛作品。

(4) 教学服务

在选题环节给予指导，每周面对面指导至少 3 次，加强过程管理，及时对创新创业成果(论文或调研报告)进行评阅。

5.1.5 成绩考核

本课程采用论文或调研报告(考查)的考核方式，实行五级制考核方式，即优秀、良好、中等、及格、不及格。指导教师根据学生在创新创业实践活动中的综合表现以及成果的物化情况，公平、公正地给出学生应有的成绩，并给予必要的文字说明。

5.1.6 说明

(1) 课程标准变更需由课程负责人提出，专业负责人组织系所会议讨论通过。

(2) 开设创新创业实践课程的根本目的在于增强学生的创新意识，培养学生的创新能力，在具体工作中应不断积累经验，并根据实际情况围绕“创新能力的培养”这一核心，不断修改、完善本教学质量标准。

5.2 导师制

为营造安全工程专业浓厚的大学生学术科技氛围，不断加强对学生创新意识和创新能力的培养，全面提高学生的综合素质，同时充分发挥安全工程学院骨干教师的教书育人作用，学院决定实施主要面向高年级本科生(大三学生)的“导师制培养计划”。为加强对“导师制培养计划”的管理，制定了导师制实施办法。

5.2.1 指导教师和学生遴选原则

“导师制培养计划”每年进行一次，完成期限为 1 年。

5.2.1.1 指导教师遴选原则

(1) 申请培养的指导教师填写安全工程学院“导师制培养计划”指导教师申请表。项目要有一定的深度和难度，每个指导教师接纳学生数为 2～4 人，其来源为：① 教师科研课题分解转化成的子课题；② 企业委托的研究课题；③ 国家大学生创新性实验计划课题、江苏省高等学校大学生实践创新训练计划课题和校内外各类创新行动计划课题；④ 大学生科研训练计划课题等。

(2) 院学生工作领导小组对指导教师推荐的项目进行汇总，由院教授委员会对项目进行审查，选择有创新意识和创新能力，而且还要有创新的实际体验的指导教师作为本科生导师。

5.2.1.2 学生遴选原则

(1) 学生根据指南选择最感兴趣的项目和指导教师，每位学生只能参加一项，并以班级为单位认真填写安全工程学院“导师制培养计划”参加申请表，交到院学生工作领导小组，学生可跨专业选择项目与指导教师。

(2) 院学生工作领导小组对学生进行审核，立足于获得学位的前提，要求入选学生的条件是学习成绩优良，并学有余力，具有创新意识和创新能力。若同一项目申请人数太多，经院学生工作领导小组和项目指导教师协调，确定最终人选。

5.2.1.3 其他事项

(1) 院学生工作领导小组将指导教师和项目汇编成“导师制培养计划”指南，向学生公布；遴选结束后，公示导师制培养计划课题研究项目、指导老师和参与课题研究人选。

(2) “导师制培养计划”指导老师应适时了解学生的学习状况、知识结构，及时指导学生阅读科技期刊、撰写学术论文和其他各类学术创新等。

(3) 参加导师制培养的学生应主动向指导老师汇报自己的学习情况、参与课题研究的情况和其他各类学术创新的情况。

5.2.2 “导师制培养计划”考核办法

(1) 学生与教师交流制度：学生至少一个月与指导老师交流一次，要有交流记录、心得体会及导师签字。

(2) 学生听取学术报告制度：要求一个月至少参加两次学术报告或学术交流活动，有详细记录和心得体会、活动主办者签字。

(3) 学生提交学术创新作品制度：要求学生积极参加校院举办的科技文化节活动，至少提交1件参赛作品(学术论文、软件设计、创造发明、创业计划等)或学年内公开发表学术论文1篇或申请专利1项。

(4) 学院团委具体负责考核，每学期进行中期考核一次，对不符合要求者立即终止“导师制培养计划”。

5.2.3 “导师制培养计划”激励措施

(1) 学年内经考核合格的指导老师，每年给予一定的课时补贴，学年评选一次“安全工程学院导师制培养计划‘优秀指导老师’”。

(2) 对于学生公开发表学术论文和申请专利，所有费用由安全科技大学生创新基地专项经费进行全额资助，基地经费不足时由学院经费进行资助。

(3) 对在导师制培养中成绩突出的学生，在免试研究生推荐等方面同等条件下优先考虑；在学年《大学生综合素质测评》工作中可进行发展素质测评加分。

5.3 科研创新实践教学案例

本书以创新训练课题“煤火高温区无人机热红外三维精细刻画与识别”作为教学案例介绍科研创新训练建设的主要内容和建设成效。

5.3.1 课题概况

（1）课题名称：煤火高温区无人机热红外三维精细刻画与识别。

（2）参与学生：李逸舟，邓榕，卢思语。

（3）指导教师：邵振鲁。

5.3.2 课题的研究背景

煤炭依旧是我国最主要的能源，而煤田火灾是我国煤炭开采中的重大安全问题之一，已抑制矿井安全生产的发展进程。煤田火灾是指发生在废弃矿井、露天矿及矸石山内的大面积非控制煤燃烧灾害，也称为地下煤火或煤火。世界各主要产煤国家均存在不同程度的煤田火灾，每年因煤火导致的煤炭资源损失巨大。其中我国是世界上遭受煤火灾害最为严重的国家，据不完全统计，我国每年因煤火直接烧失的煤炭量达 2 000 万吨，并且还有近十倍的煤炭资源受到影响。煤田火灾不但浪费不可再生资源、污染环境，并且严重危害火区附近居民的生命和财产安全。煤田火灾高温位置的隐蔽性与不确定性严重影响防灭火工作的进行，造成大量人力物力的浪费。目前，煤田火灾燃烧区的快速准确定位是制约煤火高效治理的技术瓶颈，煤田火灾的防治工作迫在眉睫，相关研究亟须开展。

煤田火灾研究的最终目的是扑灭燃烧的煤层，而煤田火灾治理的前提是精准确定燃烧煤层的位置，以便高效实施具有针对性的注水注浆、剥离覆盖等灭火工程。因此，煤火位置的探测是煤田火灾研究的重点和煤田灭火工程的基础，对于提高煤田防灭火的有效性、经济性具有十分重要的现实意义。

当前用于煤田火灾探测的方法主要有钻孔测温法、卫星遥感法、测氡法、地球物理探测方法（包括磁法、自然电位法、高密度电法及电磁法等）。但这些方法各有优劣，难以满足高效率精准确定大面积火区范围的要求。故使用无人机技术探测煤田火灾具有现实必要性。本作品以无人机为测量工具，采用航空热红外倾斜摄影技术快速获取煤田火区三维温度场分布，与传统火区探测技术相比，无人机探测技术能够建立三维温度场精确圈定火区范围、避免安全风险、提高探测效率、降低探测成本。探测结果对于提高灭火工程有效性和经济性具有重要的指导意义，进而将能直接减少因煤田火灾导致的煤炭损失，避免因煤火灾害引起的人员伤亡和财产损失。

5.3.3 研究的主要内容

火区位置和范围的快速准确定位对于提高防灭火工程的有效性、经济性具有十分重要的意义。本作品通过无人机、热红外及倾斜摄影测量技术的优势完美结合，充分发挥无人机倾斜摄影测量手段机动灵活、生产效率高、成本低的特点，突破传统设备对成像条件的限制，采集煤田火灾高保真、可量测、全要素的热红外信息；利用.NET Framework 代码编程模型开发工具包并结合文件流和多线程异步更新技术将所有热红外图像的色标尺尺度、上下阈值及温度分布模式进行批量化全局统一，提高热红外影像特征点的可识别度，进而提高特征点提取的数量和质量；采用 SIFT 算子求得特征点位置和尺度，并通过曲面拟合对特征点进行进一步精确定位，提高特征点提取的有效性；根据特征点坐标求解影像变换模型参数，采用 RANSAC 算法匹配特征点并通过参数计算获得不规则三角网 TIN，利用 TIN 构建白模并映射热红外图像纹理，创新性地将温度影像和空间坐标两种异构数据源进行深度融合，进而实现煤田火灾三维温度场的精细刻画与精准识别，为火区治理方案设计和工程施工提供依据和指导。

5.3.4 取得的成果

针对现有技术尚未解决煤火高温区三维热红外精细刻画与识别的难题，本作品提供煤火高温区无人机热红外三维精细刻画与识别技术，实现煤田火灾温度场的三维成像，在可视化三维层面下，根据二维平面信息和高程信息，定位火区位置、圈定火区范围，进而指导灭火工程设计，提高灭火工作的针对性和经济性。

本技术已在山西猫儿沟露天矿火区、中煤平朔集团安家岭露天矿火区、山西忻州汾河流域春景洼火区获得了成功应用，构建了三个火区的三维温度场模型，圈定了 20 万平方米的火区，为三个火区灭火方案的制定提供了指导，保证了探测和灭火作业人员及设备的安全，取得了较好的效果。

5.3.5 成员间的分工协调

(1) 李逸舟、邓榕先行提出利用无人机进行煤田火灾探测的想法，负责提出解决思路、决定摄影测量手段和图像处理算法、建立火区范围三维展示模型。

(2) 卢思语后期加入团队，负责完善课题、改进模型。

(3) 导师邵振鲁负责引导项目进展、提供煤田火灾数据，实现模拟。

(4) 全组人员共同检验作品的可行性，不断进行修正优化，完善煤田火灾无人机监测体系，提高作品适用性，实现投入实际生产使用。

5.3.6 成果说明书

5.3.6.1 取得的成果

(1) 低对比度热红外图像的批量化全局处理技术

与传统的可见光 RGB 传感器相比，热红外传感器获取的热红外图像具有整体灰度分布低且较集中、低对比度等特点，超过了机器视觉中常规滤波算法的处理范围，图像可识别性大大降低，严重影响特征点检测和提取，需研究适用于低对比度热红外图像的处理技术，可提高热红外图像的对比度，增强特征点可识别性，为后续特征点的高效提取和空间三维计算奠定基础。此外，在无人机倾斜摄影测量过程中，往往在一个火区内采集的热红外图像多达几百张乃至上千张，难以逐一对热红外图像进行人工处理，且各热红外图像的温度阈值、分布范围及分布模式不同，无法用于三维成像，需研发批量化处理技术手段对批量热红外图像的温度分布模式、阈值等关键参数进行全局统一。

(2) 热红外图像特征点精确配准及空间几何变换技术

热红外图像中缺乏与温度信息相对应的准确的空间信息，参考热红外图像特征点与目标热红外图像特征点间的匹配关系不明确，无法根据特征点坐标求解空间几何变换模型参数，这是制约三维热红外成像技术的瓶颈所在。因此，研究热红外图像特征点精确配准及空间几何变换技术，可实现热红外图像组特征点的正确匹配，进而求解热红外图像变换模型参数，最终重建煤田火区三维温度场。

5.3.6.2　设计方案

该技术的具体设计方案如下：

(1) 确定测区范围。根据煤田火区现场地形特征和探测精度要求，参照相关的技术规范标准，结合无人机热红外传感器性能参数，设计无人机倾斜摄影航线(图 5-1)，确定飞行高度、航向重叠率、旁向重叠率、飞行速度、相机角度等参数，而后采用具有 RTK 功能的大疆 Matrice 210 RTK V2 四旋翼无人机(图 5-2)挂载热红外传感器在测区内完成热红外倾斜摄影工作，采集热红外图像及对应的 GPS 信息。

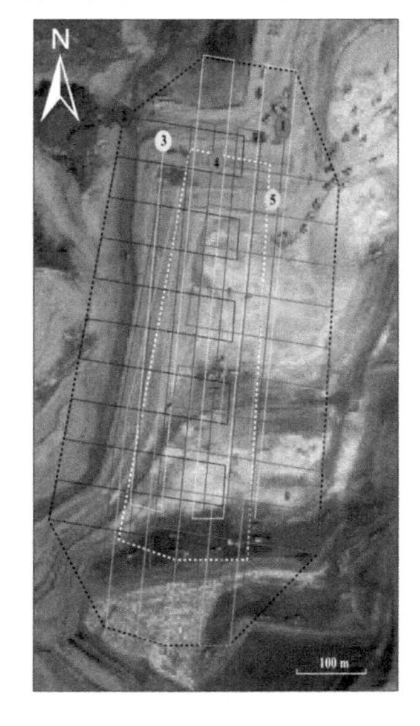

图 5-1　无人机航拍路线规划

图 5-2　大疆 Matrice 210 RTK V2 四旋翼无人机

(2) 对热红外图像进行批量化预处理。采用文件流和多线程异步更新技术将一个测区内获得的所有热红外图像的色标尺模式、上下阈值进行批量化全局统一，色标尺模式满足色彩丰富、跨度大的要求，提高特征点的可识别度，进而提高特征点提取的数量和质量；将一个测区内获得的所有热红外图像的温度分布模式统一调整为温度线性模式。图 5-3 为批量化全局统一前后的火区热红外图像，图中(a1)～(a3)为原始热红外图像，(b1)～(b3)为全局统一后的热红外图像。

(3) 基于热红外图像特征尺度选择的思想，选择 SIFT 提取算法提取热红外图像特征点并生成多尺度影像，计算得到高斯金字塔 DOG 的响应值图像以及特征点所处的位置和对应的尺度。

(4) 采用 RANSAC 算法进行热红外图像参考影像特征点与目标影像特征点间的正确匹配，根据特征点的坐标求解影像变换模型的参数，而后根据无人机所获取的 GPS/INS 数据作为初始值，进行空中三角测量平差加密处理，得到不规则三角网 TIN(见图 5-4 的左图)。

(5) 利用不规则三角网 TIN 构成白模(见图 5-4 的右图)，从无人机在测区范围内获得的热红外图像中计算对应的纹理，并采用图像纹理择优算法将纹理映射到对应的白模上，生成纹理化的煤田火区三维温度场模型(图 5-5)，最后根据模型识别定位火区高温区位置和范围。

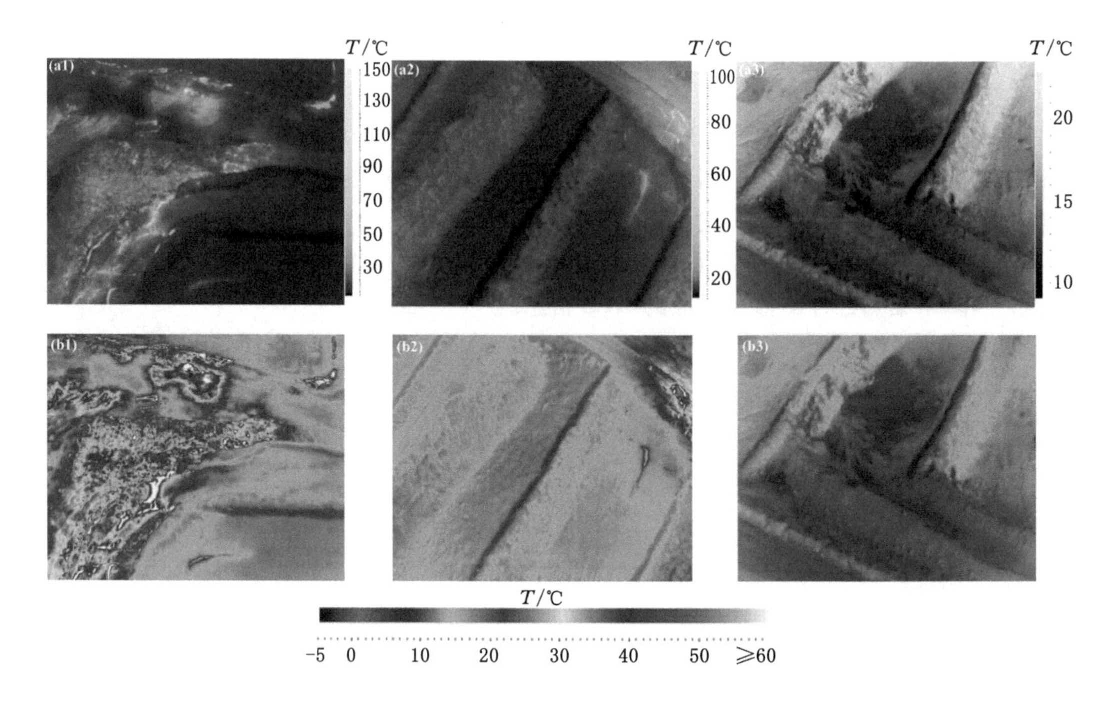

图 5-3 热红外图像批量预处理前后对比图

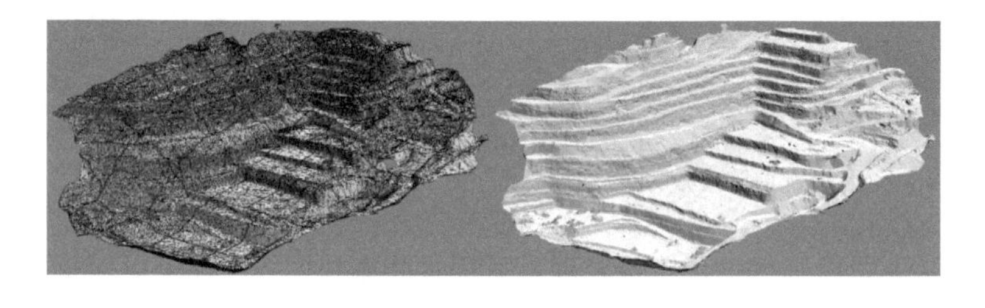

图 5-4 生成的不规则三角网 TIN 及重建白模

5.3.6.3 创新点

(1) 相较于传统的火灾诊断方法，该方法成本更低廉、操作更方便、数据处理速度更快，能获得煤田火区现场的三维温度场数据。

(2) 人员不需要在火区地表开展数据采集作业，不会发生因火区高温、有毒气体及塌陷导致的人员伤亡事故，更为安全可靠。

(3) 使用无人机进行空中倾斜摄影，能获得多视角的火灾温度数据和红外图像，在可视化三维层面下定位火区位置、圈定火区范围。

5.3.6.4 推广应用前景

我国是世界上遭受煤火灾害最为严重的国家，特别是山西、新疆等地区，本作品以我国煤田火灾的特点为基础，以煤田火灾的精准探测为导向，以服务灭火工程为宗旨，以环境保护和节能减排为根本，结合当前最为先进的无人机和热红外探测技术，实现煤田火灾温度场的三维刻画与高温区的精准识别，与传统探测方法相比，能够高效、安全、低成本采集火区温度、地理信息数据，研究成果可直接应用于我国大部分的煤田火区，具有广泛的适用性和广

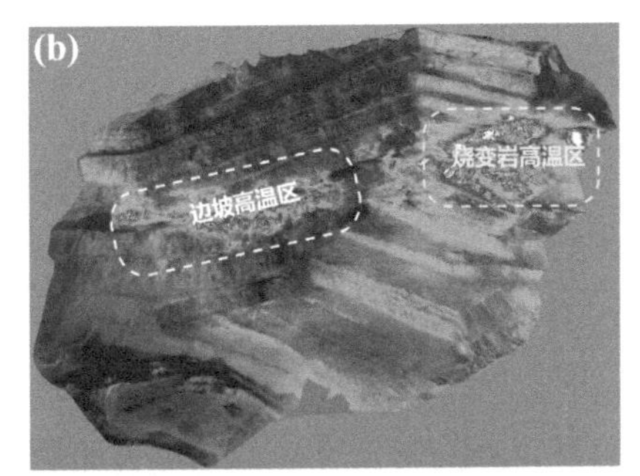

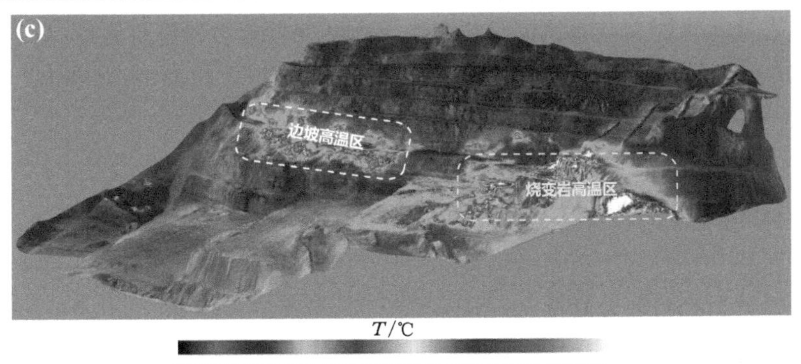

图 5-5　煤田火区三维温度场重建模型

阔的推广应用前景。此外，如今火灾还是各个城市高层建筑、化工行业、制造业的一大危害，每年因火灾造成的环境污染、经济损失、人员伤亡依然十分严重，本作品也可应用于上述类型火灾的三维成像，能在无人条件下开展火区侦查、火情调查及火源位置诊断，为遇险人员搜救和火灾扑灭的决策提供重要情报来源，有效降低救援人员的作业强度和潜在伤亡危险性，显著减小火灾带来的危害。

5.3.7　获得的奖励

基于本课题研究成果，先后获得多项大学生创新创业类奖项，如表 5-1 所列。

表 5-1　大学生创新创业类奖项统计表

竞赛名称	等级	项目名称	项目成员	指导老师	日期
第十三届全国大学生节能减排社会实践与科技竞赛校内选拔赛	一等奖	基于无人机热红外遥感的煤田火灾三维温度场精细刻画与识别	李逸舟、邓榕、卢思语、李昱辰	邵振鲁	2020 年 7 月
第六届中国国际“互联网＋”大学生创新创业大赛校内选拔赛	二等奖	中矿毕方科技	李逸舟、邓榕、卢思语等	邵振鲁	2020 年 9 月
第六届全国高校安全科学与工程大学生实践与创新作品大赛	一等奖	煤火高温区无人机热红外三维精细刻画与识别	李逸舟、邓榕、卢思语	邵振鲁	2020 年 9 月

6 安全工程专业毕业设计(论文)实践

毕业设计(论文)是高等学校实现人才培养目标的重要教学环节;是训练学生综合运用所学基础知识、基本理论和基本技能分析和解决实际问题能力的重要途径;是学生学习科学研究或工程设计基本方法,进行科学研究基本训练,培养创新能力、实践能力和创业精神的重要实践环节;是学生毕业及学位资格认定的重要依据。

6.1 安全工程专业本科毕业设计(论文)的要求细则

6.1.1 毕业设计(论文)评分标准

安全工程专业本科毕业设计(论文)最终成绩由三部分组成,其构成与权重分别为指导教师评分(20%)、评阅教师评分(30%)和答辩委员会评分(50%),详见表 6-1。

表 6-1 安全工程专业本科毕业设计(论文)评分细则表

	序号	要求	分值	得分	原因说明
指导教师评分	1	基础理论及基本技能的掌握	4		
	2	研究内容理论依据和技术方法的合理性及其应用详尽程度	3		
	3	独立解决实际问题的能力	2		
	4	图纸、图表、文字表达能力及文献检索能力	2		
	5	主要成果及创新点	2		
	6	译文质量	2		
	7	工作态度及科学作风	5		
	成绩:(满分 20 分)		指导教师签字: 年 月 日		
	注:优秀≥17;良好 15~16;中等 13~14;及格 12;不及格<12。不及格者不能答辩				
评阅教师评分	1	选题意义与研究内容符合性	5		
	2	综合运用所学知识解决实际问题的能力	7		
	3	工作量的大小	4		
	4	主要成果及创新点	3		
	5	写作、技术用语的规范程度	4		
	6	译文质量	4		
	7	文献检索及综述能力	3		
	成绩:(满分 30 分)		评阅教师签字: 年 月 日		
	注:优秀≥27;良好 24~26;中等 21~23;及格 18~20;不及格<18。不及格者不能答辩				

表 6-1(续)

<table>
<tr><th></th><th>序号</th><th>要求</th><th>分值</th><th>得分</th><th>原因说明</th></tr>
<tr><td rowspan="8">答辩委员会评分</td><td>1</td><td>学生汇报毕业设计(论文)情况</td><td>10</td><td></td><td></td></tr>
<tr><td>2</td><td>选题意义与研究内容创新性</td><td>5</td><td></td><td></td></tr>
<tr><td>3</td><td>综合运用所学知识解决实际问题及独立工作能力</td><td>10</td><td></td><td></td></tr>
<tr><td>4</td><td>写作、技术用语及图纸规范程度</td><td>5</td><td></td><td></td></tr>
<tr><td>5</td><td>专题及文献综合能力</td><td>10</td><td></td><td></td></tr>
<tr><td>6</td><td>回答问题正确性</td><td>10</td><td></td><td></td></tr>
<tr><td colspan="2">成绩:(满分 50 分)</td><td colspan="3">答辩委员会成员签字: 年 月 日</td></tr>
<tr><td colspan="5">注:优秀≥40;良好 35～39;中等 30～34;及格 26～29;不及格≤25</td></tr>
<tr><td>综合评定成绩</td><td colspan="5">基本情况说明:

答辩委员会主任签字:
年 月 日</td></tr>
</table>

6.1.2 学生答辩分组办法

安全工程专业本科毕业设计(论文)初次答辩共分 6～8 组,重新答辩视情况分为 1～2 组。答辩委员会教师成员组成按照指导教师不参与所指导学生答辩,评阅教师可参与评阅论文答辩的基本原则分配。答辩学生分组及答辩排序采取随机分配原则。

6.1.3 重新答辩学生筛选办法

(1) 凡指导教师、评阅教师不同意答辩的毕业设计(论文),直接进入重新答辩名单。

(2) 各组初次答辩后的综合评定成绩不及格的学生,确定进入重新答辩名单。

6.2 安全工程专业毕业设计(论文)教学质量标准

安全工程专业本科毕业设计(论文)学时共 12 周,6 个学分。

6.2.1 毕业设计(论文)目标

毕业设计(论文)是安全工程专业学习的最后一个教学环节,是学生结合现场实际条件全面、系统地完成矿井通风与安全的现代化设计及某一安全理论或安全问题的深入研究。

通过毕业设计(论文),使学生对大学四年所学的基础理论知识、专业理论知识及专业基本技能进行一次全面的系统总结,熟练掌握安全科学、技术与管理的基础理论和方法,巩固和拓宽学生所学基础知识,丰富学生的生产实际知识,培养和提高学生综合运用所学知识与技能分析和解决实际问题的能力和素质。在毕业设计(论文)中,通过对某一安全理论或生产实际问题的深入分析研究，培养和提高学生的科技论文写作能力和科学研究能力。

通过毕业设计(论文)，进一步培养和锻炼学生热爱劳动、善于理论联系实际，尊重科学和实践的良好思想作风，成为具有历史使命感、社会责任心、具备安全科学研究潜质、能为国家富强、社会进步做出贡献并具有国际视野的一流技术人才。

6.2.2 毕业设计(论文)内容、要求及学时分配

毕业设计(论文)采用一人一题方式，设计时间为 12 周，见表 6-2。

毕业设计：包括一般部分设计、专题部分和外文翻译部分。

毕业论文：包括对某一安全理论或生产实际问题的实验、实测与分析研究和外文翻译两个部分。

表 6-2 毕业设计(论文)内容、要求及学时分配

序号	设计内容	设计要求	学时	备注
1	1 矿区概述及井田地质特征	附矿区交通位置图、地质综合柱状图和煤层特征表	1 周	
2	2 井田开拓	井田开拓平面图底图(0 号或 1 号)	2 周	2 张大图
3	3 采煤方法及采区巷道布置	采区巷道布置平面图底图	1 周	1 张大图
4	4 矿井通风	矿井通风系统立体示意图	2 周	1 张大图
5	5 矿井安全技术措施	矿井防灾系统及工艺流程图	2 周	1 张大图
6	专题部分	说明书 20～30 页，图由题目定	1 周	
7	外文翻译部分	中译外不少于 400 字，外译中不少于 3 000 字	0.5 周	
8	抄写、绘图		2 周	
9	装订评阅		0.5 周	
合计			12 周	大图 5 张

毕业设计(论文)必须严格遵守国家和行业技术标准、安全法规、安全规程、安全条例以及有关的设计规范、规定等文件。

6.2.2.1 毕业设计内容

(1) 一般部分设计

根据现场实际矿井的地质条件，完成一个矿井初步设计的主要内容，毕业设计一般部分必须按照毕业设计大纲的要求进行，完成大纲规定的全部工作量。

一般部分设计按以下选题方式任选一种：

① 新矿井开拓开采和通风安全设计；

② 生产矿井水平延深开拓开采和通风安全设计；

③ 生产矿井改扩建开拓开采和通风安全设计；

④ 生产矿井瓦斯抽采工程设计。

矿井通风与安全一般部分设计的提纲如下所述:

1 矿区概述及井田地质特征

1.1 矿区概述

矿区的地理位置,地形特点,交通条件,居民点分布情况。附矿区交通位置图。

1.2 井田地质特征

井田的地形,井田的勘探程度,井田煤系地层概述,井田地质特征。附地质综合柱状图。

1.3 煤层特征

煤层埋藏条件:走向方位,倾向和倾角及其变化,煤层的露头深度与风化带深度。

煤层群的层数,各煤层的最大、最小和平均厚度,稳定性和各煤层间的最大、最小和平均间距。附煤层特征表。

2 井田开拓

2.1 井田境界及可采储量

2.1.1 井田境界

说明井田四周境界及其确定的依据。说明开采上限和下部边界有无扩大的可能性。井田的走向长度、倾斜长度(包括最大、最小、平均值),井田的水平宽度及井田的水平面积。附井田赋存状况示意图。

2.1.2 可采储量

确定和计算井田边界煤柱以及工业场地、风井场地、煤层露头防水、断层、地面建筑物、河流等安全煤柱,并绘制工业场地煤柱,以插图形式列入说明书中。

2.1.3 矿井设计生产能力及服务年限

2.2 井田开拓

2.2.1 井田开拓的基本问题

2.2.2 矿井基本巷道

2.2.3 大巷运输设备选择

2.2.4 矿井提升

3 采煤方法及采区巷道布置

3.1 煤层的地质特征

3.2 采(盘)区或带区巷道布置及生产系统

3.3 采煤方法

3.3.1 采煤工艺方式

3.3.2 回采巷道布置

4 矿井通风

4.1 矿井通风系统选择

4.2 采区通风

4.3 掘进通风

4.4 矿井所需风量

4.5 矿井通风阻力

4.6 矿井主要通风机选型

4.7 矿井反风措施及装置

4.8 概算矿井通风费用

5 矿井安全技术措施

本章所列矿井火灾、瓦斯、矿尘及事故预防等矿井安全防治措施，学生可根据实习矿井实际情况，任选一个方面进行全面的论述、分析、评价并提出完整的防治灾害措施和设计，绘制安全技术措施图(可在通风系统立体示意图上绘出)。

经指导教师和毕业设计指导小组同意不做专题论文的同学，可选两个方面进行全面的论述、分析、评价及设计。

5.1 矿井安全概况

对矿井瓦斯、煤自燃、粉尘、热害、水害等灾害情况进行概述。

5.2 矿井火灾

5.2.1 矿井自然发火概况

5.2.2 矿井自然发火分析

5.3 矿井瓦斯

5.3.1 矿井瓦斯地质条件

5.3.2 矿井及采区瓦斯涌出概况

5.3.3 矿井防治瓦斯工程设计

5.4 矿尘

5.4.1 矿井粉尘的危害

5.4.2 防尘措施概况

5.4.3 煤层注水系统设计

5.5 矿井降温

5.5.1 矿井热害概况

5.5.2 矿井降温设计

5.6 安全监测监控

5.7 重大灾害事故应急预案

矿井瓦斯抽采工程设计的提纲如下：

1 矿井概况

1.1 矿井生产概况

1.2 矿井通风安全概况

1.3 矿井瓦斯地质概况

2 矿井瓦斯储量及可抽量

2.1 瓦斯储量计算范围

2.2 瓦斯储量及可抽量

2.3 矿井年抽采量及抽采年限

3 建立瓦斯抽采系统的条件

3.1 瓦斯涌出量的计算

3.2 抽采瓦斯的必要性和可行性

4 瓦斯抽采方法

4.1 矿井瓦斯来源分析

4.2 瓦斯抽采方法

4.3 抽采巷道布置

4.4 钻场、钻孔布置

4.5 封孔方式、材料及封孔工艺

4.6 抽采瓦斯效果、抽采工程和主要设备

5 抽采管路系统及抽采设备选型

5.1 抽采管路系统

5.2 抽采设备选型

5.3 瓦斯泵站附属设备选型

6 瓦斯抽采站

7 瓦斯利用

8 技术经济

9 瓦斯抽采监测系统

(2) 专题部分

毕业设计的专题部分是针对理论上或生产实际中某一具体问题进行较为深入细致的探讨和研究。完成这部分内容时,学生应尽量发挥自己的创造能力,在内容、方法或结论的某一方面应尽可能地有创新。

专题部分的题目,可以是与一般部分设计不同的专项安全工程设计,如矿井瓦斯防治、火灾防治、粉尘防治、矿井降温、矿井安全监测监控、矿井水害防治、重大灾害应急预案等几个方面中,任选一个方面进行全面论述、分析、评价,提出完善的意见及改进措施并进行具体设计,也可以是矿山安全技术和管理中需要解决或探讨的实际问题,学生可以与指导教师协商,在指导教师指导下确定。为了能够进行较为深入细致地设计和研究,专题部分的题目不宜过大,目标明确,内容完整具体。专题的内容一般在20～30页,并附以必要的插图。

(3) 外文翻译部分

外文翻译包括以下两个部分:

① 中文翻译为外文

毕业设计说明书正文必须附有不少于400字的中文摘要,并将其译成外文。摘要内容要准确,表达清楚。

② 外文翻译为中文

外文翻译的量不少于3 000个汉字(不含图表),外文原文应是近五年国外发表的外文科技文献或外文书籍,原文内容要求与学生所学专业技术密切相关。

6.2.2.2 毕业论文内容

毕业论文包括对某一安全理论或生产实际问题的实验、实测与分析研究和外文翻译两个部分。

毕业论文应就安全工程领域中某一安全理论或现场实际热点问题进行系统深入的实验室实验、现场实测、理论分析、模型模拟等分析研究,应选题新颖,创新目标明确,技术路线科学可行,工作量适中,难度适宜。外文翻译要求与毕业设计相同。

6.2.2.3 毕业设计(论文)图纸要求

要求学生独立完成与毕业设计说明书配套的毕业设计图纸(不包括毕业设计说明书中的插图)5 张。5 张大图的技术标准和具体要求是:

(1) 矿井通风系统平面图(矿井开拓平面图)

比例为 1∶5 000 或 1∶10 000,个别小矿井可采用 1∶2 000。

(2) 矿井开拓剖面图

采用的比例原则上同矿井开拓平面图。

(3) 矿井通风系统立体示意图

用 0 号图纸绘制和通风系统平面图相应的通风系统立体示意图。立体示意图要求能够比较准确地反映实际的巷道空间关系、布局合理、立体感强。

(4) 采区通风系统图[采(盘)区或带区巷道布置平面图和剖面图]

比例为 1∶2 000,小型矿井可用 1∶1 000 的比例。

(5) 矿井防灾系统和工艺流程图

针对所设计的矿井自然灾害防治措施,绘制相应的防灾工程系统图和工艺流程图。如黄泥灌浆、瓦斯抽采、煤层注水、高温矿井降温、安全监测监控等。

矿井防灾工程系统图和工艺流程图可绘制在矿井或采区通风系统平面图、立体图上,也可单独绘制,但大图不少于 5 张。

毕业论文图纸根据论文研究内容要求确定,不作统一规定。

6.2.2.4 毕业设计(论文)说明书要求

毕业设计(论文)说明书的任务是把各章节中的计算、分析、比较以及最后确定的内容简单而有系统地加以说明,说明书的编写直接影响毕业设计(论文)质量。对说明书的编写提出以下要求:

(1) 叙述要简明扼要。对所采用的决定和主要依据要结合实习矿井的条件叙述确切,不能生搬照抄教科书和设计参考书中的相关内容,说明书正文以不超过 150 页(包括专题部分)为原则。

(2) 文理通顺,字体工整清楚,要求用钢笔书写或由计算机打印。由计算机打印说明书时,打印前打印的原稿应由指导教师审查批准。

(3) 文字说明应与所绘制的图表密切配合,不得出现矛盾。对不符合上述要求的说明书,指导教师应使其重新编写或抄清。

(4) 说明书的板式应符合《中国矿业大学本科生毕业设计(论文)撰写规范》。

(5) 在说明书每一部分后要注明主要参考文献,其写法顺序是先作者姓名、参考资料或文章名,出版地点,出版社名,最后是出版年月日。参考文献一般不少于 30 篇文献资料,其中期刊论文不少于 15 篇,外文参考文献不少于 5 篇。

6.2.3 师资队伍

毕业设计(论文)指导教师由具有讲师或工程师以上职称的教师担任,每位指导教师指导学生的人数应不超过 8 人。

6.2.4 参考资料

毕业设计(论文)参考资料应根据所选题目参考相关的国内外相应的规程、规范、科学技术文献,总参考资料不应少于50篇,其中外文资料不应少于5篇。

6.2.5 教学组织

(1) 毕业设计(论文)采用导师制,由指导教师辅助学生完成设计(论文)的选题、毕业设计(论文)任务书编写、毕业设计(论文)设计进度制定等工作。

(2) 学校提供毕业设计(论文)统一教室与计算机上网学时,保障学生按时按量完成毕业设计(论文)任务。

(3) 指导教师指导学生完成设计(论文)采用网络指导与面对面指导的方式,每周每个学生的指导时间不少于2学时。

(4) 设计进行到第八周后,由安全工程学院组织教师检查第一章至第五章说明书初稿和大图底图,若完成的内容与毕业设计进度要求相差较多时,学生停止毕业设计。

6.2.6 课程考核

(1) 毕业设计(论文)考核方式采用优秀、良好、中等、及格、不及格五个等级。

(2) 毕业设计(论文)成绩构成:

① 毕业设计:一般部分设计占80%,专题部分占10%,外文翻译部分占10%。

② 毕业论文:论文部分占90%,外文翻译部分占10%。

③ 毕业答辩:指导教师成绩占30%,评阅教师成绩占20%,答辩委员会成绩占50%。

6.3 安全工程专业毕业设计(论文)的组织与管理

中国矿业大学毕业设计(论文)工作流程如图6-1所示。由图可以看出,整个毕业设计(论文)期间可以分为毕业设计(论文)选题与任务下达、中期检查和毕业答辩等几个主要的时间节点。

6.3.1 毕业设计(论文)选题与任务下达

毕业设计(论文)选题一般在大四学年上半学期结束或下半学期开学期间进行。毕业设计(论文)选题必须符合培养目标的要求,能够对学生的综合能力进行较全面的训练,体现学生运用本专业基本理论、基本知识和基本技能,要有一定的创新性。并且选题要结合实际,毕业设计(论文)的题目在满足教学要求的前提下,要尽量与生产实际、科学研究和实验室建设相结合。

选题工作流程,毕业设计(论文)的题目由指导教师提出并报系(教研室、研究所)共同讨论确定,拟定题目经学院毕业设计(论文)工作领导小组审核后向学生公布。选题采取师生双向选择、学院适当调整的方式确定。学生自选题目需经指导教师认可,并向所在系(教研室、研究所)提交相应的说明(题目、已具备的条件及预期达到的目标要求等),经系(教研室、研究所)讨论确定后方可执行。

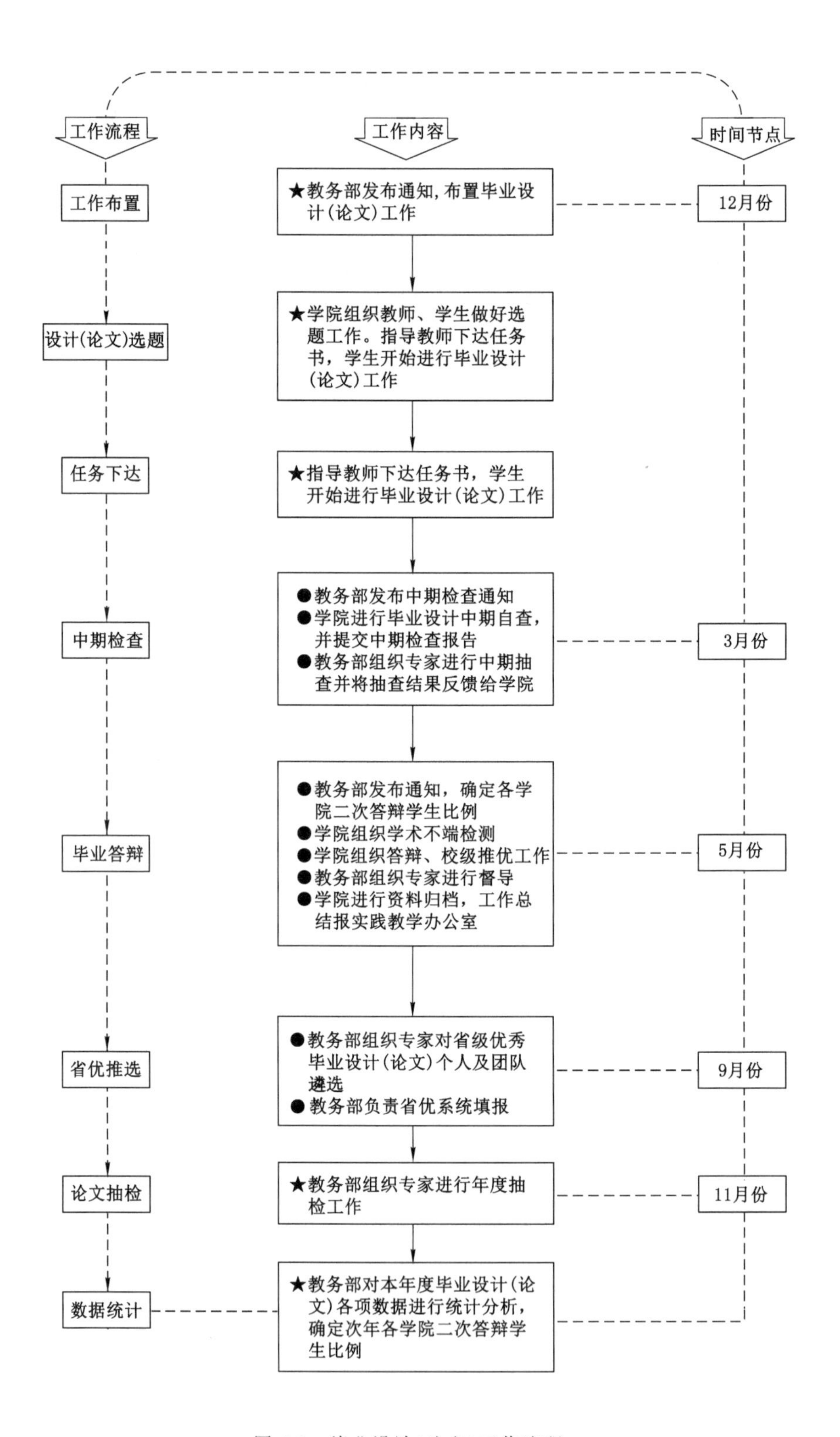

图 6-1　毕业设计(论文)工作流程

题目确定后,指导教师应认真填写毕业设计(论文)任务书。任务书中除布置整体工作内容、提供必要的资料、数据外,还应提出明确的工作要求,包括开题报告或方案论证、外文资料翻译、外文摘要及论文(报告)的字数、图纸、软硬件的数量及技术指标等;并按毕业设计(论文)各环节拟定阶段工作进度(一般以周为单位),列出部分推荐参考文献。

6.3.2 毕业设计(论文)中期检查

为加强本科毕业设计(论文)工作的过程监督,一般在毕业设计的进程中都要开展中期检查工作。

(1) 检查方式

毕业设计(论文)中期检查采取学院自查和教务部组织专家在毕业设计(论文)系统上集中抽查相结合。

(2) 检查时间

学院自查一般安排在 4 月底或 5 月初进行,具体时间自行安排。每年教务部和学院都会提前发出中期检查通知。在学院自查结束后,学校会对中期检查的情况进行抽查。

(3) 检查内容

① 毕业设计(论文)工作进度及工作计划完成情况:包括查看学生毕业设计(论文)方案分析说明、毕业设计(论文)提纲和初稿、有关图纸、计算说明和实验报告等;

② 指导教师的指导情况;

③ 学生前期已完成工作的质量情况;

④ 存在的主要问题。

6.3.3 毕业设计(论文)答辩

(1) 答辩时间

根据学校统筹安排和学院具体情况,毕业设计(论文)答辩一般安排在每年的 5 月下旬或 6 月上旬进行。

(2) 答辩专家组成员

一般情况下,答辩专家组由 4～5 名本学院教师和 1～2 名校外专家组成,其中一名校内教师担任答辩秘书。

(3) 答辩形式

答辩时,做毕业设计的同学需要将设计中的主要图纸挂放,然后结合设计大图将设计说明书介绍清楚。做论文的毕业生需要采用 PPT 的方式将所做的工作、取得的成果进行介绍。在学生自主汇报的基础上,答辩专家对毕业设计或论文进行质询,根据论文完成质量和专家问题的回答情况确定答辩成绩。

(4) 二次答辩

对于答辩成绩处于后 15%～20%的学生,责令其根据答辩意见进行修改后进入二次答辩环节。二次答辩的时间,一般选在初次答辩结束后的一周以内。

6.4 毕业设计(论文)说明书一般部分设计撰写案例

本科生毕业设计(论文)

龙固煤矿3.0 Mt/a新井通风与安全设计

New Mine Ventilation and Safety Design
for Longgu Coal Mine 3.0 Mt/a

作　者:* * *
导　师:* * *

中国矿业大学
* * * *年* *月

摘　要

毕业设计总共包括三个部分:一般部分设计、专题部分以及外文翻译部分。

一般部分设计为《龙固煤矿 3.0 Mt/a 新井通风安全设计》,可分为以下五个部分:

(1) 第一部分为矿区概述及井田地质特征。本矿井位于菏泽市的巨野煤田,矿区整体地势平坦,交通便利且通信网络条件较好,各方面条件均适合矿区的建设。本设计开采的是龙固煤矿的 3 号煤层,3 号煤层除有粉尘爆炸危险和煤炭自燃危险外,其他赋存条件均利于开采。

(2) 第二部分是井田开拓。龙固煤矿其 3 号煤层井田范围为:南北倾向长约为8.5 km,东西走向长约为 4 km,井田面积约为 33.05 km^2,设计可采储量共计 255.87 Mt,设计的服务年限 60.92 a,符合本设计生产能力为 3.0 Mt/a 的要求。本矿井采用的是单水平双立井进行开拓,并设置独立的回风井,三个井筒均布置在工业广场中央,工业广场设置在井田中央。

(3) 第三部分是采煤方法及带区巷道布置。在三个立井打至煤层底板时布置井底车场以及掘进三条岩石大巷,后续选择带区的布置方式进行布置。整个井田分为 6 个带区,首采为西二带区,带区内分为若干个分带工作面,工作面间采用顺采,工作面内采用后退式综放开采的采煤方法,采煤机选太原矿山机器集团有限公司生产的 MGTY400/930-3.3D 型电牵引采煤机。

(4) 第四部分为矿井通风与安全。本设计采用中央并列式通风,通风容易时期在首采的西二带区,困难时期在开采至第 25 年时的东一带区。计算了矿井通风容易时期和困难时期矿井总风量为 5 388 m^3/min,主要通风机选型为 FBCDZ-10-No.28C 型对旋式防爆主要通风机。

(5) 第五部分为矿井安全技术措施。针对本矿井 3 号煤层具有自燃危险的特性,设计了一套灌浆防灭火系统,并进行了相关灌浆工艺和设备的选型。

专题部分主要介绍了矿井通风系统智能决策与动态管控技术,结合本矿井实际和目前国内外智能通风技术现状对龙固煤矿进行了初步的智能化设计,包括传感器的布置和各分站的设置。

外文翻译部分是 Wojciech Kurpiel 于 2021 年发表的一篇文献,名为《在复杂繁重的矿山环境下锂电池被动和主动平衡系统的性能表现》,主要介绍了主动式电池管理系统在井下对于电池实时状况监控的相关原理和实施效果。

关键词:井田开拓;带区布置;矿井通风;主要通风机;灌浆防灭火;智能通风

英文摘要(略)

目　录

1　矿区概述及井田地质特征

该部分内容主要是矿井资料的收集,包含矿井概述、井田地质特征、煤层特征、资源及开采条件综述等内容,具体内容略。

2　井田开拓

2.1　井田境界及储量计算

2.1.1　井田境界

井田划分是确定矿区建设规模与矿区布局的基础,也是矿区开发设计的一项重要任务。龙固井田可采3号煤层的井田划分范围为:东起田桥断层,西至煤系地层底界露头;南起刘庄及邢庄断层,北至陈庙断层及第一勘探线,具体位置如图2-1所示。该煤层所在井田范围南北长约8.5 km,东西宽约4.0 km,面积约33.05 km^2。

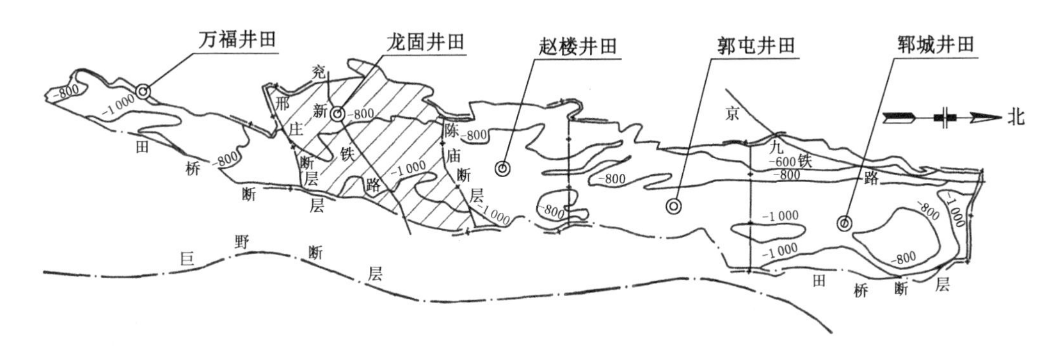

图2-1　巨野煤田各井田划分图

2.1.2　储量计算

《煤炭工业矿井设计规范》(GB 50215—2015)规定,矿井初步设计应根据井田详查和勘探地质报告提供的"探明的"资源量,按国家现行标准《固体矿产资源储量分类》(GB/T 17766—2020)及《矿产地质勘查规范 煤》(DZ/T 0215—2020)划分矿井资源储量类型,计算矿井工业资源储量和矿井设计可采储量。

其计算方法分别为:

(1) 矿井工业储量估算公式为:

$$Z_g = S \times M \times R / \cos\theta \tag{2-1}$$

式中　Z_g——矿井工业储量,Mt;

S——井田面积,取33.05 km^2;

M——煤层厚度,取8.5 m;

R——煤的密度,取1.274 t/m^3;

θ——煤层倾角(°),由CAD图中取多组数据求取平均值得煤层倾角,可取8.24°。

将相关数据代入式(2-1)可得:$Z_g = 357.90$ Mt。

(2) 矿井设计可采储量计算公式为:

$$Z_k = (Z_g - P) \times C \tag{2-2}$$

式中　Z_k ——矿井设计可采储量，Mt；

Z_g ——矿井工业储量，取 357.90 Mt；

P ——总煤柱损失量，Mt；

C ——带区采出率，按规定厚煤层采出率不应小于 75%，其中采用一次采全高的厚煤层不应小于 80%，本设计 3 号煤层平均厚度为 8.5 m，属于特厚煤层，且该煤层采用综放开采一次采全高的开采方法，故采出率可取 80%。

其中总煤柱损失量(P)包括以下几项损失量：

① 井田边界保护煤柱 P_1

计算公式如下：

$$P_1 = D \times L \times M \times R \tag{2-3}$$

式中　P_1 ——井田边界保护煤柱，Mt；

D ——边界煤柱宽度，取 50 m；

L ——边界长度，取 23 948.38 m；

M ——煤层厚度，取 8.5 m；

R ——煤的密度，取 1.274 t/m^3。

将相关数据代入式(2-3)可得：$P_1 = 12.96$ Mt。

② 工业广场保护煤柱 P_2

为了减少井下采掘对工业广场内建筑设施的影响，在工业广场周围需留设保护煤柱，其面积可利用垂直投影法画图进行确定。

首先，工业广场面积的选取标准如表 2-1 所列。

表 2-1　工业广场面积选择表

井型/(万 t/a)	面积/(公顷/10 万 t)
240～300	0.7～0.8
120～180	0.9～1.0
45～90	1.2～1.3

本矿井设计生产能力为 3.0 Mt/a，由表 2-1 可知本矿井工业广场面积可取 24 万 m^2 (400 m×600 m)。

工业广场建筑保护面积分为两部分，即地面建筑物本身的面积和建筑物周围增加了围护带后拓展的面积，围护带的宽度可以取 20 m。

工业广场保护煤柱可利用垂直剖面法进行画图计算，即作沿每层走向和倾向的剖面，在剖面图上由移动角确定煤柱宽度，并投影到平面图上，从而得到保护煤柱边界，最后计算其面积。其中本矿井的岩层移动角及相关厚度、倾角如表 2-2 所列。根据表 2-2 的数据利用 CAD 可作图 2-2，并测量得出工业广场保护煤柱面积为 522 943 m^2。

表 2-2 岩层移动角

煤层倾角 θ/(°)	煤层厚度 M/m	基岩移动角/(°)			松散层移动角 ψ/(°)	表土层厚度/m
		γ	δ	β		
8.24	8.5	76	66	72	45	50

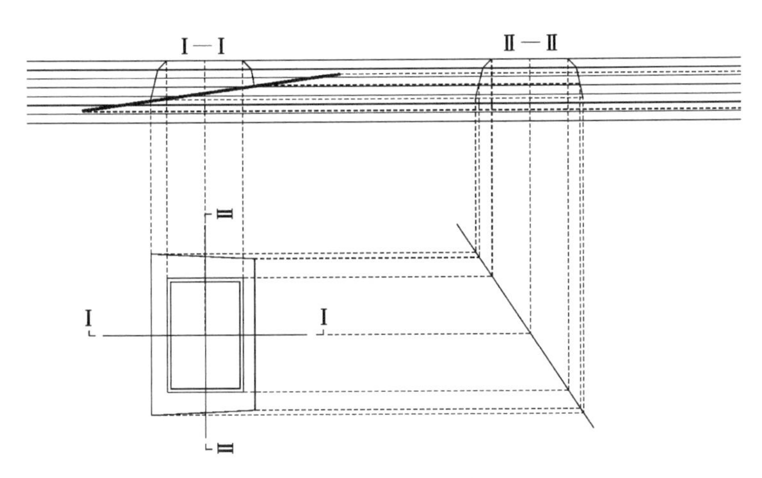

图 2-2 工业广场保护煤柱

根据得出的工业广场保护煤柱面积和估算公式[式(2-1)]可得：

工业广场保护煤柱 $P_2 = 0.522\ 943 \times 8.5 \times 1.274 \div \cos 8.24° = 5.72$ (Mt)

③ 断层保护煤柱 P_3

3 号煤层井田范围内只有南北两侧边界处有两条大断层，分别为邢庄断层(南部)和陈庙断层(北部)，其余井田内小断层基本小于 10 m 均可忽略不计，南部邢庄断层平均倾角约为 45°，长度约为 2 677 m，厚度在 15～50 m；北部陈庙断层平均倾角约为 42°，长度约为 1 936 m，厚度在 6～23 m。根据以上地质情况，只需在南北两条大断层处留设煤柱，断层保护煤柱宽度可取 30 m，在 CAD 中作图可得断层保护煤柱面积为 253 445 m^2(北部)＋293 468 m^2(南部)＝546 913 m^2。

根据得出的断层保护煤柱面积和估算公式[式(2-1)]可得：

断层保护煤柱 $P_3 = 0.546\ 913 \times 8.5 \times 1.274 \div \cos 8.24° = 5.98$ (Mt)

④ 河流煤柱 P_4

本井田中部有一条河流，后续可以作为天然的带区分界，河流下需要留设宽度为 30 m 的保护煤柱，根据 CAD 中平面图作图可得河流保护煤柱面积为 703 722 m^2。

根据得出的河流保护煤柱面积和估算公式[式(2-1)]可得：

河流保护煤柱 $P_4 = 0.703\ 722 \times 8.5 \times 1.274 \div \cos 8.24° = 7.70$ (Mt)

⑤ 大巷保护煤柱 P_5

本矿井煤层底板大巷长度约为 10 610 m，大巷煤柱宽度取 30 m，根据 CAD 中平面图作图可得大巷保护煤柱面积为 521 385 m^2。

根据得出的大巷保护煤柱面积和估算公式[式(2-1)]可得：

大巷保护煤柱 $P_5 = 0.521\ 385 \times 8.5 \times 1.274 \div \cos 8.24° = 5.70$ (Mt)

总保护煤柱损失情况如表 2-3 所列。

表 2-3　保护煤柱损失

保护煤柱类型	煤柱损失/Mt
井田边界保护煤柱 P_1	12.96
工业广场保护煤柱 P_2	5.72
断层保护煤柱 P_3	5.98
河流煤柱 P_4	7.70
大巷保护煤柱 P_5	5.70
总计 P	38.06

综上所述，根据式(2-2)可得矿井设计可采储量为

$$Z_k = (Z_g - P) \times C = (357.90 - 38.06) \times 0.8 = 255.87\ (\text{Mt})$$

2.2　矿井设计生产能力及服务年限

2.2.1　矿井工作制度

根据《煤炭工业矿井设计规范》相关规定，确定矿井设计年工作日为 330 d，工作制度采用“三八制”，两班生产，一班准备，每班工作 8 h。矿井每天净提升时间为 16 h。

2.2.2　矿井设计生产能力

矿井设计生产能力要根据各个矿井的实际资源储量、煤层的开采难度以及矿井的综合地质条件等因素进行确定。我国煤矿按照各自设计生产能力的不同可以划分为大、中、小三种井型，划分标准如下：

① 大型矿井——1.2、1.5、1.8、2.4、3.0、4.0、5.0、6.0 Mt/a 及以上；

② 中型矿井——0.45、0.6、0.9 Mt/a；

③ 小型矿井——0.3 Mt/a 及以下。

其中，3.0 Mt/a 及其以上的矿井，习惯上称为特大型矿井。

对于本矿井来说，龙固煤矿 3 号煤层平均厚度为 8.5 m，属于特厚煤层，煤层赋存较平缓，地层倾角多为 5°～15°，是主采及首采煤层，决定采用综放开采一次采全高的开采方法。综合考虑以上各种因素的影响后，可将龙固煤矿的设计生产能力定为 3.0 Mt/a。

2.2.3　矿井服务年限

矿井服务年限需要根据上述确定的矿井设计生产能力进行计算，公式如下：

$$T = Z_k/(AK) \tag{2-4}$$

式中　Z_k ——矿井设计可采储量，为 255.87 Mt；

T ——矿井服务年限，a；

A ——矿井设计生产能力，为 3.0 Mt/a；

K ——储量备用系数，可取 1.3～1.5，本矿取 1.4。

将相关数据代入式(2-4)可得本矿井的设计服务年限为：

$$T = 252.10 \div (3 \times 1.4) = 60.92\ (\text{a})$$

根据所计算的矿井服务年限，需结合相关标准与矿井的井型进行校验，校验标准如表 2-4所列。

表 2-4　新建矿井设计服务年限

矿井设计生产能力/(Mt/a)	矿井设计服务年限/a	第一开采水平设计服务年限/a		
		煤层倾角＜25°	煤层倾角 25°～45°	煤层倾角＞45°
3.00～9.00	60	30	—	—
1.2～2.4	50	25	20	15
0.21～0.30	25	—	—	—
0.15	15	—	—	—
0.09	10	—	—	—

结合表 2-4 分析可知，龙固煤矿设计生产能力为 3.0 Mt/a，服务年限应大于 60 a，根据上述计算得本矿井服务年限为 61 a，煤层倾角为 8°＜25°，同时，本矿井采用单水平开采，根据 CAD 图计算得第一开采水平服务年限大于 30 a，所以符合规范要求。

2.3　井田开拓

井田开拓是指为了开采井下的煤炭，需要从地面向井下开掘一系列巷道，建立提升、运输、通风、运料、排水等各种生产系统的过程。

2.3.1　井田开拓的基本问题

(1) 井筒(硐)形式

煤矿的井筒开拓方式主要为平硐、斜井、立井和综合开拓四种方式。每种井筒(硐)形式都有其各自的优缺点和相应的适用条件，所以必须要根据矿井的实际地质情况以及经济政策因素进行综合考虑，最终选择最适合的井筒(硐)形式。三种基本井筒(硐)形式优缺点及其适用条件如表 2-5 所列。

表 2-5　基本井筒(硐)形式比较

井筒形式	优点	缺点	适用条件
平硐	① 布置灵活，施工简单，工程量少，施工速度快，工期短，投资省。 ② 运输环节少，系统简单，能力大，辅助运输也方便，自然坡度排水，通风也简单，因而总成本低，安全性好。 ③ 硐口无井架、绞车房等建筑，生产系统简单，占地少，投资和成本低	受地形及埋藏条件限制较大	适用于在侵蚀基准面以上的山岭或丘陵地区赋存的煤层
斜井	① 井筒掘进技术和设备较简单，井底车场和硐室也比较简单。 ② 初期投资较少、建井期短。 ③ 可作为安全出口	① 斜井井筒比立井井筒长，提升速度慢，提升能力较差；通风路线和管缆也较长。 ② 当表土为富含水的冲积层或流沙层时，开掘技术复杂	对于表土层较薄、煤层赋存较浅、水文地质条件简单的缓倾斜煤层，可采用斜井

表 2-5(续)

井筒形式	优点	缺点	适用条件
立井	① 不受煤层倾角、水文地质等自然条件限制。 ② 井筒短，提升速度快，对辅助提升有利。 ③ 当表土层为富含水层的冲积层或流沙层时，井筒容易施工	① 井筒施工技术复杂，要求有较高的技术水平。 ② 井筒掘进速度慢，基建投资大	不利于斜井和平硐开拓的都可考虑立井

结合表 2-5 进行分析比较可知：本矿井属黄河冲积平原，地形平坦，不适合平硐的井筒形式。3 号煤层厚度为 8.5 m，煤层倾角约为 8°，为缓倾斜特厚煤层，所以斜井、立井都能满足要求，但是由于 3 号煤层埋藏较深，且属于易自然发火煤层，通风压力较大，斜井开拓会导致通风阻力增大，风量减小。综上所述，综合考虑各方面因素后，本设计采用立井最合适。

(2) 井筒(硐)的位置

井筒(硐)位置的选择，既要在地理条件较好的地方，又要有利于矿井初期的开采，尽快出煤。本矿井的煤层倾角平缓，井筒(硐)位置可设置在矿井工业广场的中央，即井田中部位置，符合井筒选择的原则且有利于初期的开采和快速出煤。

(3) 井筒(硐)数目

井筒的数量不仅要满足煤炭的提升要求，同时需要结合矿井的实际地质条件及通风系统的要求进行合理设计。本矿井 3 号煤层属于易自然发火煤层，且煤层平均标高为 −800 m 左右，埋藏较深，温度较高，通风压力较大。故本设计计划在矿井工业广场内开凿三个井筒(主、副、风井)，三个井筒都采用立井的井筒形式。

(4) 矿井工业广场的位置及形状

在选择矿井工业广场位置时，既要考虑到选址的地理位置条件，又要考虑到全矿的开采，尽量布置在井田中央，使得附近煤炭储量分布均匀，有利于后续的开采。考虑各因素后，决定将工业广场布置在井田走向和倾向的中央位置，以矩形的形状进行布置，根据设计规范中工业广场面积规定可确定矩形大小为 400 m×600 m=240 000 m^2，如图 2-3 所示。

(5) 水平划分

本矿井 3 号煤层标高在 −980 m 至 −620 m 之间，井田走向平均长度约 4 000 m，倾向平均长度约 8 550 m，所以设计可采用单水平开拓，将井田沿东西方向划分为两个阶段，三条大巷布置在井田中部，每个阶段内又划分为若干个适合布置采煤工作面的分带。采用带区的布置方法，划分为 6 个带区，各带区间开采顺序为：西二带区、东二带区、东一带区、西一带区、西三带区、东三带区。

2.3.2 *矿井开拓方案比较*

本设计计划开采煤层为龙固煤矿 3 号煤层，井田基本信息为：走向宽 4 km，倾向长 8.5 km，面积约 33.05 km^2，煤层平均厚度为 8.5 m，平均倾角约为 8°。该煤层内煤炭储量丰富，厚度大且稳定，构造中等，水文地质条件中等偏简单，十分有利于资源开采。根据以上井田地质资源条件，综合考虑各项因素，可提出以下开拓方案。

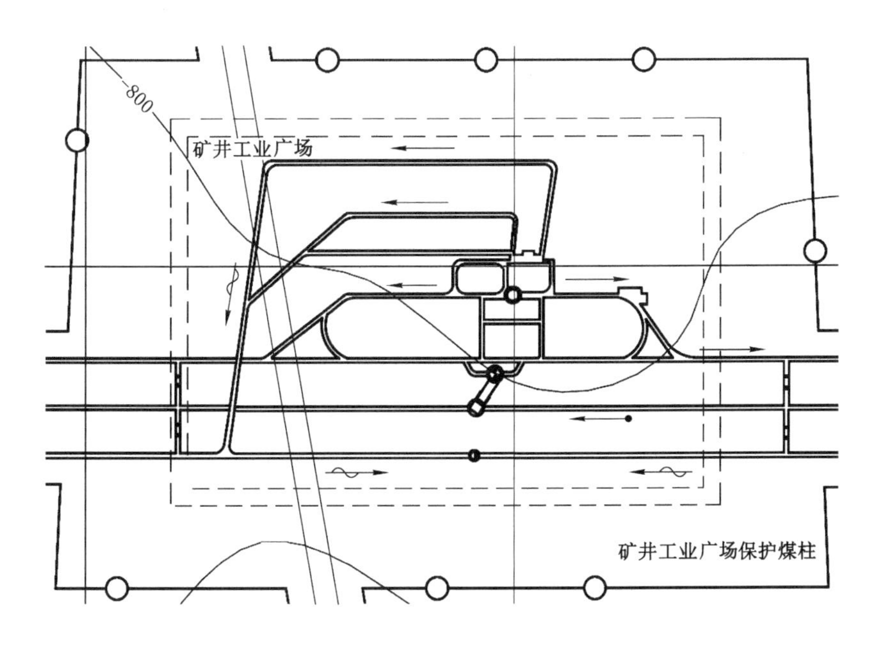

图 2-3　矿井工业广场形状

(1) 开拓方案

方案 1:立井单水平开拓

本方案主井和副井均布置在工业广场内,采用立井开凿,此处地面宽敞,地势相对平缓,主井和副井延深至约－860 m 标高处,而回风井同样布置在井田中央处,风井标高约－800 m。主井和副井掘进至煤层底板中,并由此开始布置井底车场和各个大巷,具体井筒位置和延深如图 2-4 所示。

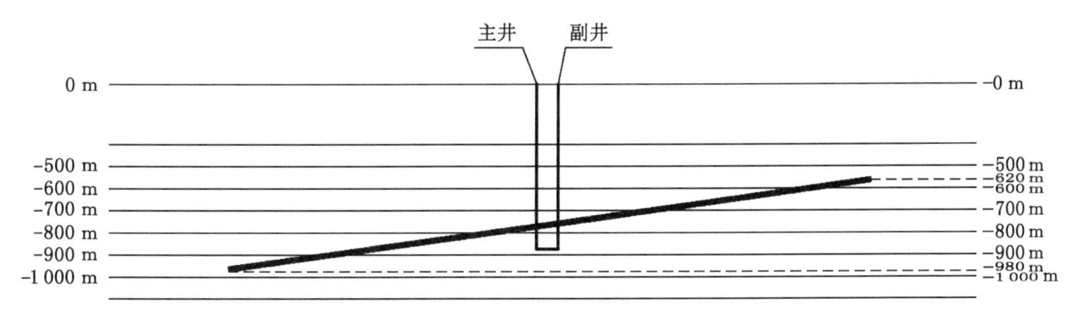

图 2-4　立井单水平开拓

方案 2:立井两水平直接延深开拓

本方案主井和副井两个井筒的形式和布置位置与方案一相同,第一水平主井和副井延深至约－860 m 标高处,而随后第二水平采用暗立井延深,延深至约－980 m 处,井底车场和各个大巷先布置在第一水平处,随后在第二水平开掘相应巷道,具体井筒位置和延深如图 2-5 所示。

方案 3:立井加暗斜井延深开拓

本方案将煤层划分为两水平,早期开采时,井筒位置布置在工业广场,延深到第一水平

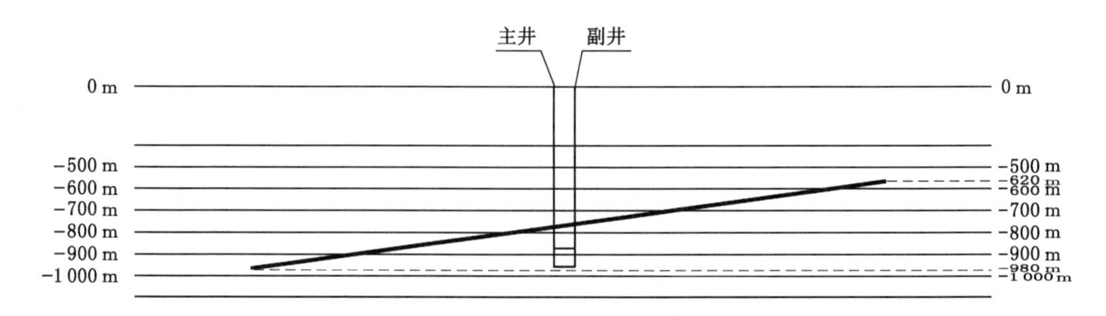

图 2-5　立井两水平直接延深开拓

位置为止,主井和副井均为立井开拓,开凿至标高约－860 m 处。后采用暗斜井延深到第二水平,即标高约－980 m 处,井底车场及大巷先布置在第一水平,后在第二水平布置相应巷道。本方案具体井筒位置和延深如图 2-6 所示。

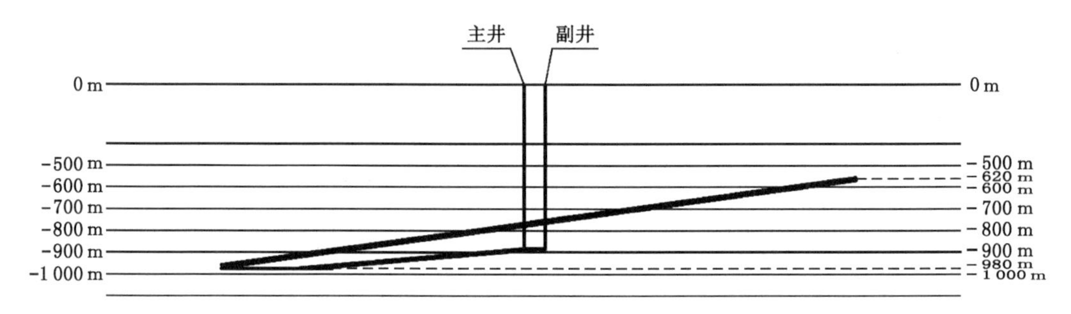

图 2-6　立井加暗斜井延深开拓

方案 4:斜井单水平开拓

本方案在工业广场中央开凿两个斜井,斜井均延深到标高约－860 m 处,在煤层底板的岩层中,并由此开始布置井底车场和其他开拓巷道,具体井筒位置和延深如图 2-7 所示。

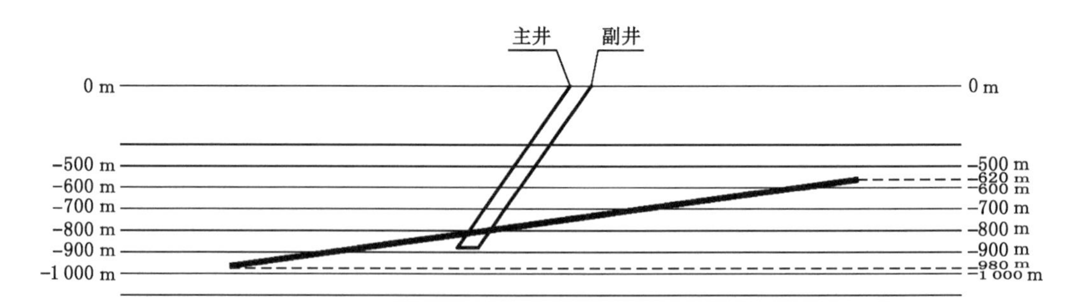

图 2-7　斜井单水平开拓

方案 5:主斜井副立井单水平开拓

本方案副井采用主井开拓,而主井采用斜井开拓,主井和副井均延深至煤层中部标高约－860 m 处,均掘进至煤层底板的岩层中,并由此开始布置井底车场和其他大巷。本方案具体井筒位置和延深如图 2-8 所示。

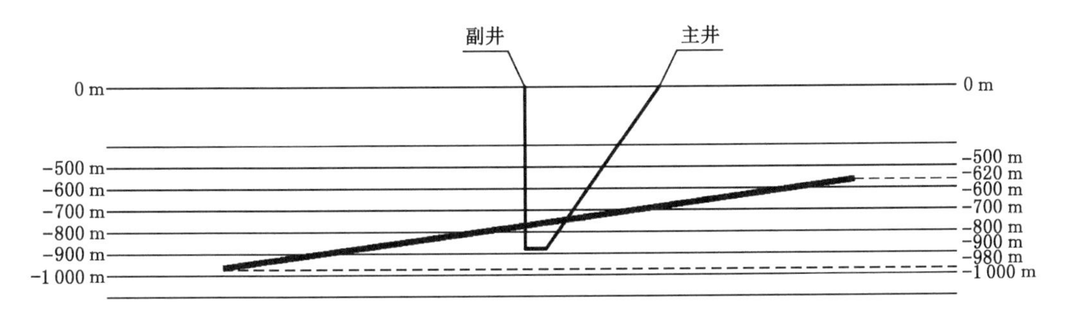

图 2-8　主斜井副立井单水平开拓

(2) 技术比较

首先,在开拓水平的数量选择上进行比较:方案 2 和方案 3 为两水平开拓,方案 1、方案 4 和方案 5 为单水平开拓,本矿井 3 号煤层平均倾角为 8.24°,煤层标高差约为 300 m,井田走向平均长度约为 4 000 m,井田倾向平均长度约为 8 550 m,由此可知,本矿井设置一个水平能够满足生产和设计要求,而采用两水平则需要多设置一个水平,使整个矿井开拓的工程量大大增加,且井底车场及其余大巷的布置也会更加复杂,给矿井的管理带来了更多的问题,同时也会使得通风系统的设计更加复杂化,不利于后续开采时期风量的调节。所以,本矿井的设计采用单水平开拓,以下进行方案 1、方案 4 和方案 5 的比较。

其次,在井筒形式上进行比较:方案 1 为双立井,方案 4 为双斜井,方案 5 为主斜井副立井。本井田煤炭储量丰富,首采煤层厚度大且稳定,构造中等,水文地质条件中等偏简单,在此条件上来说立井和斜井均适合本煤层的开采。但是 3 号煤层埋藏较深,平均标高约－800 m,采用斜井的话井筒长度较长,后续维护较困难,且在提升能力方面斜井与立井相比会较弱,本设计为 3.0 Mt/a 的大型矿井,可能会出现提升能力与采煤工作面生产能力不匹配的问题。在煤的特性上,本井田虽然瓦斯含量较低,但由于井田内 3 号煤层埋藏较深,又有岩浆岩侵入,所以局部煤的变质程度较高,会有较高瓦斯带存在,且 3 号煤层有煤尘爆炸危险性,属易自然发火煤层。所以,对于本设计计划开采的 3 号煤层来说,通风压力较大,斜井相比立井长度更长,通风线路较长,通风阻力较大,可能会对本矿井的通风产生一定的不利影响,从而导致出现煤自燃、粉尘浓度过高等安全隐患,不利于矿井通风系统的管理。而对于本矿井来说,立井开拓的不足之处在于其井筒施工较复杂,且对于装备和技术水平要求非常高,总体投资较大。

综上所述,需要对方案 1、方案 4、方案 5 进行进一步的经济比较。

(3) 经济比较

对于单水平开拓的方案 1、方案 4、方案 5 的基建费用比较如表 2-6 所列。

表 2-6　方案 1、方案 4 和方案 5 基建费用比较

比较项目	方案 1(双立井单水平)			方案 4(双斜井单水平)			方案 5(主斜井副立井)		
	工程量/m	单价/(万元/m)	共计/万元	工程量/m	单价/(万元/m)	共计/万元	工程量/m	单价/(万元/m)	共计/万元
主井	860	1.5	1 290	1 220	1.0	1 220	1 220	0.9	1 098
副井	860	1.9	1 634	1 220	0.9	1 098	860	1.9	1 634

表 2-6(续)

比较项目	方案 1(双立井单水平)			方案 4(双斜井单水平)			方案 5(主斜井副立井)		
	工程量/m	单价/(万元/m)	共计/万元	工程量/m	单价/(万元/m)	共计/万元	工程量/m	单价/(万元/m)	共计/万元
石门开凿	400	0.9	360	550	0.9	495	480	0.9	432
井底车场	1 003	0.8	802.4	1 003	0.8	802.4	1 003	0.8	802.4
大巷	10 659	0.7	7 461.3	11 465	0.7	8 025.5	14 365	0.7	10 055
总计	11 547.7 万元			11 640.9 万元			14 021.4 万元		
百分比	100%			100.81%			121.42%		

综上所述,根据技术比较,结合本矿井的基本情况,可以排除方案 2 和方案 3,选择单水平开拓的方案 1、方案 4 和方案 5;再根据表 2-6 中方案 1、方案 4 和方案 5 的经济比较可知,方案 1 和方案 4 基建费用相似,方案 5 经济花费较高,考虑到立井井筒工程量小、维护简单及提升能力强,且本矿井由于 3 号煤层有自燃和粉尘爆炸危险,故在通风上有着一定的要求,而方案 2 对比方案 1 会产生更大的通风阻力,综合考虑各方面因素后可确定方案 1(双立井单水平开拓)为最终的井田开拓方案。

2.3.3 矿井基本巷道布置及设备选型

(1) 井筒

井筒断面需要根据井筒的用途、服务年限、井筒穿过的岩层性质及涌水情况、选择的支护方式及施工方法等因素进行确定。本矿井设计服务年限为 61 a,采用立井开拓,所以综合考虑后,设计采用圆形断面的井筒,该形式井筒比较利于支护,通风阻力较小,服务年限长,且方便施工,但主要缺点是断面利用率较低。本矿井各井筒选型如下:

① 主立井

主立井主要用于承担全矿井的煤炭提升任务,提升设备可选择箕斗。本矿井为设计生产能力 3.0 Mt/a 的大型矿井,经过比较选择,主立井选择净直径 6.5 m,提升高度 860 m 的井筒,井筒位置设置在工业广场内,井筒内部安装一对提升能力为 17 t 的箕斗,井筒断面参数表及断面图分别见表 2-7 和图 2-9。

表 2-7 主立井井筒断面参数表

项目	参数或类型	项目	参数或类型
矿井设计生产能力	3.0 Mt/a	提升机	多绳摩擦提升机
井筒直径	6.5 m	提升容器	一对 17 t 的长方形箕斗
井深	860 m	井筒结构和井筒支护	表土和风化基岩段用素混凝土支护厚度 500 mm,基岩段混凝土支护厚度 350 mm
井筒净段面积	33.18 m^2		
基岩段毛断面积	40.72 m^2		
表土段毛断面积	44.18 m^2		

② 副立井

本矿井副立井设置在工业广场内,副立井内装备一对 1.5 t 固定车厢式双层二车罐笼,

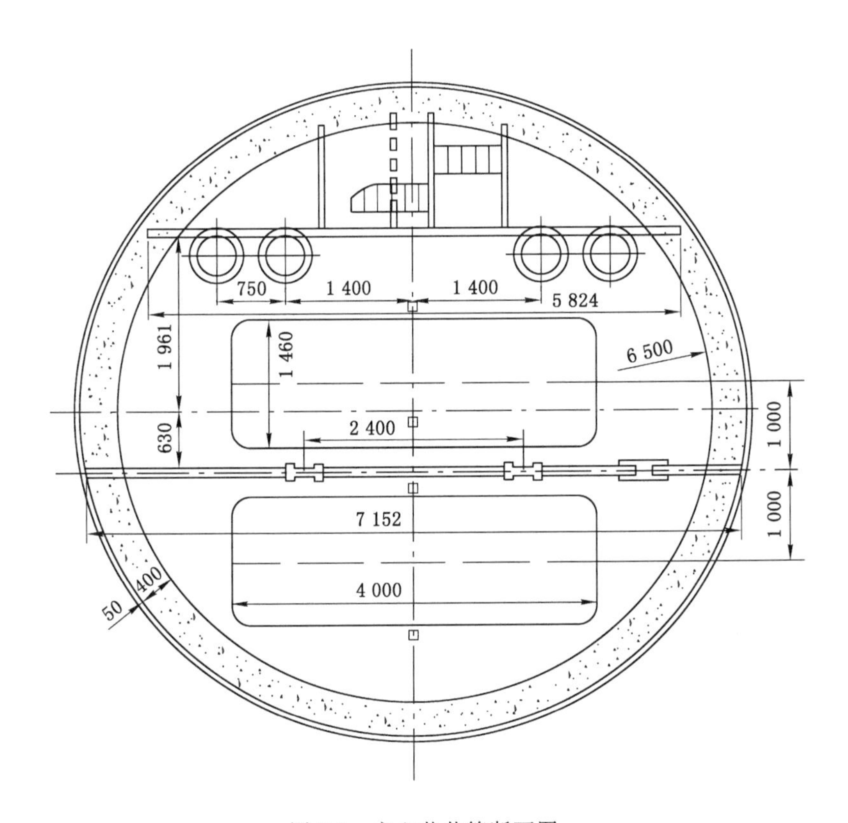

图 2-9 主立井井筒断面图

用于运送材料和人员,并设置梯子间,以便发生灾害时人员的逃生,井筒断面参数表及断面图分别见表 2-8 和图 2-10。

表 2-8 副立井井筒断面参数表

项目	参数或类型	项目	参数或类型
矿井设计生产能力	3.0 Mt/a	提升容器	一对 1.5 t 的固定车厢式双层二车罐笼
井筒直径	7.5 m	井筒结构和井筒支护	表土和风化基岩段用素混凝土支护厚度 550 mm,基岩段混凝土支护厚度 400 mm
井深	860 m		
井筒净段面积	44.18 m^2		
基岩段毛断面积	54.11 m^2		
表土段毛断面积	58.09 m^2		

③ 风井

本矿井的风井专门用于回风,帮助排除有毒有害气体、降低粉尘浓度和降低井下温度,防止煤炭自燃,从而起到提高矿井防灾能力的效果。井筒上部需设置防爆门,井筒断面参数表及断面图分别见表 2-9 和图 2-11。

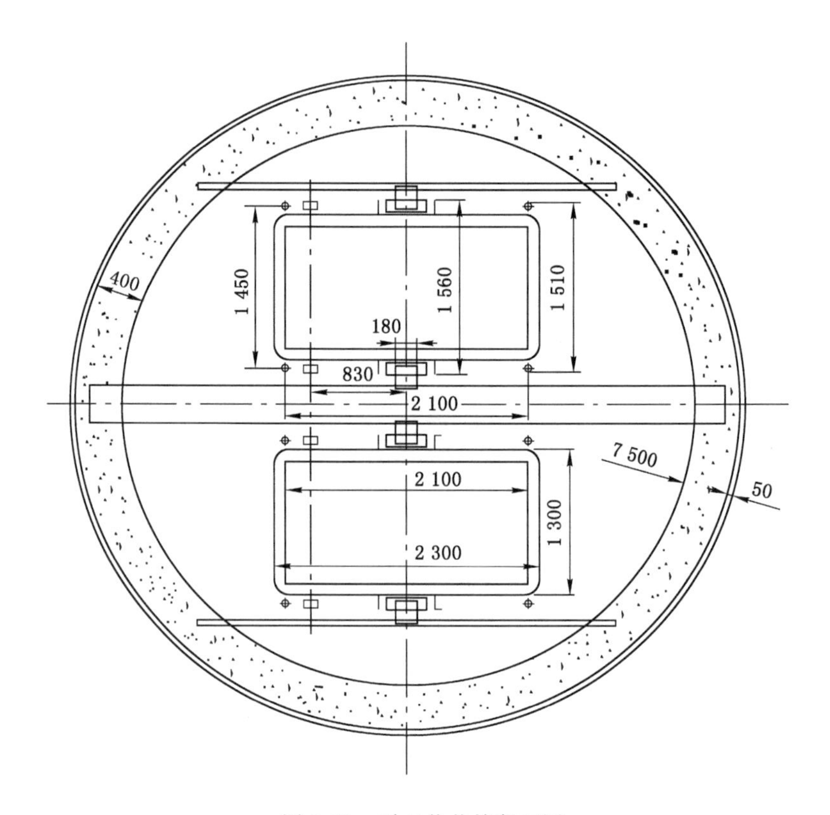

图 2-10 副立井井筒断面图

表 2-9 风井井筒断面参数表

项目	参数或类型	项目	参数或类型
矿井设计生产能力	3.0 Mt/a	表土段毛断面积	33.25 m^2
井筒直径	5.0 m	基岩段毛断面积	31.17 m^2
井深	800 m	井筒结构和井筒支护	井筒采用混凝土支护，表土层井壁厚度为 650 mm
净断面积	19.63 m^2		

(2) 井底车场及车场硐室

① 井底车场

井底车场可分为环形式和折返式两大类。本设计主、副井距离主要运输巷道较近，结合总辅助运输大巷的位置，确定采用环行卧式井底车场布置，如图 2-12 所示。

② 车场硐室

根据《煤炭工业矿井设计规范》，本设计在井底车场内部除设有水泵房、中央变电所、煤仓、炸药库等主要硐室外，还设有等候室、机车检修硐室等。

(3) 开拓巷道布置

开拓巷道的布置应综合考虑煤层的赋存条件以及埋藏所在地质条件，本矿井虽然瓦斯含量较低，但由于井田内 3 号煤层埋藏较深，又有岩浆岩侵入，局部煤的变质程度较高，会有较高瓦斯带存在，且该煤层为易自燃煤层，所以综合考虑后决定将开拓巷道布置在煤层底板

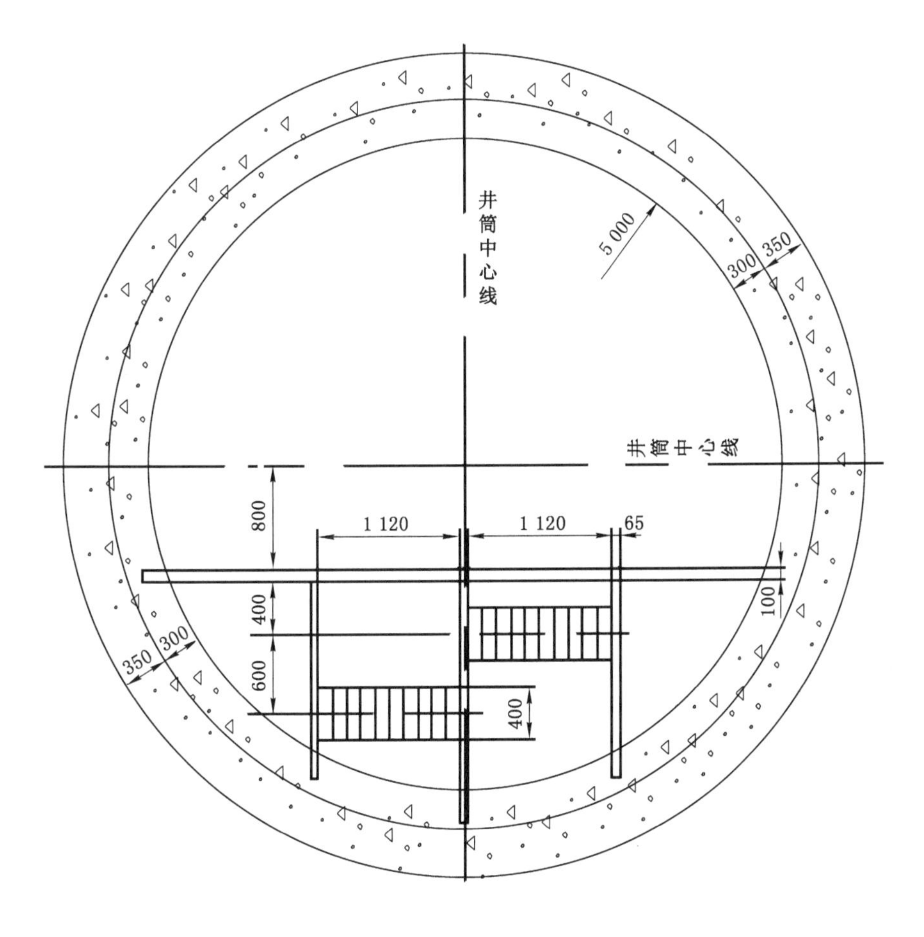

图 2-11　风井井筒断面图

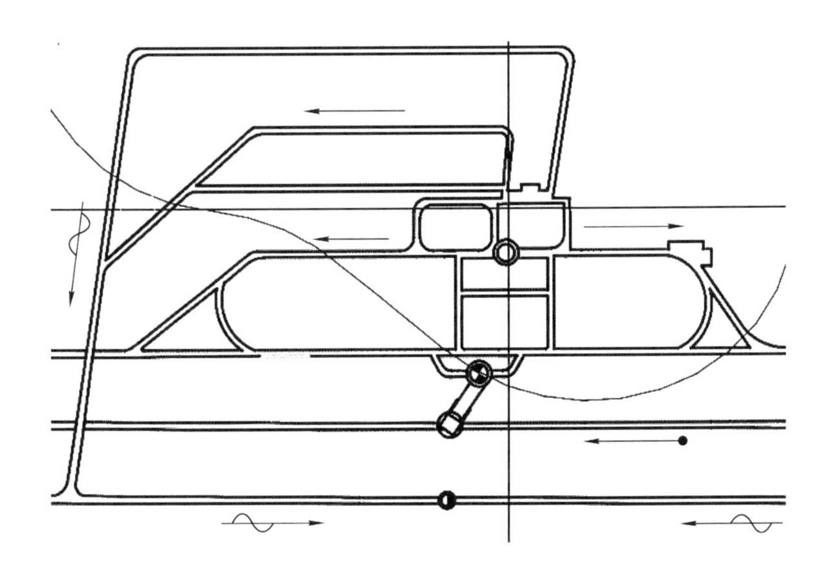

图 2-12　井底车场布置示意图

的岩层中，并设置专用的回风巷保证通风，总共设置三条大巷（轨道大巷、运输大巷、回风大巷），其中回风大巷布置在比运输大巷和轨道大巷稍高的水平，利于回风。

三条主要大巷的断面图及参数表分别可见图 2-13、图 2-14、图 2-15 和表 2-10、表 2-11、表 2-12。

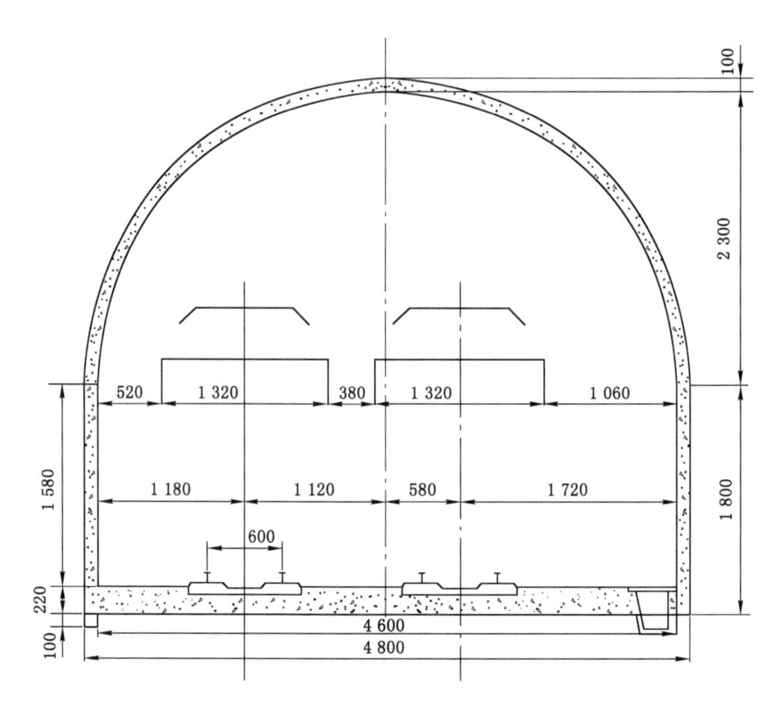

图 2-13　轨道大巷巷道断面图

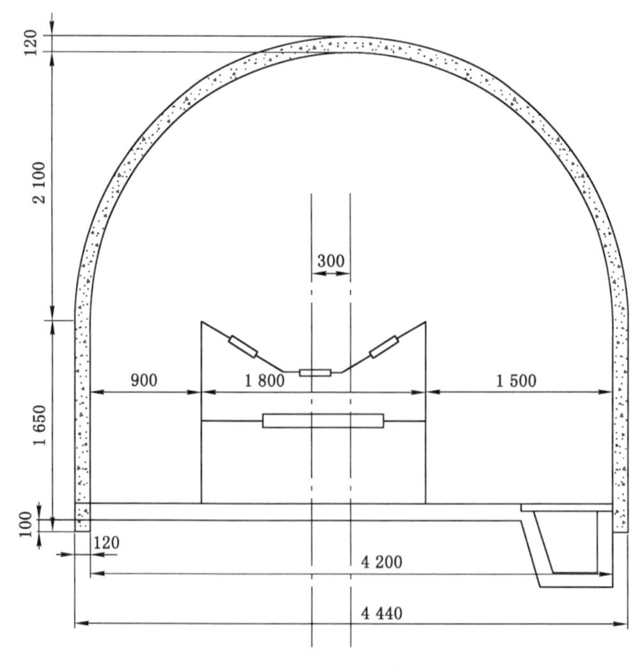

图 2-14　运输大巷巷道断面图

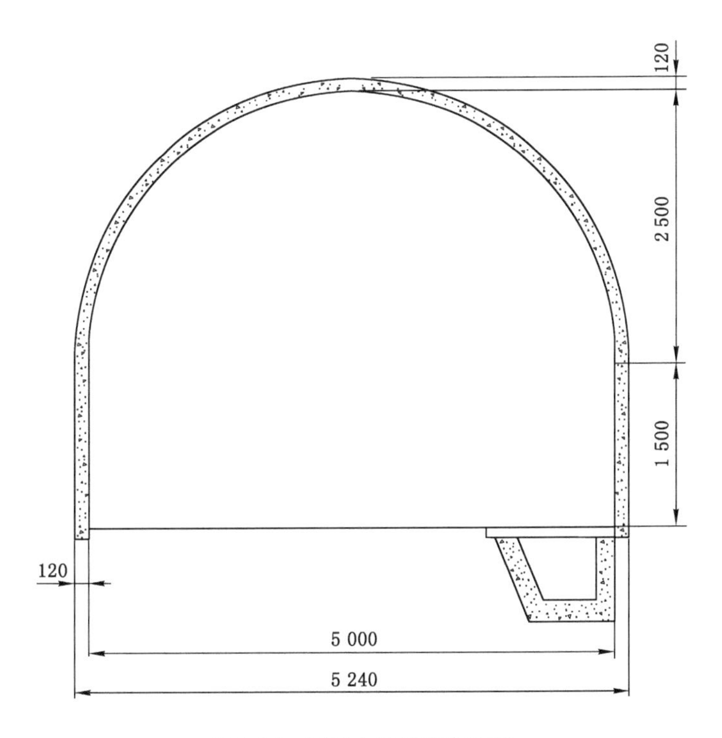

图 2-15 回风大巷巷道断面图

表 2-10 轨道大巷巷道参数表

巷道断面积/m²		长度/mm		厚度/mm	锚杆/mm						周长/m
净	掘	宽	高	100	种类	长度	排列	间距	深	规格	15.43
15.38	16.64	4 800	4 200		树脂	100	菱形	800	2 000	2 000×ϕ14	

表 2-11 运输大巷巷道参数表

巷道断面积/m²		长度/mm		厚度/mm	锚杆/mm						周长/m
净	掘	宽	高	120	种类	长度	排列	间距	深	规格	13.62
14.25	15.63	4 440	3 770		树脂	100	三花	800	2 200	2 200×ϕ20	

表 2-12 回风大巷巷道参数表

巷道断面积/m²		长度/mm		厚度/mm	锚杆/mm						周长/m
净	掘	宽	高	120	种类	长度	排列	间距	深	规格	15.85
16.82	18.21	5 240	4 120		树脂	100	菱形	800	2 200	2 200×ϕ14	

(4) 大巷运输设备

运输大巷的输运能力应当与带区的生产能力相适应,一般采用带式输送机运煤。除此之外,还应设置辅助运输大巷,采用轨道运输时,其主要用于运送人员、物料、设备等。结合目前市面上的主流设备选型,以及本矿井的实际运输需求,可选择以下设备作为主运输大巷和辅助运输大巷的运输设备。

① 主运输大巷

大巷带式输送机需承担全矿年产 300 万 t 煤炭的运输任务，输送机采用德国西门子公司生产的中压变频软启动系统，其主要技术参数如表 2-13 所列。

表 2-13 主运输大巷带式输送机主要技术参数

项目	参数
胶带宽/mm	1 400
运量/(t/h)	2 500
带强/(N/mm)	ST2500 阻燃型钢绳芯
带速/(m/s)	4.5
轴功率/kW	1 207
倾角/(°)	0～12
胶带安全系数	6.74
储带长度/m	2 342
驱动滚筒直径/mm	1 000
电机功率(kW)及台数、型号	850×3 台(防爆)1LA1454-49V00
减速器型号、速比及台数	3C560NE-1240，i=25，3 台
胶带张紧装置及型号	尾部液压自动拉紧 DYL-01-7/25

② 辅助运输大巷

a. 运送人员、材料、设备等选用煤炭科学研究总院太原分院 TY6/20FB 型井下防爆中型客货胶轮车，主要技术参数如表 2-14 所列。

表 2-14 中型客货胶轮车主要技术参数

项目	参数
功率/kW	65
乘坐定员(用客厢)/人	20
装载质量(用货厢)/t	6
最小离地间隙/mm	270
最小转弯半径/m	6
最大速度/(km/h)	25
最大爬坡能力/(°)	15
整车外形尺寸/mm	5 800×2 010×2 130

b. 液压支架等大型设备的运送，工作面搬家或搬运液压支架上、下井，选用澳大利亚约翰芬雷工程有限公司鲍特郎耶 LONGWALL 型支架搬运车，其主要技术参数如表 2-15 所列。

表 2-15 W8 型防爆悬挂式胶轮车主要技术参数

项目	参数
功率/kW	112
搬运质量/t	30
主机质量/t	19
离地高度/mm	260
转弯半径/m	向内 2.09、向外 6.4
最大爬坡能力	1∶5(11.3°)
车速/(km/h)	4.5～18.0
整车外形尺寸/mm	9 060×3 300×15 200
动力装置	煤矿防爆型,卡特彼勒 3306 型水冷式柴油机

(5) 井筒提升设备

本矿井设计生产能力为 3.0 Mt/a,采用双立井开拓,主、副立井和风井均设置在工业广场,主立井和副立井深度约为 860 m,每天净提升时间为 16 h。最终根据本矿的提升条件,主井提升系统选择一台 JK-5×3/25 单滚筒提升机,副提升为一台 2JK-5×2.8/25 双滚筒提升机,主、副提升机的技术参数如表 2-16 所列。

表 2-16 主、副提升机主要技术参数

项目	主提升机参数	副提升机参数
型号	JK-5×3/25	2JK-5×2.8/25
最大静张力/kN	260	260
最大静张力差/kN	240	240
直流电机功率/kW	2 000	2 000
电机转速/(r/min)	600	600
最大提升速度/(m/s)	6.27	6.27
提升吊桶/m^3	5(前期)、4(后期)	5(前期)、4(后期)
吊桶质量/kg	1 690(5 m^3)	1 690(5 m^3)
	1 530(4 m^3)	1 530(4 m^3)
天轮规格/mm	3 500	3 500
选用钢丝绳直径/mm	50	50
钢丝绳规格	18×7-1770	18×7-1770
钢丝绳每米质量/(kg/m)	9.75	9.75
钢丝绳总破断力/kN	1 757.710	1 757.710
钢丝绳安全系数	≥7.5	≥7.5

3　采煤方法及带区巷道布置

3.1　煤层地质特征

(1) 煤质

本矿井可采煤层为低灰～中灰、高挥发分～中挥发分、特低磷～低磷、强黏结性煤，其中3号煤层为低硫煤。山西组3号煤层以肥煤、1/3焦煤为主，少数点为气煤、气肥煤、天然焦。3下煤层为肥煤、1/3焦煤、气煤、气肥煤及天然焦。

(2) 瓦斯含量

3号煤层瓦斯含量为0～0.344 cm^3/g，平均瓦斯涌出量为0.3 cm^3/g，CO_2涌出量为0.045～0.509 cm^3/g。煤层瓦斯含量较低，但由于井田内3号煤层埋藏较深，又有岩浆岩侵入，局部煤的变质程度较高，会有较高瓦斯带存在。

(3) 煤尘爆炸性和煤的自燃

根据3号煤层煤尘爆炸性试验结果表明，煤层有煤尘爆炸危险性。除此之外，3号煤层原样着火点温度在342～393 ℃之间，还原样与氧化样着火点之差为4～28 ℃，变化在不自燃至易自燃之间，煤层还属于易自然发火煤层。

3.2　带区巷道布置及生产系统

3.2.1　带区巷道布置

龙固煤矿3号煤层平均厚度为8.5 m，平均煤层倾角约为8°，角度较小，属于缓斜煤层，煤层西南角和西北角分别有一条断层，但由于在井田边界，故对采掘影响不大，综合考虑各方面因素，本矿井决定采用带区布置，带区布置相较于采区不需要布置上下山，整体巷道数量会减少，故前期的准备时间比较短，利于管理，投产快，费用也相对较低。与此同时，带区布置更有利于综合机械化开采，对于本设计的特厚煤层开采来说有着很大的优势，而且采用带区布置井下设备及人员都比较少，十分有利于本设计后续的智能化矿井设计。

3.2.2　带区生产系统

本设计带区生产系统主要包括运煤系统、运料系统、排矸系统以及通风系统。

(1) 运煤系统

本设计运煤系统流程图如图3-1所示。

图3-1　龙固煤矿运煤系统流程图

(2) 运料系统

本设计运料系统流程图如图3-2所示。

图3-2　龙固煤矿运料系统流程图

(3) 排矸系统

本设计排矸系统总体方向与运煤系统相反。

(4) 通风系统

本设计通风系统流程图如图 3-3 所示。

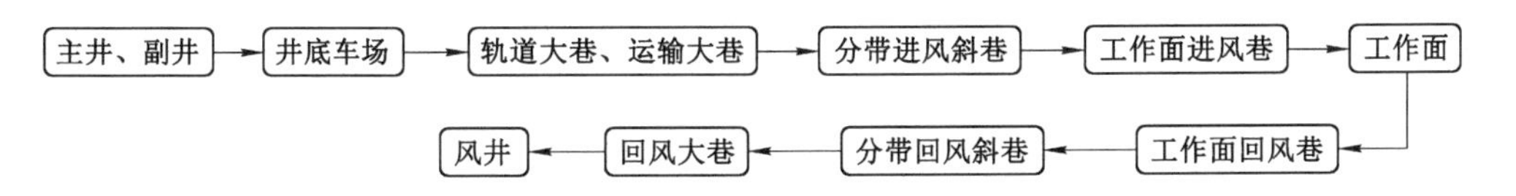

图 3-3 龙固煤矿通风系统流程图

3.2.3 带区和工作面的划分及接替顺序

(1) 带区的划分及接替顺序

龙固煤矿总共划分为 6 个带区。矿井初期开采时,考虑到煤的埋深以及工业广场的位置,确定先开采位于工业广场附近的赋存较浅的西二带区。带区的划分及接替顺序为西二带区、东二带区、东一带区、西一带区、西三带区、东三带区。

(2) 工作面的划分及接替顺序

龙固煤矿设计生产能力为 3.0 Mt/a,其中 3 号煤层厚度为 8.5 m,倾角约为 8°,属于近水平厚煤层,设计采用综放开采一次采全高的采煤方法,经过工作面生产能力验算,最终设计确定工作面宽度为 240 m,满足矿井的设计生产能力,工作面采用单巷掘进,接替顺序应由近及远,采用顺采的方法,防止出现孤岛和半孤岛工作面。

3.2.4 工作面生产能力验算

(1) 综采工作面生产能力(年工作日为 330 d)

$$Q_{工作面} = N \times L \times M \times b \times R \times c \times 330 \div 10^6 \tag{3-1}$$

式中 $Q_{工作面}$ ——工作面生产能力,Mt/a;

N ——工作面日循环数,可取 4～5,本矿井为设计生产能力 3.0 Mt/a 的大型矿井,故取 5;

L ——工作面长度,取 240 m;

M ——煤层厚度,取 8.5 m;

b ——采煤机截深,取 0.8 m;

R ——煤的密度,为 1.274 t/m³;

c ——工作面采出率,厚煤层工作面采出率不低于 93%,本煤层厚度为 8.5 m,为厚煤层,故可取 94%。

将相关数据代入式(3-1)可得:

$$Q_{工作面} = 3.225 \text{ Mt/a}$$

(2) 掘进工作面生产能力

掘进工作面的生产能力可按工作面生产能力的 5%计算,即:

$$Q_{掘进} = 3.225 \times 0.05 = 0.161 \text{ (Mt/a)}$$

(3) 带区总生产能力验算

$$Q_{带区} = Q_{掘进} + Q_{工作面} = 3.225 + 0.161 = 3.386 \text{ (Mt/a)}$$

本矿井设计生产能力为 3.0 Mt/a<3.386 Mt/a,故生产能力符合设计要求。

3.3 采煤方法

3.3.1 采煤方法确定

龙固煤矿3号煤层平均厚度为8.5 m，属于特厚煤层。根据国内外厚煤层开采技术发展现状，特厚煤层开采方法目前主要有分层开采、大采高综采和综放开采三种。以下为三种采煤方法的可行性分析与比较。

(1) 分层开采可行性分析

龙固煤矿3号煤层采用分层开采时存在以下问题：

① 采掘巷道系统复杂，巷道掘进率高，巷道的掘进与维护费用高；

② 分层开采时，特别是开采上分层时，会造成下分层暴露在空气中，对于有煤炭自燃危险的矿井会容易导致煤自燃，龙固矿井3号煤层就具有煤层自然发火危险。

③ 3号煤层埋藏较深且该煤层具有冲击倾向性，采用分层开采不利于防治冲击地压。

为此，龙固煤矿3号煤层不宜采用分层开采的方法。

(2) 大采高综采可行性分析

龙固煤矿3号煤层平均厚度8.5 m，若采用大采高综采：首先，大采高对于煤层厚度变化大的适应性差，割顶底板矸石量过大；其次，由于龙固煤矿3号煤层强度较低，采高过大势必会加大煤壁的片帮程度，将带来新的问题。因此，该矿3号煤层不宜采用大采高综采的方法。

(3) 综放开采可行性分析

综放开采是一种高产、高效、安全、低耗、经济效益好的采煤方法，已成为目前国内外许多矿井煤炭开采的主流选择。龙固煤矿3号煤层平均厚度为8.5 m，满足综放开采对煤层厚度的要求。由于综放开采可以一次采全高，与分层开采相比，综放开采具有许多技术优势，比如能够改善自然发火煤层的管理，而且不需要太多考虑冲击地压的影响，整体来说成本低、设备寿命长、安全性高。

根据以上比较分析，综合考虑该矿井首采煤层的瓦斯、发火、赋存等条件，最后龙固煤矿3号煤层的开采可以优先采用综放开采一次采全高的方法。

3.3.2 工作面的产量核算及推进

(1) 工作面的产量核算

工作面长度是使矿井实现安全且高产高效的重要影响因素。本矿井设计生产能力为3.0 Mt/a，3号煤层厚度为8.5 m，瓦斯含量较低，但是煤层有自然发火危险和粉尘爆炸危险。工作面长度的选择既要保证工作面的产量能够满足设计要求，又要实现安全生产，综合考虑后确定工作面长度为240 m。

结合上述相关数据进行工作面产量核算，其中：

① 矿井日产量 A_0 应为：

$$A_0 = A \div 330 \times 10^6 \tag{3-2}$$

式中 A_0 ——矿井日产量，t/d；

A ——矿井设计生产能力，取3.0 Mt/a。

将相关数据代入式(3-2)可得：

$$A_0 = 9\ 090.91 \text{ t/d}$$

② 工作面日产量 A_1 应为：

$$A_1 = N \times L \times M \times b \times R \times c \tag{3-3}$$

式中 A_1 ——工作面日产量，t/d；

N ——工作面日循环数，本矿井为 3.0 Mt/a 的大型矿井，可取 5；

L ——工作面长度，取 240 m；

M ——煤层厚度，取 8.5 m；

b ——采煤机截深，取 0.8 m；

R ——煤的密度，为 1.274 t/m^3；

c ——工作面采出率，取 94%。

将相关数据代入式(3-3)可得：

$$A_1 = 9\ 772.09\ t/d$$

工作面日掘进煤量 A_2 约为日产量的 5%，即 $A_2 = 0.05 \times A_1 = 488.60\ t/d$

所以，该矿井日实际生产能力为：

$$A = A_1 + A_2 = 10\ 260.69\ t/d > 9\ 090.91\ t/d$$

按照计算所得相应数据进行采掘工作面的布置，只需布置一个采煤工作面和一个掘进工作面即可满足矿井设计生产能力的要求。

(2) 工作面的推进方向与速度

工作面的推进方向有前进式和后退式，两种方式的比较见表 3-1。

表 3-1 工作面推进方向的比较

比较项目	优缺点和适用条件
前进式	回采初期工程量较小；随着开采的进行，巷道维护困难，工作量较大且维护费用较高，工作面漏风较大
后退式	回采初期工程量较大；但是在回采时，工作面巷道维护量较小，维护费用低，工作面漏风较小

3 号煤层虽然瓦斯含量较低，但是局部有高瓦斯带存在，且煤层有粉尘爆炸危险、为易自然发火煤层。所以，基于以上的煤层实际条件，考虑到通风等各方面的安全，本设计决定采用后退式开采，巷道维护较简单，通风状况好，安全性高。

工作面推进速度：工作面日进 5 刀，日推进 4.0 m。

(3) 工作面推进长度

对于综采工作面的长度确定，应综合考虑以下几点因素：

① 有自然发火倾向的煤层，要求工作面的回采期不应过长；

② 带式输送机的铺设长度限制工作面推进长度，目前国产设备最大长度一般为 1 600～2 000 m。

因此，结合上述因素以及目前国内外矿井实际数据可得，在目前条件下工作面推进长度以 1 500～2 000 m 为宜。

3.3.3 工作面采高确定

设计最终决定采用综放开采一次采全高的采煤方法，对于龙固煤矿 3 号煤层来说，3 号煤层平均厚度为 8.5 m，其工作面采高与煤壁水平位移的关系经过相关数值模拟和实际分析可得图 3-4。根据分析结果，建议采高选取不应大于 3.5 m，因为采高超过 3.5 m 后煤壁的水平位移值达到了阶段高度,并出现了拐点。综合考虑后,决定将工作面采高确定为 3.5 m。

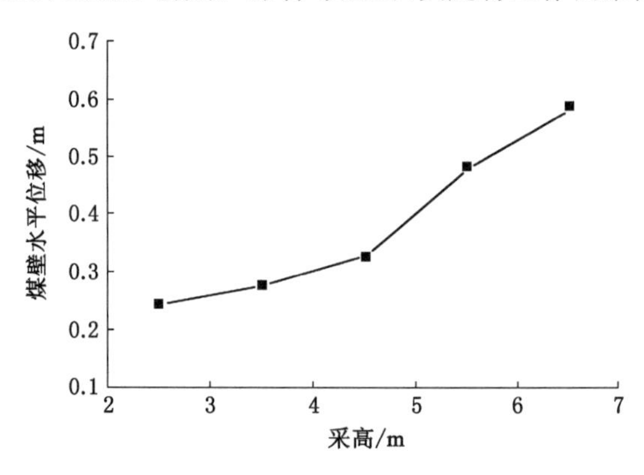

图 3-4 采高与煤壁水平位移关系图

3.3.4 采煤工艺及设备选型

本设计采用综放开采一次采全高的采煤方法,采高为 3.5 m,放顶 5 m,以下可进行工作面采煤工艺和设备的选择。

(1) 工作面破煤

① 采煤机进刀方式

对于采煤机进刀方式,目前国内外主要还是采用斜切进刀方式。根据进刀位置不同斜切进刀又可分两种,即中部斜切进刀和端部斜切进刀,其中端部斜切进刀又分为割三角煤和留三角煤。

对龙固煤矿来说,其工作面长度为 240 m,长度较大,整体开采条件较稳定,煤炭储量丰富。对于工作面长度较大、顶板条件中等稳定以上、端头维护良好的工作面一般选用端部斜切进刀,能够使采煤循环时间相对较短,并且能够及时、有效维护顶板,保证顶板的安全。而割三角煤进刀和留三角煤进刀特点比较如下:

a. 留三角煤端部斜切进刀方式特点:停机等待时间短,但是只能单向割煤,适用于工作面较短、煤层倾角大,装煤效率低、滚筒降尘效果差的工作面。

b. 割三角煤端部斜切进刀方式特点:停机等待时间长,但能双向割煤,是最常用的进刀方式。

结合本矿井的实际情况,工作面长度较长,且煤层倾角较小,综合考虑各采煤工艺优缺点和适用条件后决定采用割三角煤端部斜切进刀的方式,具体示意图见图 3-5。

② 采煤机选型

采煤机的选型要符合工作面设计生产能力的要求,且有着较大的适用范围,对于采煤机的平均落煤能力计算如下:

$$Q_m = \frac{60Q \cdot [L \cdot (1+i) - 2i \cdot L_m]}{K \cdot T \cdot (L \cdot c + H_f \div H \cdot C_f \cdot L_f) - 2T_d \cdot Q \div (B \cdot H \cdot R)} \tag{3-4}$$

式中 Q_m ——采煤机设计平均落煤能力,t/h;

Q ——工作面实际日产量,为 10 260.69 t;

L ——工作面长度,为 240 m;

i ——采煤机割煤速度与空刀牵引速度之比,取 0.5;

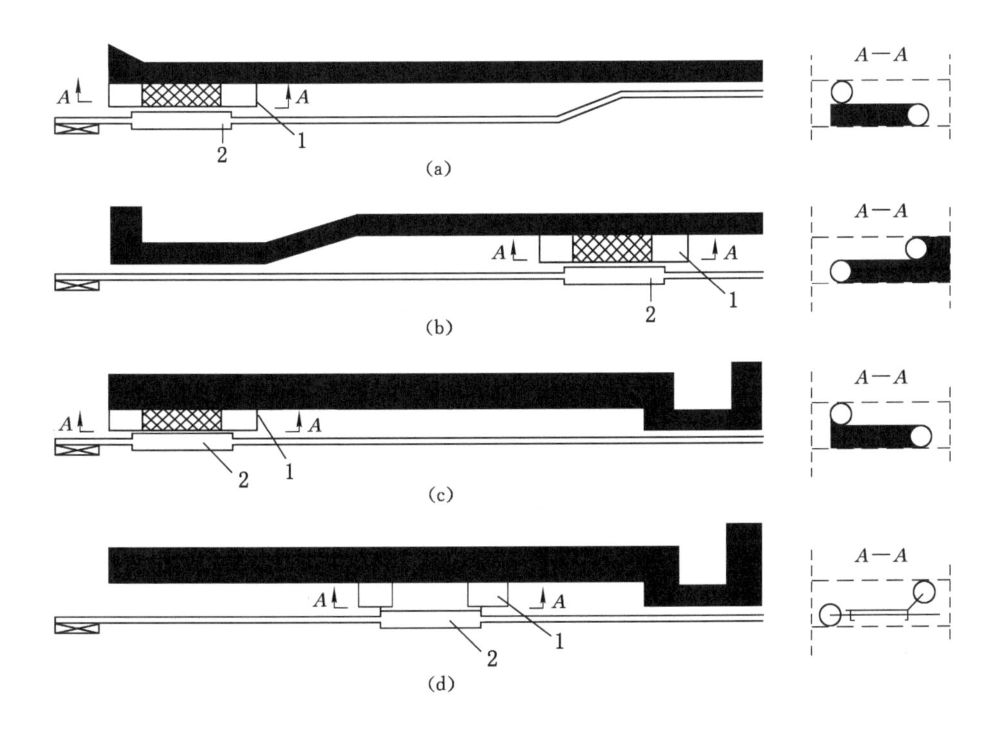

1—双滚筒采煤机;2—刮板输送机。

图 3-5 双滚筒采煤机端部割三角煤斜切进刀

L_m ——采煤机两滚筒中心距,取 10 m;

K ——采煤机平均开机率,取 80%;

T ——综采工作面日生产时间,本设计日生产 16 h,即 960 min;

c ——工作面采出率,取 94%;

H_f ——综放工作面平均顶煤厚度,根据矿井实际资料,取 5 m;

H ——工作面割煤高度,为 3.5 m;

C_f ——顶煤采出率,取 75%;

L_f ——沿工作面方向放顶煤面长,根据矿井实际资料,取 214 m;

T_d ——采煤机返向时间,取 1 min;

B ——采煤机截深,为 0.8 m;

R ——煤的密度,为 1.274 t/m^3。

将相关数据代入式(3-4)可得:

$$Q_m = 627.11 \text{ t/h}$$

对于采煤机的功率计算如下:

$$N = 60B \cdot H \cdot v_{min} \cdot H_w \cdot K' \tag{3-5}$$

式中 N ——采煤机功率,kW;

B ——采煤机截深,为 0.8 m;

H ——工作面割煤高度,为 3.5 m;

v_{min} ——采煤机要求最小割煤速度,为 6 m/min;

H_w ——采煤机割煤单位能耗,需要进行矿区实测,这里根据相关资料可取

0.825 kW·h/m³；

K' ——安全系数，为保证设计的高可靠性，取 1.1。

将相关数据代入式(3-5)可得：

$$N = 915 \text{ kW}$$

根据上述计算，对于本矿井来说，综合考虑各项参数，即要满足采煤机设计平均落煤能力 627.11 t/h，又要满足采煤机功率 915 kW 的要求，最终选择了太原矿山机器集团有限公司生产的 MGTY400/930-3.3D 型电牵引采煤机，该采煤机电源电压为 3 300 V，割煤速度快，效率较高且整体噪声较小。其技术特征如表 3-2 所列。

表 3-2　MGTY400/930-3.3D 型电牵引采煤机主要技术参数表

序号	技术指标	参数
1	采高/m	2.2～3.5
2	生产能力/(t/h)	1 500
3	牵引速度/(m/min)	0～7.7/12.8
4	装机功率/kW	930
5	滚筒水平中心距/m	12.211
6	采煤机高度/mm	1 569
7	过煤高度/mm	762
8	有效截深/mm	800
9	用水量/(L/min)	320

(2) 工作面装煤

一般采煤机和刨煤机在设计时，落煤和装煤基本上是同时考虑的，所以一般在设计时不用过多考虑装煤工艺。

(3) 工作面运煤

① 刮板输送机型号选择

工作面采用刮板输送机运煤，选择刮板输送机时应该使其运输能力大于采煤机最大落煤能力的 20%，即：

$$Q_n \geqslant 1.2K_h \cdot K_v \cdot K_y \cdot K_c \cdot Q_m \tag{3-6}$$

式中　Q_n ——刮板输送机运输能力，t/h；

K_h ——采煤机采高不均匀系数，取 1；

K_v ——考虑采煤机与刮板输送机同向运动时的修正系数，取 1；

K_y ——考虑运输方向及倾角系数，可取 0.9；

K_c ——采煤机割煤速度不均匀系数，取 1.5；

Q_m ——采煤机设计平均落煤能力，为 627.11 t/h。

将相关数据代入式(3-6)可得：

$$Q_n \geqslant 1\,015.92 \text{ t/h}$$

根据上述计算的相关数据，考虑刮板输送机应满足设计生产能力与采煤机最大落煤能力，最终确定前、后刮板输送机都选用 SGZ1000/2×1000 型铸焊封底式刮板输送机，其主要技术参数如表 3-3 所列。

表 3-3 SGZ1000/2×1000 型铸焊封底式刮板输送机主要技术参数表

序号	技术指标	参数
1	型号	SGZ1000/2×1000
2	设计长度/m	250
3	运输能力/(t/h)	2 000
4	链速/(m/s)	1.5
5	电机功率/kW	2×1 000
6	供电电压/V	3 300
7	中部槽规格/mm	1 750×1 000×340
8	中部槽连接型式	哑铃销
9	圆环链规格/mm	48×152 紧凑链(进口)
10	圆环链型式	中双链
11	减速器型式	圆锥圆柱行星减速器
12	牵引型式	齿轮-销轨
13	电机布置方式	两平行
14	卸载方式	端卸
15	紧链方式	液压马达+齿轮副
16	驱动电机	YBBP-1000(适配变频器)

② 转载机型号选择

按照转载机的实际运输能力要求,并考虑到以上设备配套能力较实际需求能力大,本矿井为年设计生产能力为 3.0 Mt/a 的大型矿井,综合考虑后决定选用 SZZ1200/400 型箱式刮板转载机,输送能力为 3 500 t/h,具体技术参数如表 3-4 所列。

表 3-4 SZZ1200/400 型箱式刮板转载机主要技术参数表

序号	技术指标	参数
1	出厂长度/m	55
2	内槽宽/mm	1 200
3	运量/(t/h)	3 500
4	装机功率/kW	400
5	链速/(m/s)	1.81
6	链条破断负荷/kN	2 220
7	刮板链规格/mm	2×ϕ42×146

③ 破碎机型号选择

根据能力配套要求,考虑到龙固煤矿 3 号煤层强度较低,可选用 PCM250 型破碎机,其主要技术参数如表 3-5 所列。

表 3-5 PCM250 型破碎机主要技术参数表

序号	技术指标	参数
1	功率/kW	250
2	破碎能力/(t/h)	3 500
3	外形尺寸/mm	4 500×2 930×1 910
4	进/出口块度/mm	1 200×1 180(长度不限)/400～200

④ 带式输送机型号选择

带式输送机的能力应与转载机的能力相配套。本设计选择 SSJ1400/3×400 型带式输送机,其运输能力可以满足运煤的要求,主要技术参数如表 3-6 所列。

表 3-6 SSJ1400/3×400 型带式输送机主要技术参数表

序号	技术指标	参数
1	输送量/(t/h)	3 500
2	输送长度/m	2 600
3	带速/(m/s)	4
4	输送带宽度/mm	1 400

胶带自移机尾参数如表 3-7 所列。

表 3-7 胶带自移机尾技术参数表

序号	技术指标	参数
1	型号	ZY2300
2	适用输送带宽度/mm	1 400
3	行走小车行程/mm	2 300
4	工作介质	乳化液
5	工作压力/MPa	31.5

(4) 工作面支护

在考虑工作面支护时,要综合考虑工作面的基本条件及阻力,本设计综放工作面采煤机割煤高度为 3.5 m,放煤高度为 5 m,煤的普氏硬度系数约为 1.44。根据矿井实际资料显示,预计 3 号煤层工作面支架工作阻力约为 1 000 kN/m^2,考虑一定的富余量,支架支护强度确定为 1.0 MPa。因此,综合考虑后各支护支架选型如下:

① 选用 ZF10000/20/38 正四连杆低位放顶煤液压支架,其主要技术参数如表 3-8 所列。

表 3-8　ZF10000/20/38 正四连杆低位放顶煤液压支架主要技术参数表

序号	技术指标	参数
1	型号	ZF10000/20/38 正四连杆低位放顶煤液压支架
2	中心距	1 750 mm
3	宽度	1 660～1 860 mm
4	初撑力	7 730 kN(p_0=31.4 MPa)
5	工作阻力	10 000 kN(p=40.62 MPa)
6	支护强度	1.01 MPa
7	高度	2 000～3 800 mm
8	底板平均比压	2.98 MPa
9	泵站压力	31.4 MPa
10	操纵方式	本架控制
11	移驾步距	800 mm

② 选用 ZFG10000/25/38 四柱支撑掩护式低位放顶煤过渡支架，其主要技术参数见表 3-9。

表 3-9　ZFG10000/25/38 四柱支撑掩护式低位放顶煤过渡支架主要技术参数表

序号	技术指标	参数
1	型号	ZF10000/25/38 四柱支撑掩护式低位放顶煤过渡支架
2	中心距	1 750 mm
3	宽度	1 660～1 860 mm
4	初撑力	7 730 kN(p_0=31.4 MPa)
5	工作阻力	10 000 kN(p=40.62 MPa)
6	支护强度	0.93 MPa
7	高度	2 500～3 800 mm
8	底板平均比压	2.98 MPa
9	泵站压力	31.4 MPa
10	操纵方式	本架控制
11	移驾步距	800 mm

③ 选用 ZTZ20000/25/35 型中置式(两架一组)端头支架，其主要技术参数见表 3-10。

表 3-10　ZTZ20000/25/35 型中置式(两架一组)端头支架主要技术参数表

序号	技术指标	参数
1	型号	ZTZ20000/25/38 型中置式(两架一组)端头支架
2	高度	2 500～3 500 mm
3	单架宽度	920 mm

表 3-10(续)

序号	技术指标	参数
4	整架宽度	3 220 mm
5	初撑力	15 467 kN(p_0=31.4 MPa)
6	工作阻力	20 000 kN(p=40.62 MPa)
7	支护强度	0.52 MPa
8	底板平均比压	1.36 MPa
9	泵站压力	31.4 MPa
10	质量	64 946 kg

(5) 采空区处理

采空区处理采用顶板全部跨落法，这也是目前使用最为广泛的一种方法，管理较为方便。

工作面整体平面图如图 3-6 所示。

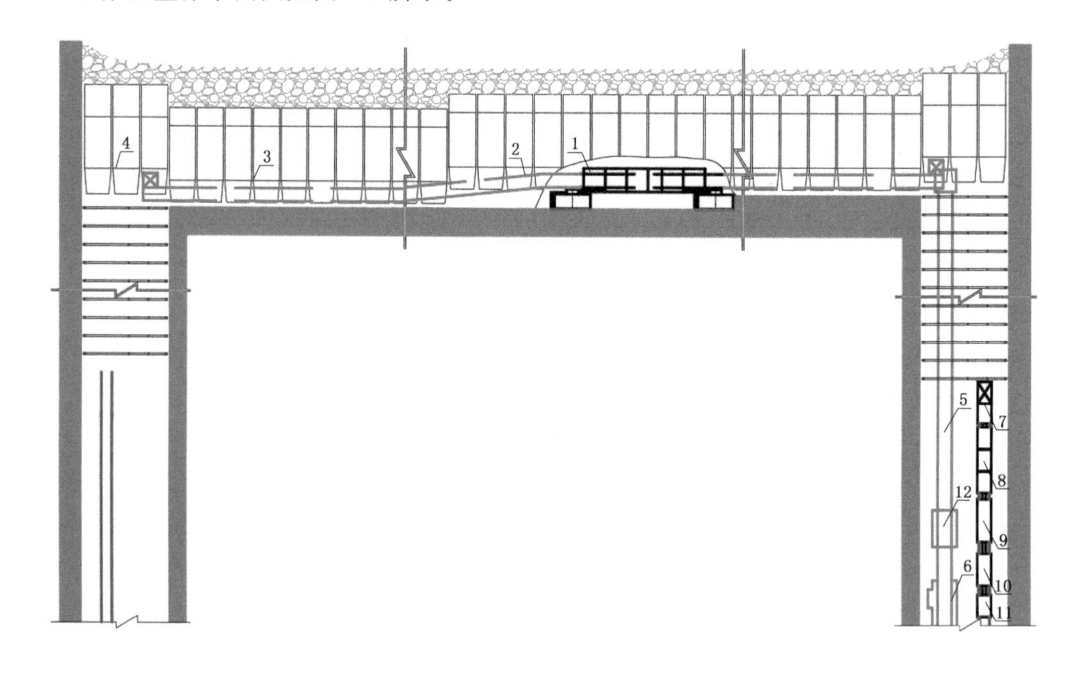

1—采煤机；2—刮板输送机；3—液压支架；4—端头支架；5—转载机；6—带式输送机；7—集中控制台；8—配电箱；9—移动变电站；10—乳化液泵站；11—喷雾泵站；12—破碎机。

图 3-6 工作面整体平面图

3.3.5 回采巷道布置

本矿井 3 号煤层设计采用综放开采一次采全高的后退式采煤方法，采高为 3.5 m，放顶 5 m，煤层虽瓦斯含量较低，但有自然发火危险性和粉尘爆炸危险性，通风压力较大，故在采煤工作面设计时，工作面采用单巷掘进，留 30 m 的保护煤柱，大巷保护煤柱留设为 50 m，以保证掘进和生产时期的通风和安全。

回采巷道采用锚网支护,煤的普氏硬度系数约为 1.44,锚杆间排距应取大一点。回采巷道示意图如图 3-7 所示。工作面运料进风斜巷和工作面运输回风斜巷断面图如图 3-8 和图 3-9 所示。

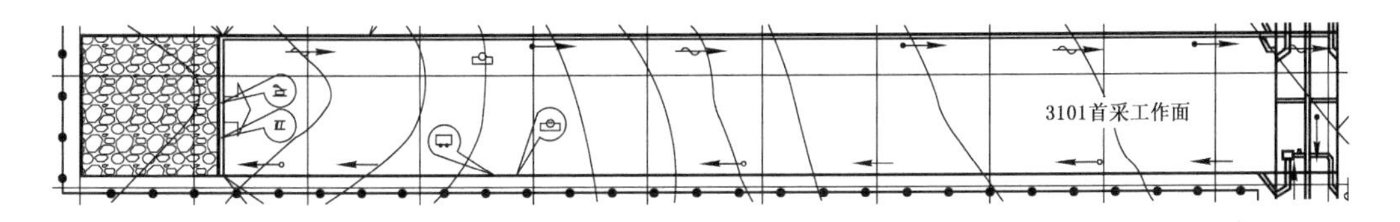

图 3-7　回采巷道示意图

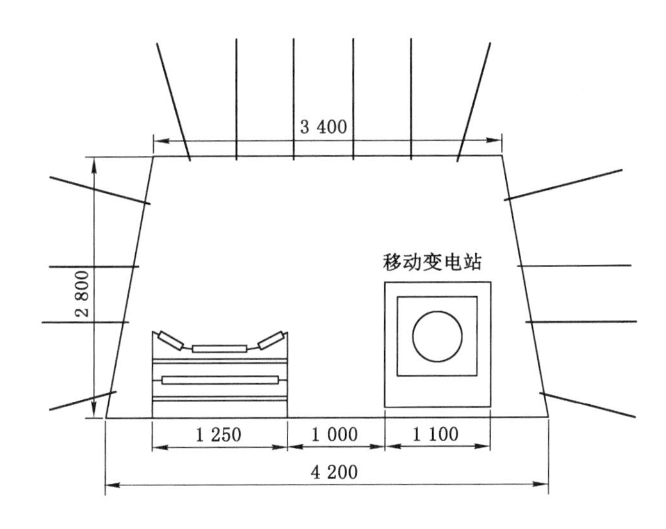

图 3-8　工作面运料进风斜巷断面图

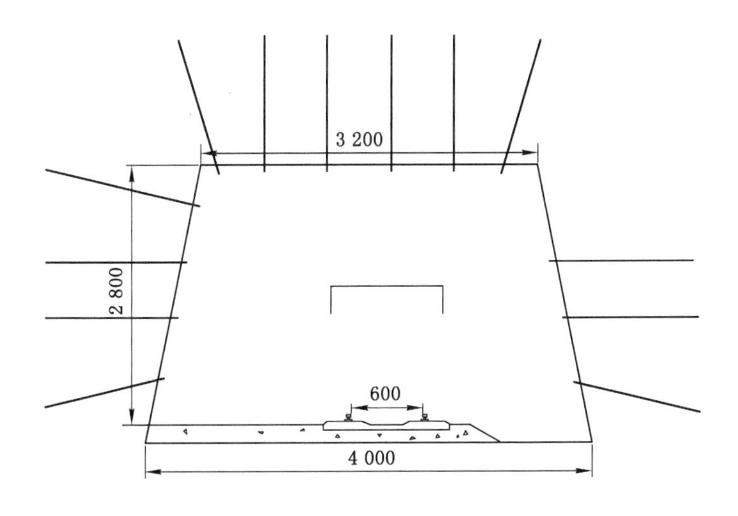

图 3-9　工作面运输回风斜巷断面图

4 矿井通风与安全

4.1 矿井通风系统拟定

4.1.1 矿井通风方式选择

通风方式的选择应充分考虑和比较各通风方式的技术及经济因素，目前来说，国内外矿井通风方式按照回风井位置不同可分为中央并列式、中央分列式、两翼对角式、分区对角式和混合式通风方式，以下为前四种基本通风方案的介绍。

方案一 中央并列式通风：进风与回风井大致位于井田中央，两井底可以开掘到第一水平[图 4-1(a)]，也可将回风井只掘至回风水平[图 4-1(b)]。

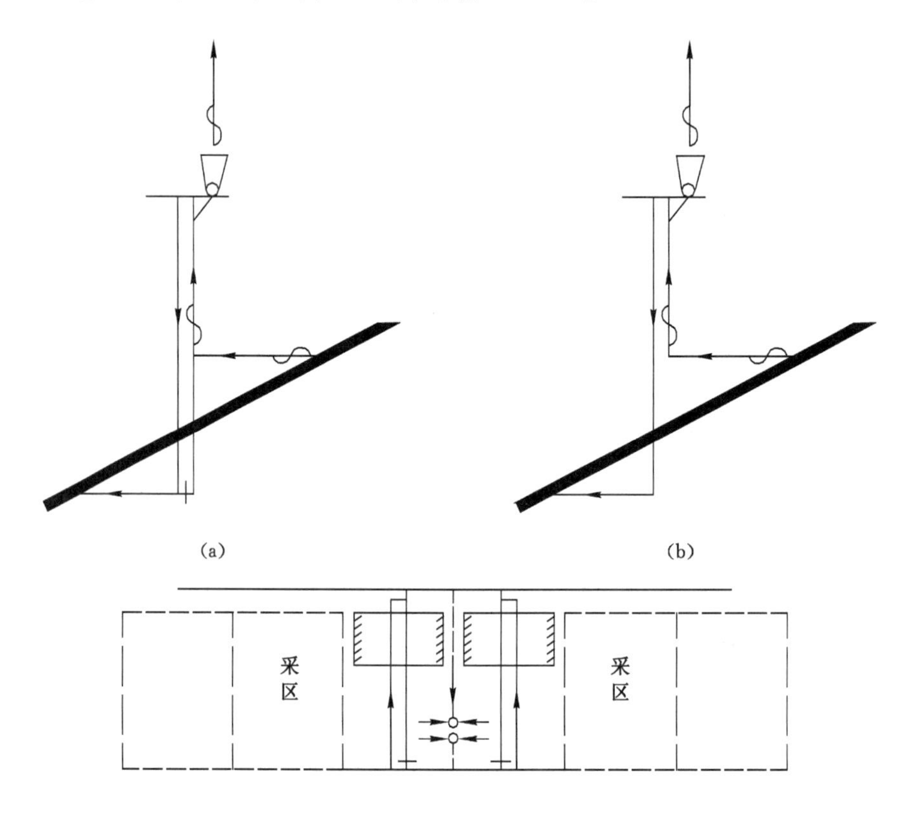

图 4-1 中央并列式通风方式

方案二 中央分列式通风：进风井大致位于井田走向中央，回风井大致位于井田浅部边界沿走向的中央，两井相隔一段距离，回风井的井底高于进风井的井底，如图 4-2 所示。

方案三 两翼对角式通风：进风井大致位于井田走向的中央，出风井位于沿浅部走向的两翼附近(沿倾斜方向的浅部)，如图 4-3 所示。

方案四 分区对角式通风：进风井大致位于井田走向的中央，每个采区各有一个回风井，无总回风巷，如图 4-4 所示。

四种基本通风方案优缺点及其适用条件如表 4-1 所列。

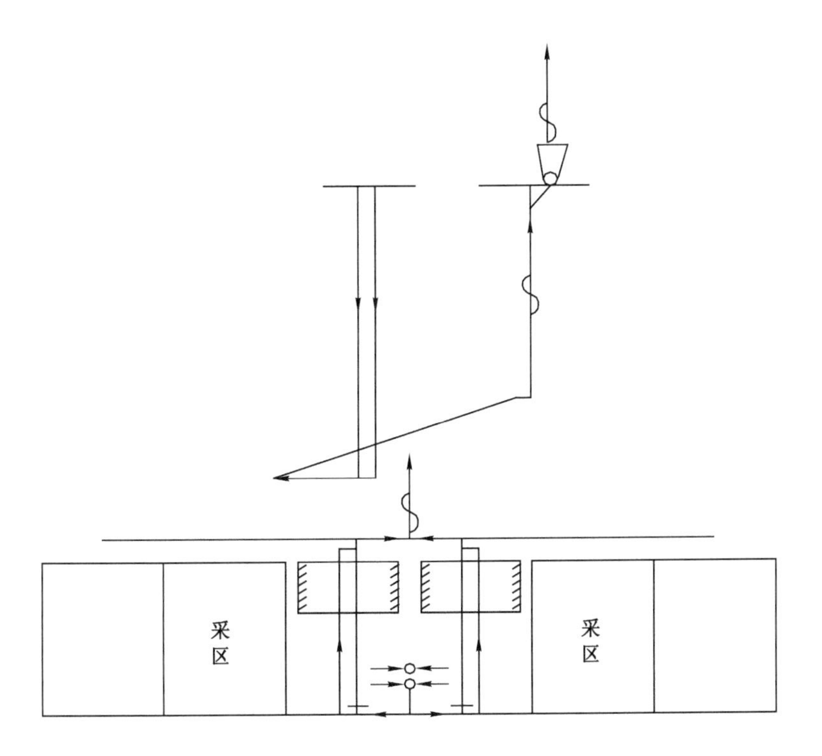

图 4-2 中央分列式通风方式

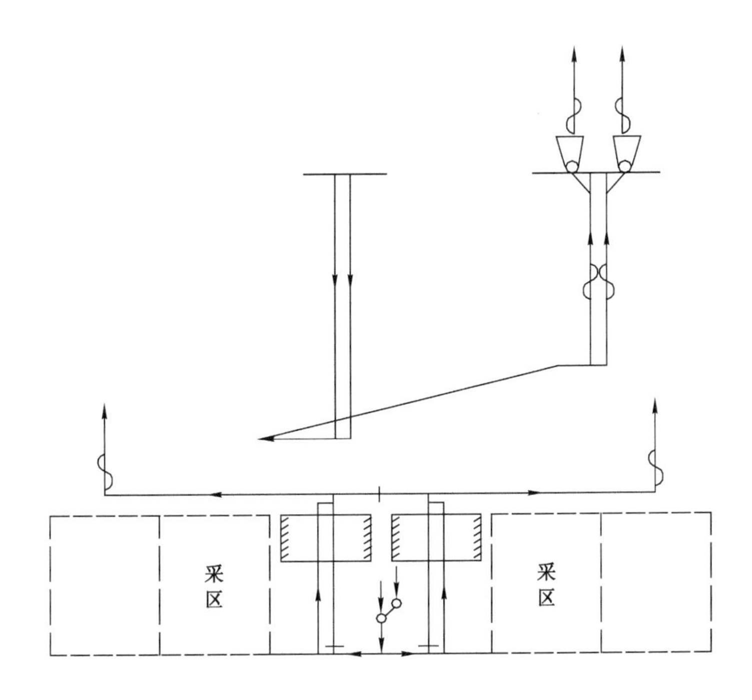

图 4-3 两翼对角式通风方式

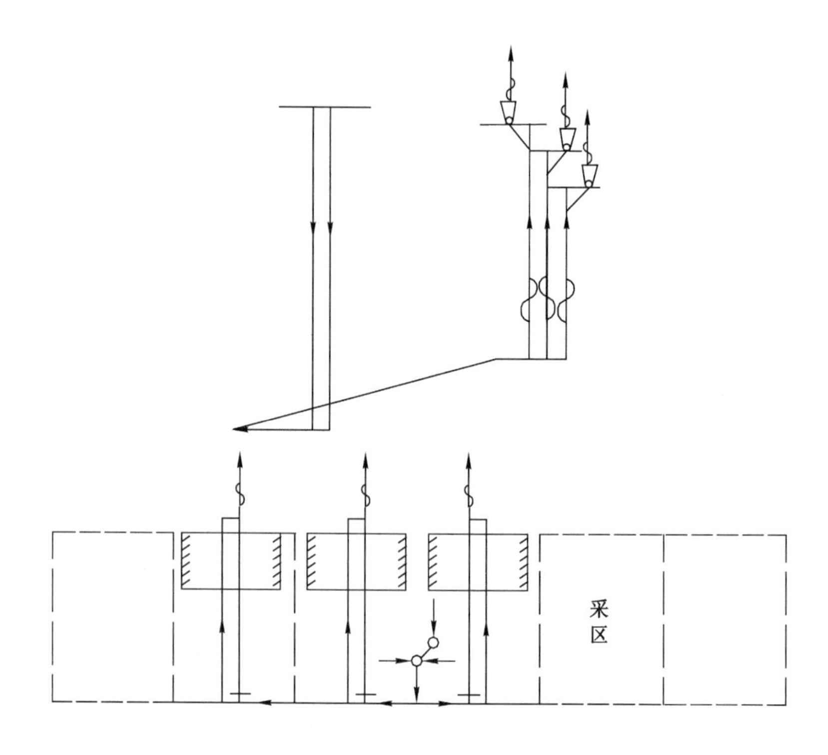

图 4-4 分区对角式通风方式

表 4-1 矿井通风方式比较

通风方式	优点	缺点	适用条件
中央并列式	初期投资少;工业场地布置集中;工业广场保护煤柱少	风路较长,风阻较大;采空区漏风较大	煤层倾角大、埋藏深,但走向长度并不大,且瓦斯、自然发火都不严重
中央分列式	通风阻力小,内部漏风少;能多一个安全出口;工业广场没有主要通风机的噪声影响	建井期限略长,有时初期投资稍大;后期维护费用高	煤层倾角较小,埋藏浅,走向长度不大,且瓦斯、自然发火比较严重
两翼对角式	风路短,阻力小;采空区的漏风较少;整体安全性更好	建井期限略长,有时初期投资稍大	煤层走向较大,井型较大,煤层上部距地表较浅,瓦斯和自然发火严重
分区对角式	通风路线短,通风阻力小	井筒数目多,基建费用高	煤层距地表浅,或无法开掘浅部的总回风巷

4.1.2 *矿井通风方案比较*

(1) 技术比较

本井田内 3 号煤层平均倾角约为 8°,平均厚度为 8.5 m,最高标高为－980 m,最低标高为－620 m,井田走向平均长度约4.0 km,井田倾向平均长度约8.5 km。从煤层特性上来说,3号煤层瓦斯含量较低,但该煤层埋藏较深,又有岩浆岩侵入,局部煤的变质程度较高,会有较高瓦斯带存在,且该煤层有粉尘爆炸危险性,为易自然发火煤层。

若本矿井采用中央并列式通风,回风井开凿在工业广场内,三个井筒在工业广场布置比较集中,便于管理,对于矿井的初期开采来说,整体经济效益较高。除此之外,本矿井计划开采3号煤层,结合上述煤层特性分析可知,该煤层通风压力较大,而中央并列式通风在开采前期通风线路短、阻力小,十分有利于前期开采时矿井的通风,且投产出煤快,但是到开采后期,这种通风方式会导致通风线路长度变长、阻力变大。所以,若采用中央并列式通风,到了开采后期通风压力过大,风阻太大从而导致风量不足,则需要在井田边界再开凿回风井,故也能满足生产要求,可作为备选方案。

若本矿井采用中央分列式通风,进风井筒布置在工业广场内,回风井筒布置在井田边界的中央,在开采前期,矿井通风阻力较少,通风路线较短,内部漏风小,但开采初期投资大建井周期长,出煤慢,且初期就在井田边界开凿回风井会导致井筒分布分散,整体维护困难,维护费用大,可作为备选方案。

若本矿井采用两翼对角式通风,虽然是风路较短,风阻较小,整体安全性会更好,但是会导致工业广场和井筒过于分散,维护费用大,前期投资过大、投产慢、建井周期长,故不作为选择。

若本矿井采用分区对角式通风,风井数量较多,初期基建费用和投资过高,后续维护困难,维护费用高,并且难以同时管理,故不作为选择。

综合上述,经过相关技术比较后,本矿井可采用中央并列式通风和中央分列式通风做进一步的比较。

(2) 经济比较

结合实际情况将上述两种通风方案进行比较分析,本矿井可采3号煤层有煤炭自燃及粉尘爆炸的危险,故采用中央并列式通风的话在开采后期通风压力较大时需要在井田边界开凿回风井,而中央分列式通风可有效地避免此缺点,但中央分列式通风方式前期投资大、投产慢、建井周期长,以下对两种通风方案进行经济比较。

① 基建费用比较(表4-2)

表4-2 基建费用对比

比较项目	中央并列式			中央分列式		
	工程量/m	单价/(万元/m)	总计/万元	工程量/m	单价/(万元/m)	总计/万元
回风井	800	1.0	800	720	1.0	720
回风大巷	3 194	0.8	2 555.2	4 346	0.8	3 476.8
总计/万元	3 355.2			4 196.8		

② 维护费用比较(表4-3)

表 4-3　维护费用对比

比较项目	中央并列式				中央分列式			
	工程量/m	单价/[元/(m·a)]	年限/a	总计/万元	工程量/m	单价/[元/(m·a)]	年限/a	总计/万元
回风井	800	50	60.02	240.08	720	50	60.02	216.07
回风大巷	3 194	70	60.02	1 341.93	4 346	70	60.02	1 825.93
总计/万元	1 582.01				2 042.00			

③ 通风设备购置费用(表 4-4)

表 4-4　通风设备购置费用对比

比较项目	中央并列式	中央分列式
通风设备购置费用/万元	300	400

④ 总费用比较(表 4-5)

表 4-5　总费用比较

比较项目	中央并列式	中央分列式
基建费用/万元	3 355.2	4 196.8
维护费用/万元	1 582.01	2 042.00
通风设备购置费用/万元	300	400
总计/万元	5 237.21	6 638.80

由表 4-5 可知，中央并列式通风初期总投资能够比中央分列式通风便宜很多，且中央并列式通风初期出煤快、建井周期短，整体来说中央并列式通风比中央分列式通风更适合初期的开采。后期开采时，由于本矿井 3 号煤层为易自然发火煤层且有粉尘爆炸危险，所以若后期通风压力大中央并列式通风需要在井田边界中央开凿一个回风井以缓解整体通风的压力，所以总的费用来说中央并列式通风还可能需要增加额外风井的开凿，即对于本矿井来说总体中央并列式通风方案价格在 6 037 万元左右，也比中央分列式通风方案的 6 638.80 万元便宜一些，所以综合考虑技术和经济因素后决定选用中央并列式通风方式。

4.1.3　主要通风机工作方式

《煤矿安全规程》第一百五十八条规定：矿井必须采用机械通风。按照主要通风机的工作方式可以将矿井通风系统分为压入式、抽出式和抽压混合式三类，其优缺点和适用条件如表 4-6 所列。

表 4-6 主要通风机通风方式比较

通风方式	优点	缺点	适用条件
抽出式	主要通风机停止运转时,能使采空区瓦斯涌出量减小;外部漏风量较小,通风管理比较简单;不存在向下水平过渡时期的困难	当存在小窑塌陷区时,会把小窑中积存的有害气体抽到井下,使工作面的有效风量减小	适应性较广泛,尤其对高瓦斯矿井,有利于对瓦斯的管理
压入式	节省风井场地,施工方便,主要通风机台数少,管理方便;能用一部分回风把小窑塌陷区的有害气体压到地面	井底煤仓及装载硐室漏风大,管理困难;风阻大,风量调节困难;主要通风机停止运转时,可能在短时间内引起采空区的瓦斯大量外涌	适用于低瓦斯矿的第一水平,或矿井地面比较复杂,无法采用抽出式时

本矿井 3 号煤层为低瓦斯煤层,该煤层有粉尘爆炸危险和煤炭自燃危险,若采用压入式通风会使得井下风流路线上漏风较大,管理困难,对于矿井整体通风管理和安全性较差,考虑到矿井各方面因素和抽出式的优点较多,所以本设计决定采用抽出式的主要通风机工作方式更为合适。

4.2 带区通风

4.2.1 带区通风系统

本矿井设计生产能力为 3.0 Mt/a 的大型矿井,为低瓦斯矿井,可采煤层为 3 号煤层,为低瓦斯煤层,但由于井田内 3 号煤层埋藏较深,又有岩浆岩侵入,局部煤的变质程度较高,会有较高瓦斯带存在,煤层具有自燃和粉尘爆炸危险。

本矿井设计采用单水平开拓,在该水平内采用带区的布置方式,把整个井田分为 6 个带区,首采为西二带区,带区内专门在岩层中布置一条回风大巷用于全矿井的回风,回风大巷与工作面间采用分带进风斜巷与分带回风斜巷连接,直接用于工作面与回风大巷间的风流传输。

4.2.2 采煤工作面通风方式

(1) 采煤工作面通风方式确定

针对不同的煤炭赋存情况,需要选择合适的工作面通风方式,主要包括 U 型、Y 型、W 型、Z 型,各通风系统示意图、优缺点和适用条件(只考虑后退式开采)如表 4-7 所列。

龙固煤矿为低瓦斯矿井,3 号煤层瓦斯含量较低,但局部可能有高瓦斯带存在,且煤层有自燃危险和粉尘爆炸危险,特别要注意防止采空区的煤炭自燃情况,同时也要考虑到施工维护的难易程度以及矿井的经济投入,综合考虑上述因素后,最终确定采煤工作面采用 U 型通风方式,在不用考虑上隅角瓦斯超限的情况下,该方式通风系统布置简单,漏风少,便于管理。

(2) 采煤工作面上下行通风确定

在工作面风流方向上,又可分为上行通风和下行通风。上行通风一般适用于倾角大于 12°的工作面,运输设备都位于进风流中,整体安全性较好;下行通风相较于上行通风来说,虽然工作面内煤尘含量会减小,但是下行风发生瓦斯爆炸的可能性更大,发生爆炸时危害程度也更大。

表 4-7　工作面通风方式

通风系统	示意图	优缺点及适用条件
U 型		便于掌握煤层赋存情况，漏风少；采空区煤炭自燃威胁大，上隅角瓦斯浓度较高；对瓦斯涌出量大、易自然发火煤层，必须采取一定措施后使用
Y 型		上下巷都进风，风量大，工作环境较好；上隅角瓦斯浓度低，安全性高；巷道工程量大，成本较高
Z 型		采用沿空留巷，巷道的掘进量小，成本低；瓦斯不易在上隅角积聚；采空区易漏风，回风巷瓦斯易超限
W 型		能共用一条巷，巷道掘进量小，成本低；进风巷多，风量大，瓦斯易被稀释

综上所述，并根据本矿井的实际情况（本矿井为低瓦斯矿井，煤层有自然发火危险和粉尘爆炸危险，爆炸危险性较大），所以出于安全考虑，决定采煤工作面采用上行通风。

4.2.3　通风构筑物

井下各巷道之间互相交错、高低不一，故需要各种通风设施如风桥等对其进行连接，实现风流在各巷道间顺利流动。此外，在不同用风地点的需风量也不相同，故需要调节风窗、风门等设施进行井下风量的调配，实现按需供风。井下的通风构筑物主要包括风桥、风门、挡风墙、调节风窗和测风站等。

4.3　掘进通风

4.3.1　掘进通风方法确定

根据通风动力形式的不同，掘进通风包括局部通风机通风、矿井全风压通风和引射器通风。目前国内外基本在掘进通风时都采用局部通风机进行通风，局部通风机通风比后两者的适用性更好，可满足长距离大断面的掘进巷道通风，故本设计选择采用局部通风机进行掘进通风。

4.3.2　掘进通风方式确定

局部通风机的通风方式主要分为三种，即抽出式、压入式和混合式，三种通风方式的相关介绍和比较选择如下。

(1) 抽出式

局部通风机安设在进风巷道的新鲜风流中,局部通风机造成的负压使新鲜空气到达工作面,污风经风筒由局部通风机抽出。具体布置示意图如图 4-5 所示。

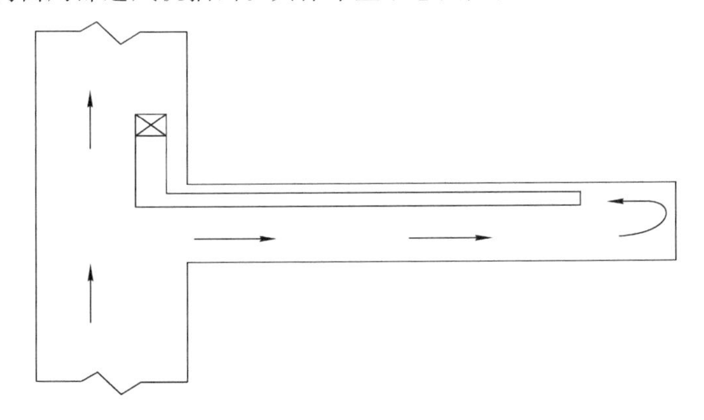

图 4-5　抽出式掘进通风

(2) 压入式

局部通风机安设在进风巷道的新鲜风流中,距掘进巷道的排风口必须大于 10 m,新鲜风流由局部通风机压入经风筒送到工作面,污浊空气经巷道排出进入总回风巷。具体布置示意图如图 4-6 所示。

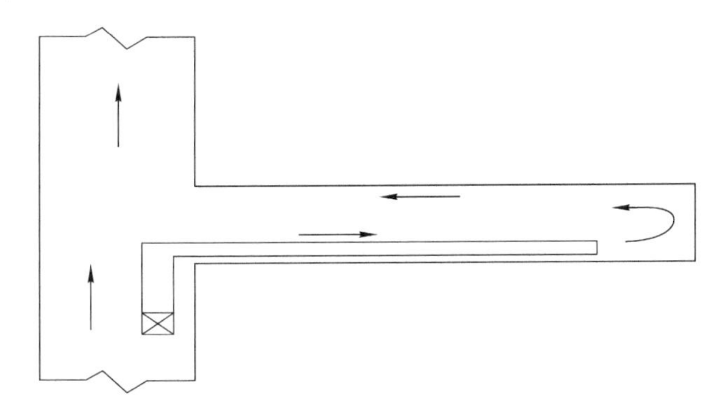

图 4-6　压入式掘进通风

(3) 混合式

混合式通风就是将抽出式和压入式进行结合运用,一般是长距离大断面岩巷掘进通风的较好选择。混合式通风又分为长抽短压、长压短抽、长抽长压等,基本设置要求与上述抽出式和压入式通风方式基本一致,在此便不再详细阐述。

结合上述介绍和龙固煤矿的实际情况可知,本设计可采 3 号煤层为低瓦斯煤层,但有粉尘爆炸危险性和煤炭自燃危险性,若选择抽出式掘进通风方式,会导致掘进面整个通风系统更加复杂,而且污风通过局部通风机,对设备防爆性要求较高,再加上抽出式通风会导致产生负压,通风系统管理不便,故目前国内外矿井主流选择均为压入式通风,所以本设计最后也决定采用压入式掘进通风方式,安全性较高的同时可以采用柔性风筒,运输及安装较简便。

4.3.3 掘进工作面需风量

根据《煤矿安全规程》中的相关规定，掘进工作面需风量可按照瓦斯(或二氧化碳)涌出量、炸药量和人数计算需风量后取最大值，并进行风速验算。

根据相关资料显示，本矿井为低瓦斯矿井，相对瓦斯涌出量为 0.30 m^3/t，故根据下式可计算全矿井绝对瓦斯含量：

$$Q_{CH_4} = q_{CH_4} \times A \div 1\ 440 \tag{4-1}$$

式中 Q_{CH_4} ——绝对瓦斯涌出量，m^3/min；

q_{CH_4} ——相对瓦斯涌出量，为 0.30 m^3/t；

A ——日产煤量，为 10 260.69 t/d。

将相关数据代入式(4-1)可得：$Q_{CH_4} = 2.14\ m^3/min$。

(1) 按瓦斯涌出量计算

$$Q_{jj} = \frac{100 Q_{CH_4} K_j}{60} \tag{4-2}$$

式中 Q_{jj} ——掘进工作面实际需风量，m^3/s；

Q_{CH_4} ——掘进工作面平均绝对瓦斯涌出量，取 2.14 m^3/min；

K_j ——掘进工作面因瓦斯涌出不均匀的备用风量系数，机掘工作面取 1.5～2.0，本设计可取 1.5。

将相关数据代入式(4-2)可得：$Q_{jj} = 5.35\ m^3/s$。

(2) 按炸药使用量计算

$$Q_{jj} = 25A_j/60 \tag{4-3}$$

式中 Q_{jj}——掘进工作面实际需风量，m^3/s；

25——适用 1 kg 炸药的供风量，m^3/min；

A_j——掘进工作面一次爆破所用的最大炸药量，可取 13 kg。

将相关数据代入式(4-3)可得：$Q_{jj} = 5.42\ m^3/s$。

(3) 按工作人员数量计算

$$Q_{jj} = 4N_j/60 \tag{4-4}$$

式中 Q_{jj} ——掘进工作面实际需风量，m^3/s；

N_j ——掘进工作面同时工作的最多人数，取 20 人。

将相关数据代入式(4-4)可得：$Q_{jj} = 1.33\ m^3/s$。

(4) 按风速进行验算

岩巷掘进工作面的风量应满足：

$$0.15S_j \leqslant Q_{jj} \leqslant 4S_j$$

煤巷、半煤岩巷掘进工作面的风量应满足：

$$0.25S_j \leqslant Q_{jj} \leqslant 4S_j$$

式中 Q_{jj} ——掘进工作面实际需风量，m^3/s；

S_j ——掘进工作面巷道过风断面积，为 18.20 m^2。

即岩巷掘进工作面的风量应满足：

$$2.73\ m^3/s \leqslant Q_{jj} \leqslant 72.80\ m^3/s$$

煤巷、半煤岩巷掘进工作面的风量应满足：

$$4.55\ \mathrm{m^3/s} \leqslant Q_{jj} \leqslant 72.80\ \mathrm{m^3/s}$$

本矿井掘进工作面需风量取上述计算最大值为 5.42 $\mathrm{m^3/s}$，即 325.2 $\mathrm{m^3/min}$，三条大巷均布置在煤层底板岩层中，满足风速验算的要求。

4.3.4 掘进通风设备选型

(1) 风筒设备选型

① 风筒材质及参数选择

掘进通风使用的风筒分为柔性风筒和刚性风筒，柔性风筒只适用于压入式通风，经过上文中的综合考虑比较后，本设计决定选择压入式通风，故可以选用柔性风筒。为了价格便宜和运输方便，本设计可采用胶皮风筒，其常用规格如表 4-8 所列。对于本设计来说，煤巷的掘进长度比较大，远大于 1 000 m，所以可以选用表 4-8 中直径为 1 000 mm 的风筒，具体参数可参照表 4-8。

表 4-8 胶皮风筒规格参数表

直径/mm	截长/m	壁厚/mm	风筒质量/(kg/m)	摩擦阻力系数 $\alpha \times 10^4$ /($\mathrm{N \cdot s^2/m^4}$)	风筒断面/$\mathrm{m^2}$	百米风阻/($\mathrm{N \cdot s^2/m^8}$)
500	10	1.2	1.9	45	0.196	94
600	10	1.2	2.3	41	0.283	34
800	10	1.2	3.2	32	0.503	6.4
1 000	10	1.2	4.0	29	0.785	1.9

② 风筒的接头形式

柔性风筒的接头方式有插接、单反边接头、双反边接头、活三环多反边接头、螺圈接头等多种形式，各种接头连接方式的示意图如图 4-7 所示。结合本矿井的实际情况，掘进工作面长度远大于 1 000 m，故决定采用活三环多反边接头。

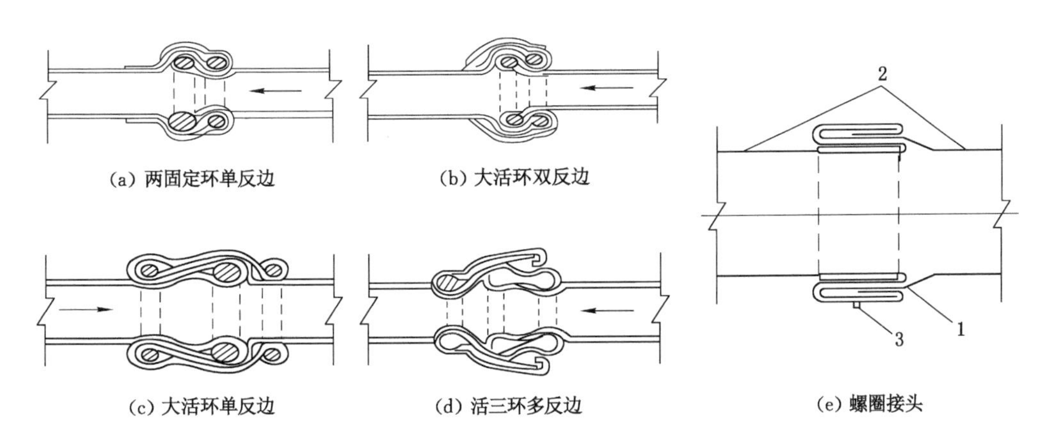

1—螺圈；2—风筒；3—铁丝箍。

图 4-7 风筒接头连接方式示意图

③ 风筒的风阻

风筒的风阻包括局部风阻和摩擦风阻，局部风阻包括接头风阻和弯头风阻。本设计选用的柔性风筒为直径 1 000 mm 的胶皮风筒，具体参数见表 4-8。

本设计掘进工作面煤巷长度约为 1 900 m，结合上述表 4-8 的相关参数可计算得到风筒的总风阻为：

$$R_p = 1\ 900 \div 100 \times 1.9 = 36.1\ (\mathrm{N \cdot s^2/m^8}) \tag{4-5}$$

④ 风筒的漏风备用系数

对于柔性风筒，其漏风备用系数可利用下式进行计算：

$$\psi = \frac{1}{1 - \dfrac{p_{漏} L}{10\ 000}} \tag{4-6}$$

式中 ψ——柔性风筒的漏风备用系数；

$p_{漏}$——风筒百米漏风率，可参考表 4-9 相关参数，本设计风筒接头形式选择为活三环多反边接头，故百米漏风率可取 0.5；

L——风筒全长，为 1 900 m。

表 4-9 柔性风筒百米漏风率

风筒接头类型	百米漏风率
胶接	0.1～0.4
多反边	0.4～0.6
插接	12.8

将相关数据代入式(4-6)可得：$\psi = 1.105$。

(2) 局部通风机设备选型

① 局部通风机工作风量

掘进工作面局部通风机工作风量可用下式来进行计算：

$$Q_f = \psi Q_h \tag{4-7}$$

式中 Q_f——局部通风机工作风量，$\mathrm{m^3/min}$；

ψ——风筒的漏风备用系数，为 1.105；

Q_h——掘进工作面需风量，上述计算的最大值为 325.2 $\mathrm{m^3/min}$，设计可取 330 $\mathrm{m^3/min}$。

将相关数据代入式(4-7)可得：$Q_f = 364.65\ \mathrm{m^3/min}$。

② 局部通风机工作风压

局部通风机的风压用于克服风筒的通风阻力，计算风筒通风阻力时，应该按照通风方法的不同选用不同的计算方法。本设计采用压入式通风方法，压入式通风局部通风机全压计算公式如下：

$$H_t = R_p Q_f Q_h + 0.811 \rho Q_h^2 / D^4 \tag{4-8}$$

式中 H_t——局部通风机工作风压(全压)，Pa；

R_p——压入式风筒的总阻力，为 36.1 $\mathrm{N \cdot s^2/m^8}$；

Q_f——局部通风机工作风量,为 6.077 5 m^3/s;

Q_h——掘进工作面需风量,取 5.5 m^3/s;

ρ——空气密度,取 1.3 kg/m^3;

D——风筒直径,为 1 m。

将相关数据代入式(4-8)可得:$H_t = 1\ 238.58$ Pa。

③ 局部通风机设备选型

本设计采用压入式局部通风方式,可选用 FBDY 系列矿用智能变频防爆压入式对旋轴流局部通风机。该系列通风机能够很好满足目前智能通风的需求,它能与多种传感器、终端等智能设备进行交互,可以很方便地利用智能通风系统进行无人化管理。

根据上述计算得到的相关结果,按照局部通风机的风量和风压要求,最终本设计确定采用压入式局部通风机的型号为 FBDY No.6.3/2×30(配套电机型号为 YBF2-160M2-2),其具体参数如表 4-10 所列。

表 4-10 FBDY No.6.3/2×30 矿用防爆压入式对旋轴流局部通风机的主要技术参数

型号	叶轮直径/mm	风量/(m^3/min)	全压效率/%	比 A 声级/dB	配套电机		
					额定功率/kW	额定电压/V	额定电流/A
FBDY No.6.3/2×30	630	370~570	≥83	≤85	2×30	380/660 660/1 140	28.8/16.6 16.6/9.58

4.4 矿井所需风量及分配

4.4.1 矿井总需风量计算

矿井总需风量是井下各个工作地点的有效风量和各条风路上漏风量的总和。以下将按照矿井实际需风量从两个方面对矿井总需风量进行计算,最后结果取两者的最大值为矿井实际总需风量。

(1) 按井下同时工作最多人数计算:

$$Q \geqslant 4NK_t \tag{4-9}$$

式中 Q——矿井总进风量,m^3/min;

N——同时工作最多人数,本矿井为设计生产能力 3.0 Mt/a 的大型矿井,所以本设计可取 600 人;

K_t——矿井通风系数,本设计可取 1.25。

将相关数据代入式(4-9)可得:$Q \geqslant 3\ 000\ m^3/min$。

(2) 按采煤、掘进、硐室及其他地点实际需风量的总和计算:

$$Q \geqslant (Q_a + Q_b + Q_c + Q_d + Q_k) \times K_w \tag{4-10}$$

式中 Q——矿井总进风量,m^3/min;

Q_a——采煤工作面实际需风量总和,m^3/min;

Q_b——备采工作面实际需风量总和,m^3/min;

Q_c——掘进工作面实际需风量总和,m^3/min;

Q_d——独立通风的硐室实际需风量总和,m^3/min;

Q_k——其他巷道实际需风量总和,m^3/min;

K_w ——矿井通风系数，宜取 1.15～1.25，本设计取 1.20。

① 采煤工作面实际需风量总和

采煤工作面需风量可根据瓦斯涌出量、工作面温度选择适宜的风速、同时作业人数及一次爆破最大炸药量来进行计算，最后取其最大值，并进行风速验算。

a. 按瓦斯涌出量计算

$$Q_a = 100 \times q_a \times K_a \tag{4-11}$$

式中 Q_a ——采煤工作面实际需风量，m^3/min；

q_a ——采煤工作面回风流中瓦斯的平均绝对涌出量，为 2.14 m^3/min；

K_a ——采煤工作面瓦斯涌出不均匀系数，可取 1.30。

将相关数据代入式(4-11)可得：$Q_a = 278.2\ m^3/min$。

b. 按工作面温度选择适宜的风速计算

$$Q_a = 60 \times v_a \times S_a \tag{4-12}$$

式中 Q_a ——采煤工作面实际需风量，m^3/min；

v_a ——采煤工作面平均风速，具体选择可参考表 4-11，工作面温度在 23～26 ℃之间，故风速可取 1.7 m/s；

S_a ——采煤工作面平均有效断面积，参考上文中液压支架选型参数和巷道面积等参数，可取 12.96 m^2。

表 4-11 工作面气温和风速的关系

工作面温度/℃	20～23	23～26	26～28	28～30
工作面风速/(m/s)	1.0～1.5	1.5～1.8	1.8～2.5	2.5～3.0

将相关数据代入式(4-12)可得：$Q_a = 1\ 322\ m^3/min$。

c. 按工作面同时作业人数计算(按每人供风量不小于 4 m^3/min)

$$Q_a = 4N \tag{4-13}$$

式中 Q_a ——采煤工作面实际需风量，m^3/min；

N ——采煤工作面实际同时作业最多人数，可取 30 人。

将相关数据代入式(4-13)可得：$Q_a = 120\ m^3/min$。

d. 按一次爆破最大炸药量计算(每千克炸药供风量不小于 25 m^3/min)

$$Q_a = 25A \tag{4-14}$$

式中 Q_a ——采煤工作面实际需风量，m^3/min；

A ——一次爆破炸药最大用量，可取 13 kg。

将相关数据代入式(4-14)可得：$Q_a = 325\ m^3/min$。

e. 按风速进行验算

$$15S_a < Q_a < 240S_a$$

即：采煤工作面风量应满足 $194.4\ m^3/min < Q_a < 3\ 110.4\ m^3/min$，综合上述计算取其中最大值为 1 322 m^3/min，本设计共布置一个采煤工作面，故总需风量为 1 322 m^3/min。

② 备采工作面实际需风量总和

一般可取采煤工作面需风量的 50%作为备采工作面实际需风量的值，如下式所列：

$$Q_b = 50\% \times Q_a \tag{4-15}$$

式中 Q_b ——备采工作面实际需风量,m^3/min;

Q_a ——采煤工作面实际需风量,为 1 322 m^3/min。

将相关数据代入式(4-15)可得:$Q_b = 661\ m^3/min$

本设计布置一个备采工作面,即实际总需风量为 661 m^3/min。

③ 掘进工作面实际需风量总和

掘进工作面实际需风量可按式(4-16)和式(4-17)进行计算,对于本设计来说,设计布置2个煤巷掘进头,掘进工作面实际需风量可利用局部通风机的实际吸风量根据式(4-17)对两条煤巷进行计算。

岩巷:

$$Q_{c1} = Q_{cs} \times I + 9S \tag{4-16}$$

煤巷:

$$Q_{c2} = Q_{cs} \times I + 15S \tag{4-17}$$

式中 Q_{c1} ——岩巷掘进工作面需风量,m^3/min;

Q_{c2} ——煤巷掘进工作面需风量,m^3/min;

Q_{cs} ——每台局部通风机的吸风量,为 330 $m^3/(min \cdot 台)$;

I ——掘进工作面的局部通风机数量,2 台;

S ——掘进工作面巷道过风断面积,为 18.2 m^2。

将相关数据代入式(4-17)可得:$Q_c = Q_{c2} = 933\ m^3/min$。

故掘进工作面实际总需风量为 933 m^3/min。

④ 独立通风的硐室实际需风量总和

井下硐室包括中央变电所、炸药库、带区变电所、避难硐室等,按照经验值给出所需风量,具体数值见表 4-12。

表 4-12 井下硐室配风量

硐室名称	中央变电所	炸药库	带区变电所	避难硐室	绞车房	机电泵房	其他硐室
配风量/(m^3/min)	300	180	150	100	150	130	350

结合表 4-12 可得独立通风的硐室实际需风量总和为:

$$Q_d = 300 + 180 + 150 + 100 + 150 + 130 + 350 = 1\ 360\ (m^3/min)$$

⑤ 其他巷道实际需风量总和

其他巷道需风量用经验公式进行计算,即按采煤工作面、掘进工作面、备采工作面和各个硐室需风量之和的 5%采用下式进行估算:

$$Q_k = (Q_a + Q_b + Q_c + Q_d) \times 5\% \tag{4-18}$$

式中 Q_k ——其他巷道实际需风量总和,m^3/min;

Q_a ——采煤工作面实际需风量总和,为 1 322 m^3/min;

Q_b ——备采工作面实际需风量总和,为 661 m^3/min;

Q_c ——掘进工作面实际需风量总和,为 933 m^3/min;

Q_d ——独立通风的硐室实际需风量总和，为 1 360 m^3/min。

将相关数据代入式(4-18)可得：$Q_k = 213.8\ m^3/min$。

综合以上计算，将相关数据代入式(4-10)可得矿井总风量：

$$Q = (1\ 322 + 661 + 933 + 1\ 360 + 213.8) \times 1.2 = 5\ 387.76\ (m^3/min)$$

对比以上计算结果，取其中矿井总风量计算最大值，即为 5 387.76 m^3/min。由于在矿井通风容易时期和困难时期的需风点没有发生变化，故矿井通风容易与困难时期的总风量相等，即：

$$Q = 5\ 387.76\ m^3/min$$

4.4.2 矿井风量分配

(1) 矿井风量分配原则

矿井风量分配需要遵循以下原则：

① 各用风地点的风量按照上述计算结果进行分配。

② 各巷道分配的风量在《煤矿安全规程》规定的范围内。

(2) 矿井风量分配

按照风量分配原则，可进行本矿井风量分配，如表 4-13 所列。

表 4-13　风量分配表

用风地点		数量	单位需风量/(m^3/min)	总风量/(m^3/min)
采煤工作面		1	1 322	1 322
备采工作面		1	661	661
掘进工作面	煤巷 1	1	466.5	466.5
	煤巷 2	1	466.5	466.5
硐室	中央变电所	1	300	300
	炸药库	1	180	180
	带区变电所	1	150	150
	避难硐室	1	100	100
	绞车房	1	150	150
	机电泵房	1	130	130
	其他硐室	1	350	350
其他巷道		1	213.8	213.8
总计		—	—	4 489.8

4.4.3 矿井风速验算

当风量分配到各用风地点后，必须结合巷道断面情况，按照《煤矿安全规程》规定的风速(表 4-14)进行风速验证，保证各巷道的风速均在合理范围内。各巷道的实际风速可根据相关巷道断面和风量进行计算，然后再与《煤矿安全规程》规定风速进行对比确定其合理性，相关数据计算结果及比较见表 4-15。

表 4-14 各类巷道允许的风速

井巷类型	允许风速/(m/s)	
	最低风速	最高风速
无提升设备的风井和风硐	—	15
升降人员和物料的井筒	—	8
主要进、回风巷道	—	8
运输机巷道	0.25	6
带区进、回风巷道	0.25	6
采煤工作面	0.25	4
掘进中的煤巷和半煤岩巷	0.25	4
掘进中的岩巷	0.15	4
其他通风行人巷道	0.15	—

表 4-15 各类巷道风速计算表

巷道名称	断面积/m^2	风量/(m^3/min)	风速/(m/s)	是否符合要求
主井	33.18	1 000	0.50	是
副井	44.18	3 679.04	1.38	是
回风井	19.63	4 662.04	3.96	是
回风大巷	16.82	4 662.04	4.62	是
轨道大巷	15.38	3 679.04	3.98	是
工作面运料进风斜巷	10.64	1 322	2.07	是
工作面运输回风斜巷	10.08	1 322	2.19	是
采煤工作面	12.90	1 322	1.71	是
掘进中的煤巷	18.20	603.15	0.55	是

4.5 矿井通风阻力

矿井通风总阻力包括摩擦阻力和局部阻力，摩擦阻力占总阻力的 90%左右，其数值可作为主要通风机型号选择的重要依据之一。在计算通风阻力之前，还需确定矿井的通风容易时期和困难时期，并分别计算其阻力，在后续选择主要通风机时其工作风压要能够克服矿井的最大通风阻力。

4.5.1 矿井通风困难时期与容易时期的确定

本矿井为设计生产能力 3.0 Mt/a 的大型矿井，其服务年限约为 61 a，故在确定矿井通风困难时期和容易时期时只考虑前 25 a。对于本矿井的设计来说，由于矿井各个开采时期主要需风点没有发生变化，故在确定通风困难时期和容易时期时只需要考虑通风阻力最大和最小时期，即确定风路最长和最短的时期。

对于本矿井来说，采用的是中央并列式通风，风井布置在工业广场内，井田整体按照带区的方式进行布置，井田整体分为六个带区，分别为西一、西二、西三带区和东一、东二、东三带区，采掘接替顺序为：首采西二带区→东二带区→东一带区→西一带区→西三带区→东三带区。在西二带区内，按照条带状划分为若干工作面，工作面间采用顺采的方式，防止出现孤岛和半孤岛工作面，首采工作面确定为3101工作面。

结合开拓平面图可简单观察得，首采西一带区的3101工作面时距离工业广场井筒最近，风路最短，风阻最小，即为矿井通风的容易时期，此时3102工作面为备用工作面，3103工作面为掘进工作面，其阻力路线如图4-8所示，表现在通风系统网络图中的顺序为：1→4→6→10→11→12→3101首采工作面→13→14→15→8→27→3。

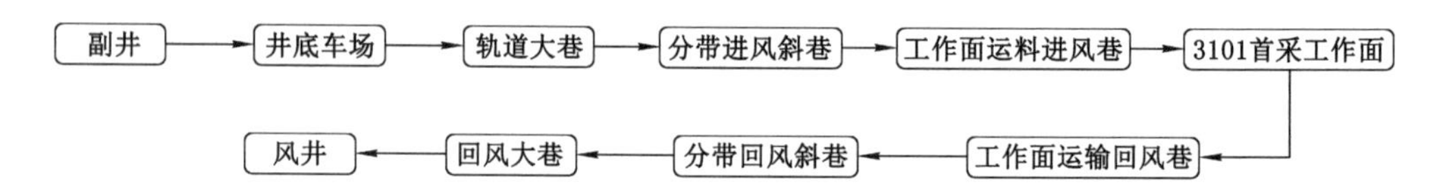

图4-8　通风容易时期通风阻力路线框图

矿井通风容易时期通风系统立体图和网络图如图4-9和图4-10所示。

在只考虑前25 a的情况下，在第25年应大致开采至东一带区距离工业广场井筒较远端的3301采煤工作面，此时3302工作面为备用工作面，3303工作面为掘进工作面，结合开拓平面图可简单分析得此时整体通风路线最长，风阻最大，即为矿井通风的困难时期，在矿井的困难时期其需风点整体与容易时期相一致，只是风路更长，故此时通往3301采煤工作面的通风阻力路线如图4-11所示，表现在通风系统网络图中的顺序为：1→4→6→10→11→12→3301采煤工作面→13→14→15→8→27→3，用风地点总体与容易时期相同，但路线有所增长。

矿井通风困难时期通风系统立体图和网络图如图4-12和图4-13所示。

4.5.2　矿井通风阻力计算

矿井通风阻力包括摩擦阻力和局部阻力，主要为摩擦阻力，可按下式进行计算：

$$h_f = \alpha LUQ^2/S^3 \tag{4-19}$$

式中　h_f ——摩擦阻力，Pa；

α ——摩擦阻力系数，N·s²/m⁴；

L ——井巷长度，m；

U ——井巷净断面周长，m；

Q ——通过井巷的风量，m³/s；

S ——井巷净断面积，m²。

根据式(4-19)及各井巷相关参数，即可计算得到矿井通风容易时期各井巷摩擦阻力，如表4-16所列。

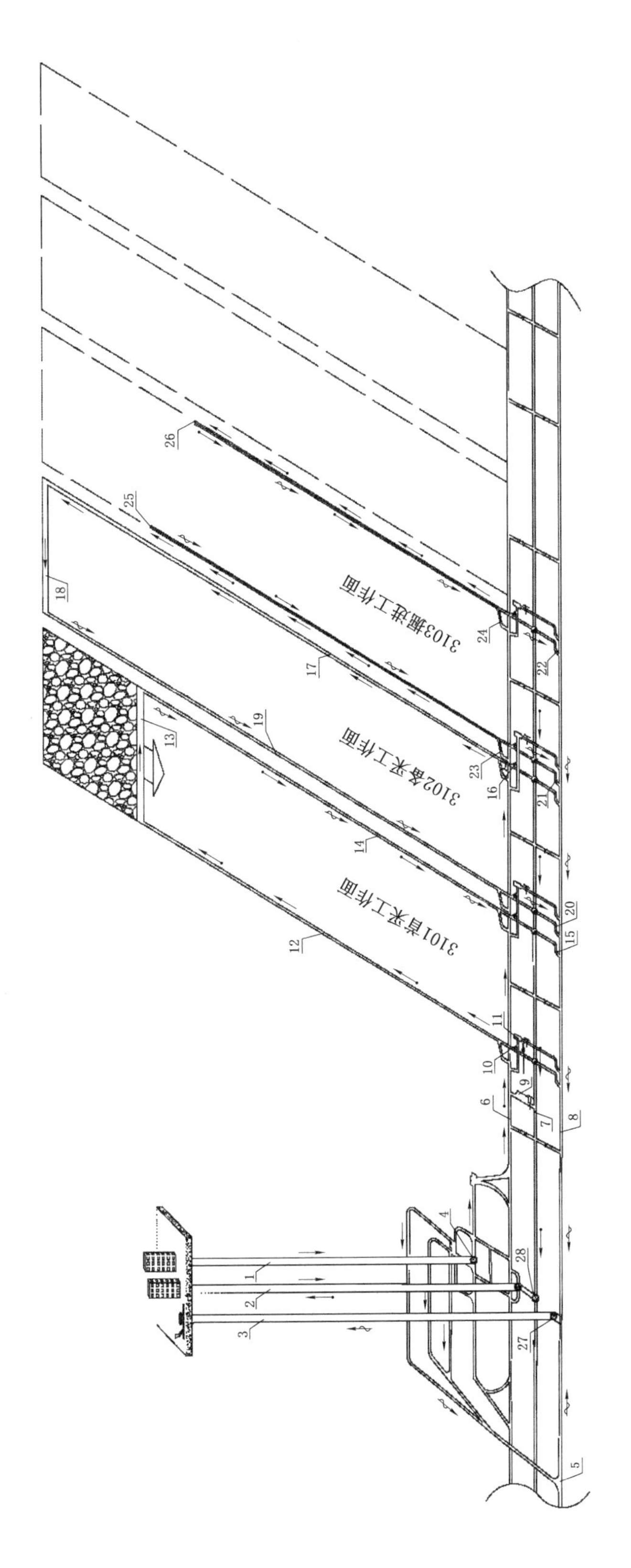

图4-9 通风容易时期通风系统立体示意图

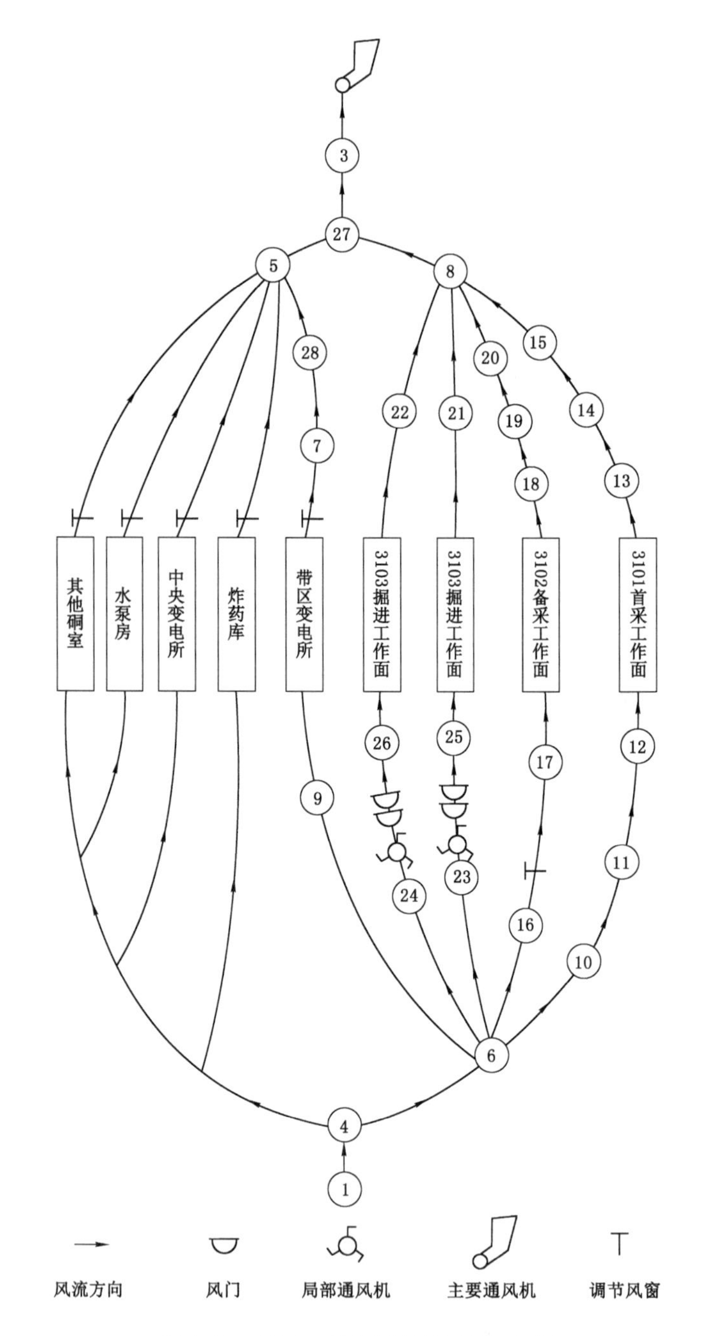

图 4-10　通风容易时期通风系统网络图

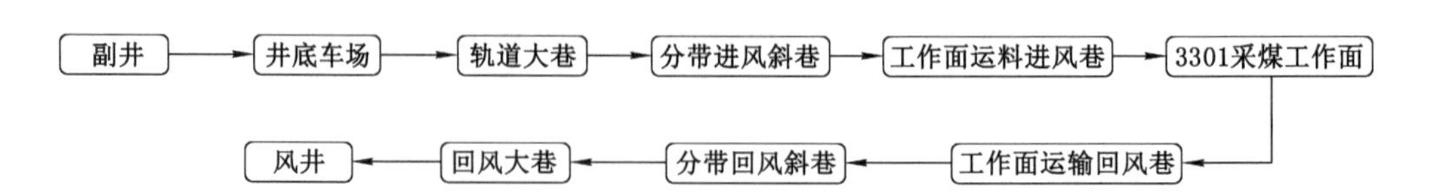

图 4-11　通风困难时期通风阻力路线框图

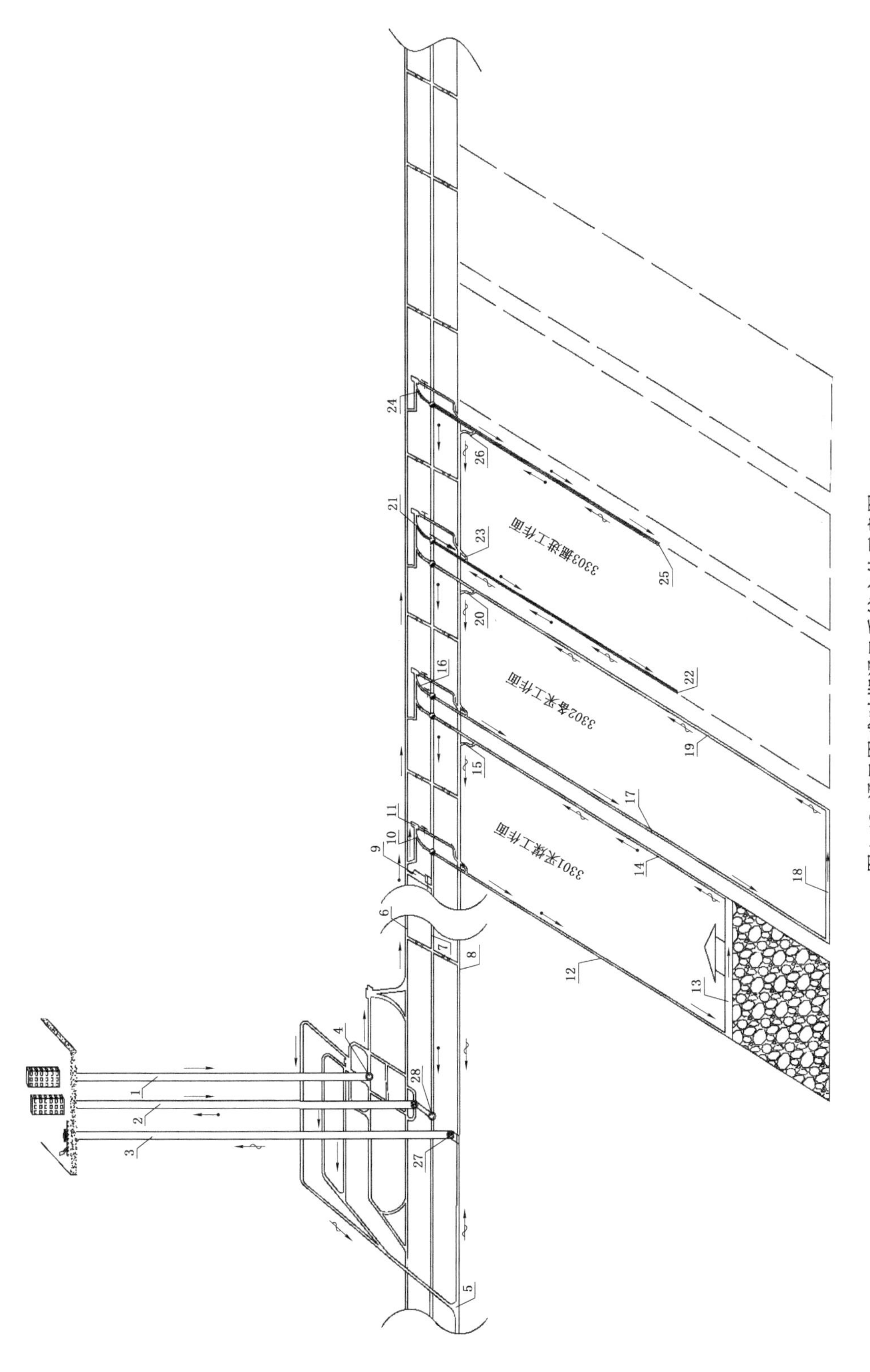

图4-12 通风困难时期通风系统立体示意图

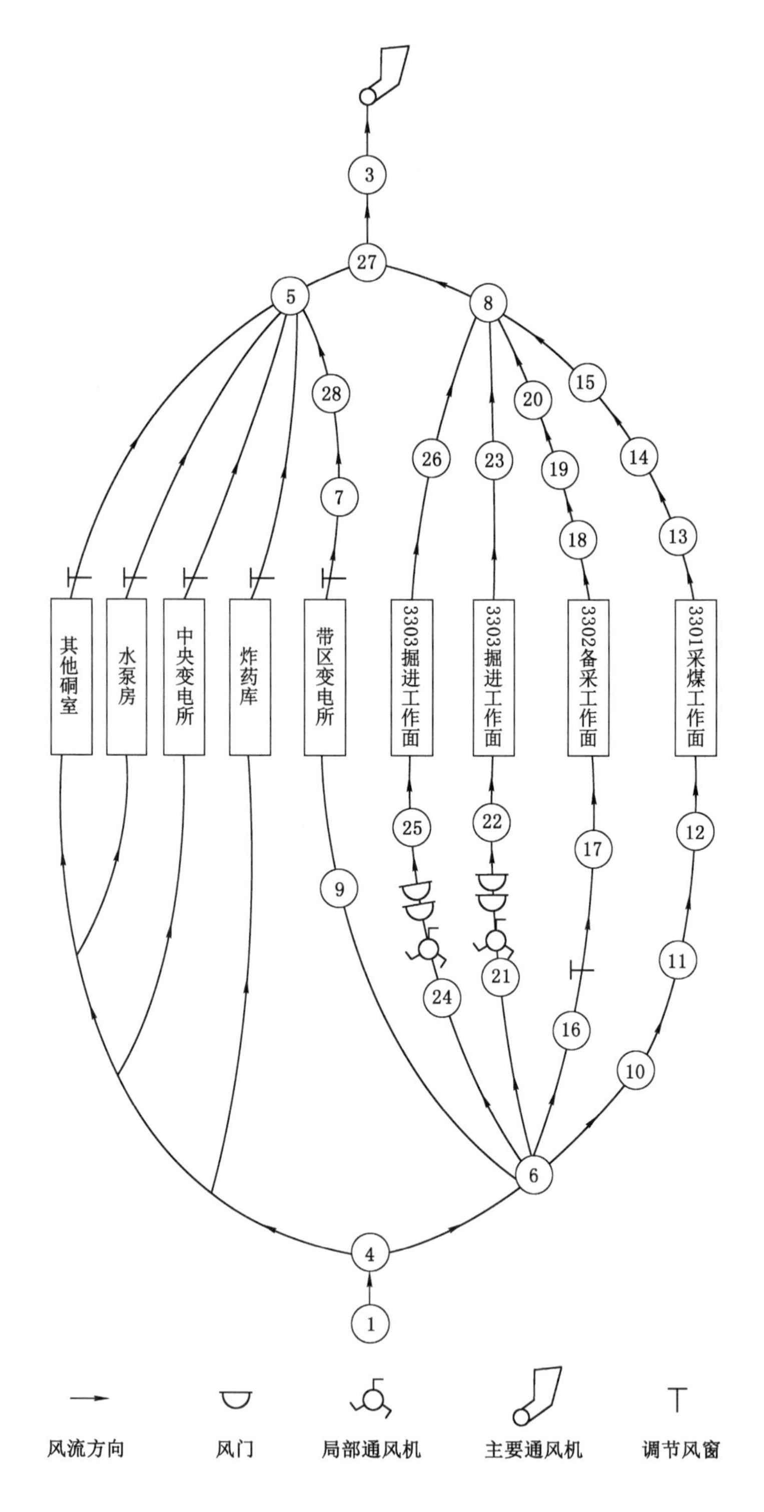

图 4-13　通风困难时期通风系统网络图

表 4-16　矿井通风容易时期井巷摩擦阻力计算表

路线	井巷名称	支护形式	L	S	U	$\alpha \times 10^4$	Q	h_f
			m	m^2	m	$N \cdot s^2/m^4$	m^3/s	Pa
1→4	副井	混凝土砌碹	860	44.18	23.60	300	91.34	58.91
4→5	井底车场	锚喷	1 003	19.50	16.78	100	91.34	189.37
4→6	轨道大巷	锚喷	564	15.38	15.43	90	87.78	165.88
6→10	分带进风斜巷	锚喷	74	15.30	12.89	110	26.45	1.42
10→12	工作面运料进风斜巷	锚网	1 835	12.04	13.05	150	22.03	149.73
12→13	3101 首采工作面	液压支架	240	12.90	20.43	350	26.45	5.09
13→14	工作面运输回风斜巷	锚网	1 845	10.56	12.63	120	22.03	132.50
14→15	分带回风斜巷	锚喷	45	15.60	16.11	100	22.03	0.93
15→8	回风大巷	锚喷	586	16.82	15.85	90	90.38	143.49
8→3	风井	混凝土	800	19.63	15.70	50	93.24	72.18
	风硐		50	12.00	11.79	80	93.24	23.73
	总计							943.23

根据式(4-19)及各井巷相关参数，可计算得到矿井通风困难时期各井巷摩擦阻力，如表 4-7 所列。

表 4-17　矿井通风困难时期井巷摩擦风阻计算表

路线	井巷名称	支护形式	L	S	U	$\alpha \times 10^4$	Q	h_f
			m	m^2	m	$N \cdot s^2/m^4$	m^3/s	Pa
1→4	副井	混凝土砌碹	860	44.18	23.60	300	91.34	58.91
4→5	井底车场	锚喷	1 003	19.50	16.78	100	91.34	189.37
4→6	轨道大巷	锚喷	2 535	15.38	15.43	90	87.78	745.60
6→10	分带进风斜巷	锚喷	74	15.30	12.89	110	22.03	1.42
10→12	工作面运料进风斜巷	锚网	1 835	12.04	13.05	150	26.45	149.73
12→13	3301 采煤工作面	液压支架	240	12.90	20.43	350	22.03	5.09
13→14	工作面运输回风斜巷	锚网	1 845	10.56	12.63	120	26.45	132.50
14→15	分带回风斜巷	锚喷	45	15.60	16.11	100	22.03	0.93
15→8	回风大巷	锚喷	3 194	16.82	15.85	90	90.38	782.12
8→3	风井	混凝土	800	19.63	15.70	50	93.24	72.18
	风硐		50	12.00	11.79	80	93.24	23.73
	总计							2 161.58

根据以上计算结果以及《煤矿安全规程》的相关计算标准可得：

① 通风容易时期总阻力

$$h_{me} = 1.2\sum h_{fe} \tag{4-20}$$

② 通风困难时期总阻力

$$h_{md} = 1.15\sum h_{fd} \tag{4-21}$$

式中　1.2,1.15——风路上局部阻力的系数;

h_{me},h_{md}——通风容易、困难时期总阻力,Pa;

$\sum h_{fe}$,$\sum h_{fd}$——通风容易、困难时期的摩擦阻力,Pa。

根据式(4-20)和式(4-21),结合上述计算的总和,可得:

通风容易时期总阻力 $h_{me} = 1.2 \times 943.23 = 1\ 131.88$ (Pa)

通风困难时期总阻力 $h_{md} = 1.15 \times 2\ 161.58 = 2\ 485.82$ (Pa)

4.5.3　矿井总风阻和等积孔计算

(1) 矿井总风阻计算

矿井总风阻计算公式如下:

$$R_{总} = h/Q^2 \tag{4-22}$$

式中　$R_{总}$——矿井总风阻,N·s²/m⁸;

h——矿井通风总阻力,容易时期为 1 131.88 Pa,困难时期为 2 485.82 Pa;

Q——矿井总风量,为 89.80 m³/s。

将相关数据代入式(4-22)可得:通风容易时期总风阻为 0.140 4 N·s²/m⁸;通风困难时期总风阻为 0.308 3 N·s²/m⁸。

(2) 矿井等积孔计算

等积孔是一种人为虚构的孔洞,用其数值来形象地表示矿井通风的难易程度。等积孔值越大,表示矿井通风越容易,反之,则越困难。其计算公式如下:

$$A = 1.191\ 7Q/\sqrt{h} = 1.191\ 7/\sqrt{R_{总}} \tag{4-23}$$

式中　A——等积孔,m²。

将相关数据代入式(4-23)可得:通风容易时期等积孔为 3.18 m²;通风困难时期等积孔为 2.14 m²。

(3) 矿井通风难易程度评价

根据《煤矿安全规程》和相关规定,判断矿井通风难易程度可参考表 4-18。

表 4-18　矿井通风难易程度评价

等积孔/m²	风阻/(N·s²/m⁸)	通风阻力等级	难易程度评价
<1	>1.416	大阻力矿	难
1~2	0.354~1.416	中阻力矿	中
>2	<0.354	小阻力矿	易

综合上述,本矿井通风容易时期总风阻为 0.140 4 N·s²/m⁸,等积孔为 3.18 m²;通风困难时期总风阻为 0.308 3 N·s²/m⁸,等积孔为 2.14 m²。将相关数据与表 4-18 比较可得,本矿井通风难易程度在困难和容易时期均为易。

4.6 矿井主要通风机选型

4.6.1 矿井自然风压计算

进回风井高度差、温度差等自然因素会导致进回风井内空气柱的密度不同,从而形成的压力就称为自然风压,可利用下式进行计算:

$$H_n = Z \cdot g \cdot (\rho_{m1} - \rho_{m2}) \tag{4-24}$$

式中 H_n——自然风压,Pa;

Z——矿井最高点至最低水平间的距离,取 800 m;

g——重力加速度,取 9.8 m/s^2;

ρ_{m1},ρ_{m2}——进、回风井空气密度平均值,kg/m^3。

龙固煤矿冬季和夏季进、回风井空气密度可参考表 4-19。

表 4-19 矿井冬季和夏季进、回风井空气密度

季节	进风井筒空气密度/(kg/m^3)	出风井筒空气密度/(kg/m^3)
冬季	1.280	1.262
夏季	1.242	1.260

将相关数据代入式(4-24)可得,本矿井的自然风压:

夏季: $H_{n1} = 800 \times 9.8 \times (1.242 - 1.260) = -141.12$ (Pa)

冬季: $H_{n2} = 800 \times 9.8 \times (1.280 - 1.262) = 141.12$ (Pa)

4.6.2 主要通风机参数计算

(1) 主要通风机工作风量计算

由于通风时在防爆门、反风等地存在外部漏风,故通风机风量应该大于矿井总需风量,应乘上相应的漏风系数,可由下式进行计算:

$$Q_f = k Q_m \tag{4-25}$$

式中 Q_f——主要通风机工作风量,m^3/s;

Q_m——矿井需风量,为 89.80 m^3/s;

k——漏风损失系数,风井无提升运输任务时取 1.05,本设计风井为独立通风,无提升任务,故取 1.05。

将相关数据代入式(4-25)可得:

$$Q_f = 94.29\ m^3/s$$

(2) 主要通风机工作风压计算

计算主要通风机工作风压时,要考虑自然风压影响,在通风容易时期自然风压对于矿井通风起到积极作用,在通风困难时期自然风压对于矿井通风起到阻碍作用。因此对于抽出式矿井,其计算公式如下:

$$H_{td} = h_m + h_d + h_{vd} \pm H_n \tag{4-26}$$

在主要通风机选型时,可选离心式通风机或轴流式通风机,由于目前国内外矿井的主流选择为轴流式通风机,其具有降温效果良好,单位能耗低,通风时机易掌握,不用单独配备通风机,方便灵活等优点,所以本设计也决定采用轴流式通风机。以下计算通风机工作静压即可,对于轴流式通风机抽出式通风方式工作静压值的计算方法如下:

① 通风容易时期风压计算：

$$H_{sdmin} = h_{me} + h_d - H_n \tag{4-27}$$

② 通风困难时期风压计算：

$$H_{sdmax} = h_{md} + h_d + H_n \tag{4-28}$$

式中 H_{sdmin}——通风容易时期主要通风机工作静压，Pa；

H_{sdmax}——通风困难时期主要通风机工作静压，Pa；

h_{me}——通风容易时期总阻力，为 1 131.88 Pa；

h_{md}——通风困难时期总阻力，为 2 485.82 Pa；

h_d——通风及附属装置的阻力，可取 200 Pa；

H_n——自然风压，为 141.12 Pa。

将相关数据代入式(4-27)和式(4-28)可得：

通风容易时期主要通风机工作静压 $H_{sdmin} = 1\ 190.76$ Pa

通风困难时期主要通风机工作静压 $H_{sdmax} = 2\ 826.94$ Pa

(3) 主要通风机工作风阻计算

通风容易时期：

$$R_{sdmin} = H_{sdmin}/Q_f^2 \tag{4-29}$$

通风困难时期：

$$R_{sdmax} = H_{sdmax}/Q_f^2 \tag{4-30}$$

式中 R_{sdmin}——通风容易时期主要通风机工作风阻，$N \cdot s^2/m^8$；

R_{sdmax}——通风困难时期主要通风机工作风阻，$N \cdot s^2/m^8$；

H_{sdmin}——通风容易时期主要通风机工作静压，为 1 190.76 Pa；

H_{sdmax}——通风困难时期主要通风机工作静压，为 2 826.94 Pa；

Q_f——主要通风机工作风量，为 94.29 m^3/s。

将相关数据代入式(4-29)和式(4-30)可得：

通风容易时期主要通风机工作风阻 $R_{sdmin} = 0.133\ 9\ N \cdot s^2/m^8$

通风困难时期主要通风机工作风阻 $R_{sdmax} = 0.318\ 0\ N \cdot s^2/m^8$

4.6.3 主要通风机设备选型及工况点确定

在选择主要通风机时，所选通风机除应具有安全可靠、技术先进等优点外，所选工况点对应主要通风机的静压效率不应低于 70%，且实际工作风压不应大于最大风压的 90%，对于轴流式通风机来说，其运行不能处于不稳定区。

根据上述通风机相关参数的计算，可得出以下主要通风机选型参数见表 4-20。

表 4-20 主要通风机选型参数表

时期	工作风量/(m^3/s)	工作风压/Pa	工作风阻/($N \cdot s^2/m^8$)
通风容易时期	94.29	1 190.76	0.133 9
通风困难时期	94.29	2 826.94	0.318 0

根据表 4-20 的相关参数，结合主要通风机选型的要求，可选择 FBCDZ 系列风机，该系列风机风量大、风压高，且风量、风压可以调节，适合大型矿井，对于本设计的大型矿井来说

该通风机各方面参数都极为合适。

综合考虑以上各项因素,并结合目前市面上可选的通风机型号,最终本设计决定选用FBCDZ-10-No.28C型对旋式防爆主要通风机,该型通风机工作效率高、工作振动小、噪声低、过载能力强、叶片安装角角度可任意调节,且该型号对旋式通风机有对应配套电动机。该型号通风机主要技术参数如表4-21所列。

表4-21 FBCDZ-10-No.28C型对旋式防爆主要通风机技术参数表

型号	风量/(m^3/s)	静压/Pa	功率/kW	转速/(r/min)
FBCDZ-10-No.28C	51~159	250~3 600	45~460	580

将上述计算所得的风阻曲线绘制在主要通风机特性曲线(图4-14)上,即通风容易时期:$h_1 = 0.133\ 9Q^2$;通风困难时期:$h_2 = 0.318\ 0Q^2$,再由图4-14可通过主要通风机的理论工况点确定其实际工况点,从而得到其实际工作参数,如表4-22所列。

表4-22 主要通风机工作参数表

时期	叶片安装角	静压/Pa	输入功率/kW	转速/(r/min)	风量/(m^3/s)	效率/%
通风容易时期	43°/35°	1 285	200	580	98	72.5
通风困难时期	49°/41°	2 950	405	580	96	82.5

4.6.4 主要通风机电动机选型

(1) 电动机功率计算

在不同时期,电动机功率可用下式进行计算:

$$N_{min} = \frac{Q_f H_{sdmin}}{1\ 000\eta_{s1}} \tag{4-31}$$

$$N_{max} = \frac{Q_f H_{sdmax}}{1\ 000\eta_{s2}} \tag{4-32}$$

式中 N_{min}——通风容易时期通风机输入功率,kW;

N_{max}——通风困难时期通风机输入功率,kW;

H_{sdmin}——通风容易时期主要通风机工作静压,为1 190.76 Pa;

H_{sdmax}——通风困难时期主要通风机工作静压,为2 826.94 Pa;

Q_f——主要通风机工作风量,为94.29 m^3/s;

η_{s1}——通风容易时期主要通风机工作效率,为72.5%;

η_{s2}——通风困难时期主要通风机工作效率,为82.5%。

将相关数据代入式(4-31)和式(4-32)可得:

通风容易时期通风机输入功率 $N_{min} = 154.86$ kW

通风困难时期通风机输入功率 $N_{max} = 323.09$ kW

(2) 电动机选型

根据以上计算进行比较,本设计通风机选用的是FBCDZ-10-No.28C型对旋式防爆主要通风机,该型号通风机有对应配套电动机,配套电动机相关参数符合上述计算要求。

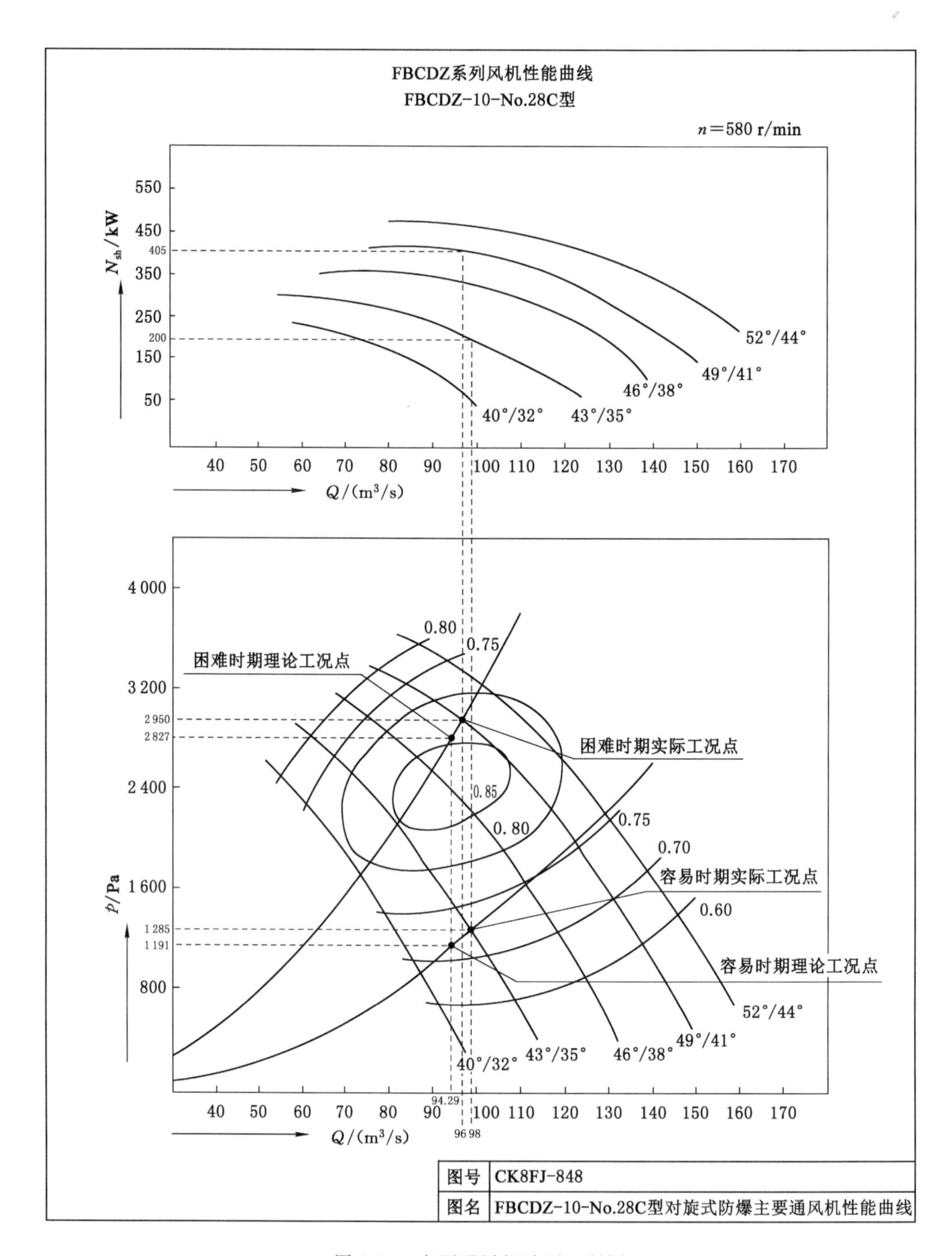

图 4-14 主要通风机选型工况图

4.7 矿井反风措施及通风机附属装置

在井下突然发生火灾、瓦斯突出、爆炸等灾害时，往往需要通过一些措施和装置使得井下的风流能够逆转，使灾害的严重性得以降低，确保井下更多人员的人身安全和设备安全。除此之外，为了保证主要通风机的正常运转，还需要配备一些通风机的附属装置，以增加通风的安全性和稳定性。

4.7.1 矿井反风措施

矿井的反风措施主要分为反风道反风、主要通风机反转反风、利用备用通风机的风道反风等。目前来说,国内外矿井基本都采用主要通风机反转进行反风,相对操作简单,成本也较低,但是只限于轴流式主要通风机。本设计选用 FBCDZ-10-No. 28C 型对旋式防爆主要通风机,该通风机可实现风机反转反风,反风风量不低于正常供风量的 40%,且反风时间不超过 10 min,符合《煤矿安全规程》的反风要求。

4.7.2 通风机附属装置

(1) 反风装置

当井下发生爆炸等事故时,有时需要通过风流反向来减少事故的危害,故每个矿井都需要配备反风装置。本设计选用的是对旋式主要通风机,通风机本身反转即可实现反风,且反风风量能达到正常时期的 70%,故不用设立其余反风装置。

(2) 防爆门

在回风井口设立钟形防爆门,其主要作用是在井下发生爆炸时降低爆炸的危害,其具体示意图如图 4-15 所示。

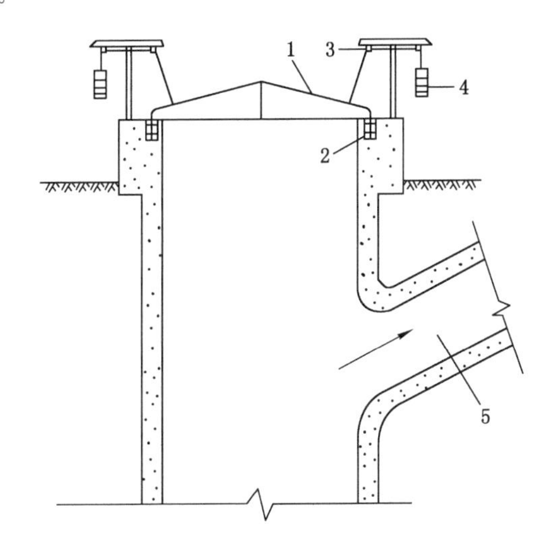

1—防爆门;2—密封液槽;3—滑轮;4—平衡重锤;5—风硐。

图 4-15 防爆门示意图

(3) 扩散器

可选由圆锥形内筒和外筒构成的环状扩散器,它可以减少风机出风口的速压损失,其具体示意图如图 4-16 所示。

(4) 风硐

风硐是矿井主要通风机和出风井之间的一段联络巷道,风硐通风量很大,因此要特别注意减小风硐阻力和防止漏风。

4.8 矿井通风费用概算

矿井通风费用包括:吨煤通风电费、吨煤设备折旧费、吨煤设备维护费用、吨煤通风员工工资费用、吨煤通风井巷维护费用等。在通风容易和困难两个不同的时期,风机功率会有所

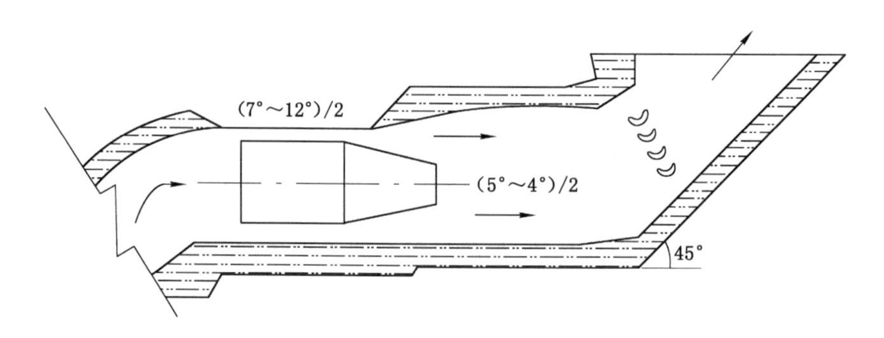

图 4-16　扩散器示意图

不同，且产生的通风维护费用也会不同，故本节将同时计算容易和困难两个时期的通风费用。

(1) 吨煤通风电费 D_1

吨煤通风电费要分别计算主要通风机和局部通风机的吨煤通风电费，然后计算其总和，其中年通风电费可由下式进行计算：

$$C = N \times e \times 24 \times 365 \div \eta \tag{4-33}$$

式中　C——年通风电费，元/年；

N——通风机功率，kW；

e——通风电费单价，取 0.6 元/(kW・h)；

η——风机效率和输电、变电、传动总效率，可取 0.6。

将上文计算得到的相关数据代入式(4-33)可得以下电费：

① 主要通风机年耗电费

通风容易时期：

$$C_e = 154.86 \times 0.6 \times 24 \times 365 \div 0.6 = 135.66(万元)$$

通风困难时期：

$$C_d = 323.09 \times 0.6 \times 24 \times 365 \div 0.6 = 283.03(万元)$$

② 局部通风机年耗电费

掘进工作面内布置有两个煤巷掘进头，各布置一台局部通风机，总功率为 120 kW，将相关数据代入式(4-33)可得：

$$C_j = 120 \times 0.6 \times 24 \times 365 \div 0.6 = 105.12(万元)$$

综合上述，本矿井为设计生产能力 3.0 Mt/a 的大型矿井，吨煤通风电费为：

a. 容易时期

$$D_{1\min} = (1\ 356\ 600 + 1\ 051\ 200)/3\ 000\ 000 = 0.803(元/t)$$

b. 困难时期

$$D_{1\max} = (2\ 830\ 300 + 1\ 051\ 200)/3\ 000\ 000 = 1.294(元/t)$$

(2) 吨煤设备折旧费用 D_2

矿井内通风设备造价共计 500 万元，回收率为 4%，服务年限为 25 a，本矿井为年产 300 万 t 的大型矿井，故吨煤设备折旧费用为：

$$D_2 = 500 \times (1 - 4\%)/(25 \times A) = 0.064 元/t \tag{4-34}$$

(3) 吨煤设备维护费用 D_3

通风设备年维护费用为 20 万元,故吨煤设备维护费用为:

$$D_3 = 20/A = 0.067 \text{ 元 /t} \tag{4-35}$$

(4) 吨煤通风井巷维护费用 D_4

由表 4-3 中相关数据可计算得到专门用于回风的井巷每年维护费用为 26.36 万元,故吨煤通风井巷维护费用为:

$$D_4 = 26.36/A = 0.088 \text{ 元 /t} \tag{4-36}$$

(5) 吨煤通风人员工资费用 D_5

本矿井为综放工作面,后续可采取智能通风系统以辅助通风管理,井下工作人员少,每年用于通风的工作人员工资支出约 240 万元,故吨煤通风人员工资费用为:

$$D_5 = 240/A = 0.800 \text{ 元 /t} \tag{4-37}$$

(6) 总通风吨煤费用

对于本设计来说,在矿井开采前期,即通风容易时期吨煤通风费用情况如表 4-23 所列;在矿井开采中后期,即通风困难时期吨煤通风费用情况如表 4-24 所列。

表 4-23 通风容易时期吨煤通风费用表

项目	吨煤通风电费	吨煤设备折旧费用	吨煤设备维护费用	吨煤通风井巷维护费用	吨煤通风人员工资费用	总计
费用/(元/t)	0.803	0.064	0.067	0.088	0.800	1.822

结合表 4-23 可得,本矿井通风容易时期吨煤通风费用约为 1.822 元/t。

表 4-24 通风困难时期吨煤通风费用表

项目	吨煤通风电费	吨煤设备折旧费用	吨煤设备维护费用	吨煤通风井巷维护费用	吨煤通风人员工资费用	总计
费用/(元/t)	1.294	0.064	0.067	0.088	0.800	2.313

结合表 4-24 可得,本矿井通风困难时期吨煤通风费用约为 2.313 元/t。

综合上述计算可得,本矿井为设计生产能力 3.0 Mt/a 的大型矿井,每年用于通风的费用为:容易时期 3 000 000 t×1.822 元/t=546.6 万元;困难时期 3 000 000 t×2.313 元/t=693.9 万元。

5 矿井安全技术措施

该部分一般围绕矿井火灾、瓦斯等灾害制定专项措施,具体内容略。

参考文献

[1] 程远平,等.煤矿瓦斯防治理论与工程应用[M].徐州:中国矿业大学出版社,2010.
[2] 东兆星,吴士良.井巷工程[M].徐州:中国矿业大学出版社,2004.
[3] 杜计平,孟宪锐.采矿学[M].2 版.徐州:中国矿业大学出版社,2014.
[4] 王德明.矿井通风与安全[M].3 版.徐州:中国矿业大学出版社,2023.
[5] 王省身.矿井灾害防治理论与技术[M].徐州:中国矿业大学出版社,1989.
[6] 徐永圻.采矿学[M].徐州:中国矿业大学出版社,2003.
[7] 俞启香.矿井瓦斯防治[M].徐州:中国矿业大学出版社,1992.
[8] 张荣立.采矿工程设计手册[M].北京:煤炭工业出版社,2003.
[9] 中国煤炭建设协会.煤炭工业矿井设计规范:GB 50215—2015[S].北京:中国计划出版社,2016.
[10] 中华人民共和国应急管理部,国家矿山安全监察局.煤矿安全规程[M].北京:应急管理出版社,2022.
[11] 周福宝,王德明,陈开岩.矿井通风与空气调节[M].徐州:中国矿业大学出版社,2009.
[12] 朱银昌,侯贤文.煤矿安全工程设计[M].北京:煤炭工业出版社,1995.

附　　录

附录1:中国矿业大学校外分散实习申请表

中国矿业大学校外分散实习申请表

<table>
<tr><td>学生姓名</td><td></td><td>性别</td><td></td><td>班级</td><td></td><td>联系电话</td><td></td></tr>
<tr><td>申请分散实习的原因</td><td colspan="7"></td></tr>
<tr><td rowspan="3">实习性质</td><td>认识实习</td><td></td><td rowspan="3">实习地点</td><td rowspan="3" colspan="4">省　　市
单位全称：</td></tr>
<tr><td>生产实习</td><td></td></tr>
<tr><td>毕业实习</td><td></td></tr>
<tr><td colspan="8">校外指导实习人员</td></tr>
<tr><td>姓名</td><td></td><td>职称</td><td></td><td>学位</td><td colspan="3"></td></tr>
<tr><td>所学专业</td><td colspan="2"></td><td>联系电话</td><td colspan="4"></td></tr>
<tr><td>实习起止时间</td><td colspan="7"></td></tr>
<tr><td colspan="8">实习进度安排</td></tr>
<tr><td>时间</td><td colspan="5">应完成的实习内容</td><td colspan="2">校内指导教师意见</td></tr>
<tr><td></td><td colspan="5"></td><td colspan="2">校内指导教师
签字：</td></tr>
</table>

续表

<table>
<tr><td>校外实习指导教师指导的主要内容</td><td></td></tr>
<tr><td>分散实习学生住宿详细地址</td><td></td></tr>
<tr><td colspan="2">分散实习接收单位意见：

领导签字：　　公章：　　年　月　日</td></tr>
<tr><td colspan="2">校外指导教师意见：

签字：　　年　月　日</td></tr>
<tr><td colspan="2">学生所在系（教研室、研究所）意见：

系（教研室、研究所）负责人签字：　　年　月　日</td></tr>
<tr><td colspan="2">学生所在学院意见：

主管院长签字：　　公章：　　年　月　日</td></tr>
</table>

注：学院留原件，送学生本人、系（教研室、研究所）、接收单位复印件各一份。

附录 2:中国矿业大学校外分散实习安全承诺书

中国矿业大学校外分散实习安全承诺书
(仅供各教学单位参考)

为切实防范和杜绝分散实习中的各种不安全因素,确保安全顺利地完成实习任务,本人特作如下承诺:

1. 自觉遵守《中国矿业大学实习工作规范》的有关规定,严格遵守实习单位的各项规章制度、操作规程、劳动纪律和安全条例。

2. 外出使用交通工具时,不乘坐无牌、无证、超载的车辆、船只和非客运的车辆、船只。

3. 在实习教学活动中不去各类娱乐场所及网吧等处活动。

4. 不到山塘水库及江河湖泊游泳,不攀爬危险物。

5. 出行在外时要举止文明。认真了解并尊重当地的乡规民约、风俗习惯,避免与陌生人发生任何形式的冲突。

6. 不酗酒,不参与各种赌博活动。

7. 严格遵守交通法规,杜绝交通意外的发生。

8. 注意饮食安全。不食用对健康有害的食品(饮料),不到没有卫生许可证的摊点就餐。

9. 在校外实习时严格遵守国家法律法规和实习单位的各项规定,对自己的人身及财产安全负责。在实习单位外出,同时向实习单位和学校履行请假手续(节日外出履行告知义务),如有异常情况及时向校内指导教师和辅导员报告。

承诺人(签字):

年　月　日

注:1. 本承诺书一式两份,一份留学生所在学院,一份由学生本人持有。

2. 本承诺书仅供各学院参考,学院可结合不同的实践教学活动进行修改完善。

附录3:学生基本信息收集表

学生基本信息收集表

<table>
<tr><td>实习项目</td><td colspan="3"></td></tr>
<tr><td>姓名</td><td></td><td>性别</td><td></td></tr>
<tr><td>党团关系</td><td></td><td>参与意愿</td><td></td></tr>
<tr><td>学院</td><td></td><td>班级</td><td></td></tr>
<tr><td>学号</td><td></td><td>手机号码</td><td></td></tr>
<tr><td>绩点</td><td></td><td>英语水平</td><td></td></tr>
<tr><td>身份证号</td><td colspan="3"></td></tr>
<tr><td>家庭住址</td><td colspan="3"></td></tr>
<tr><td>紧急联系人及其联系方式</td><td colspan="3"></td></tr>
<tr><td rowspan="5">家庭关系</td><td>姓名</td><td>亲属关系</td><td>职业</td></tr>
<tr><td></td><td></td><td></td></tr>
<tr><td></td><td></td><td></td></tr>
<tr><td></td><td></td><td></td></tr>
<tr><td></td><td></td><td></td></tr>
<tr><td>意向实习收获</td><td colspan="3"></td></tr>
<tr><td>学校经历</td><td colspan="3"></td></tr>
<tr><td>个人简介</td><td colspan="3"></td></tr>
<tr><td>辅导员意见</td><td colspan="3">签字:</td></tr>
<tr><td>学院意见</td><td colspan="3">签字:</td></tr>
</table>

附录4:海外实习面试考核评分表

海外实习面试考核评分表

姓名		性别		年龄	
学院		班级			
面试内容	评价		分数		
仪表					
表达能力					
进取心					
稳定性					
组织能力					
自我管理能力					
团队意识					
学习能力					
反应能力					
实际经验					
评定总分					
评语及建议					
面试官： （签字） 日期：　　年　月　日					

备注:测评项目共10项,面试官可以根据对应的项目进行提问。实际经验项目为100分制;其余各项目均为10分制,10分为最好,1分为最差。

附录5:中国矿业大学海外实习安全责任书

中国矿业大学海外实习安全责任书

姓　　名	班　　级	指导教师
实习类型	实习时间	紧急联系人 及联系方式

为加强学生实习期间的安全管理工作,落实安全防范措施,确保学生有效地完成教学实习,根据《高等学校学生行为准则(试行)》等有关文件精神,中国矿业大学安全工程学院与实习学生就实习期间的安全达成如下共识,并签订本安全责任书。

1. 遵守国家法律、社会公德和校纪校规,遵守实习纪律,言行不能有损大学生形象。

2. 遵守交通法规,注意铁路、公路交通安全。除必要的分散之外,应集体出发、集中返校,沿途不得逗留、游玩。

3. 遵守国家保密条例,对涉及保密的实习图件必须保证图件资料的齐全。

4. 一切行动要服从带队教师的管理,听从带队教师的指挥;尊重实习单位的领导和指导教师。

5. 严格遵守实习期间作息时间,遵守销假制度,不得擅自离队,单独活动。

6. 实习期间不得有外宿、酗酒、寻衅闹事、打架斗殴等现象,也不得在实习宿舍内留宿他人。

7. 在实习期间,学生必须提高安全防范意识,提高自我保护能力,注意自己的人身和财务安全,防止各种事故的发生。

8. 在宿舍内不私接、私拉电源线,不使用违规电器和无3C认证的“三无”电器产品,以及煤油炉、液化气炉等违规设备。

9. 注意饮食安全,不到无健康证等不卫生场所购买、食用食物。

10. 发生突发事件或重大情况应迅速及时报告,不得拖延。

11. 本责任书安全责任的主体是学生本人,学生应该自觉遵守一切有关规定;学生家长要主动配合学生所在学院对子女进行安全教育;如学生违反上述规定,所造成的一切后果和损失(包括人身伤害事故、财产损失)由学生自己承担,中国矿业大学不承担任何法律和经济责任。

12. 本责任书经院系签章、学生签字后生效,有效期至学生海外实习结束安全返校为止。

13. 本协议中各条款的最终解释权由中国矿业大学安全工程学院所有。

院系领导(签章):　　　　　　　　　　学生签字:

(公章)

年　月　日　　　　　　　　　　年　月　日

附录 6:毕业设计图纸绘制规范及标准

计算机图纸绘制是安全工程专业毕业设计的重要组成部分。计算机绘制矿图必须做到准确、齐全、及时,符号运用要正确、统一,图纸内容应布置适当,着色准确;矿图必须依据《煤矿安全规程》《煤矿防治水细则》《煤矿测量规程》及通防、机电、提运、测量规范等法律、法规、条例和规定要求制作。

计算机绘制矿图时,矿图上的内容、标注、符号、图幅及编号要符合技术标准规范,比例尺应符合规定。图纸中的采掘巷道、工作面、安全生产的设备及设施等必须是实测资料,并能真实、现时地反映矿井生产及安全状况。各种注记必须齐全、规范。图纸中必须有图框线、图名、比例、图签、图例。

主要制图标准主要有 10 个方面的内容(部分资料可参照 GB/T 50593—2010):① 绘图比例;② 图幅尺寸;③ 坐标系及坐标网;④ 图纸字体规格;⑤ 采矿图形图层规定;⑥ 图线及画法;⑦ 尺寸注法;⑧ 平面直角坐标点的注法;⑨ 图例;⑩ 指北针。

1. 绘图比例

(1) 制图时所有的比例应根据设计阶段图纸内图形的复杂程度按附表 6-1 规定选取。一般采掘工程平面图选择:1∶2 000,1∶5 000,1∶10 000。

(2) 如图所需比例比附表 6-1 规定还要缩小时,应采用下式:缩小的比例为 1∶(10n),1∶(2×10n),1∶(2.5×10n),1∶(5×10n),此处 n 为整数。

(3) 矿图应按比例绘制,不按比例绘制的矿图为示意图,示意图应在图名中标注“示意”两字,如矿井通风立体示意图。

(4) 一张图纸上采用一种比例绘制图形时,只在标题内标注比例,如用两种或两种以上的比例绘制图形时,应分别将比例标注在图形上方,并将主要图形的比例标注在标题栏内。

附表 6-1　图纸比例

图　　名	常用比例	可用比例
矿区井田划分及开发方式图	平面　1∶10 000 剖面　1∶2 000	平面　1∶50 000 剖面　1∶5 000
井田开拓方式图,开拓巷道工程图,矿井通风系统平面图,采区年进度计划图	平面　1∶5 000 剖面　1∶2 000	平面　1∶10 000,1∶2 000 剖面　1∶5 000
采区布置及机械配备图	平面　1∶2 000 剖面　1∶2 000	平面　1∶5 000
采区通风系统图[采(盘)区或带区巷道布置平面图]	平面　1∶2 000	平面　1∶2 000,1∶1 000
井底车场布置图	平面　1∶500 断面　1∶50	平面　1∶1 000

附表 6-1(续)

图　　名	常用比例	可用比例
安全煤柱图	1∶2 000	
各种井筒	1∶20	1∶30,1∶50
各种硐室	平面　1∶50,1∶100 断面　1∶50 剖面　1∶50,1∶100	平面　1∶200 剖面　1∶200
采区车场	平面　1∶200 断面　1∶50 剖面　1∶200	平面　1∶500,1∶100 剖面　1∶100
各种详图	1∶2,1∶5,1∶10	

2. 图幅尺寸

所有设计图纸的幅面,均按规定绘制,见附图 6-1 和附表 6-2。

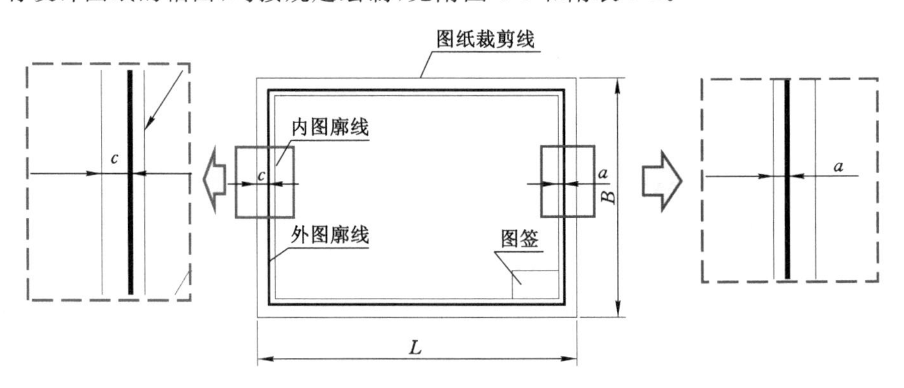

附图 6-1　图纸轮廓间距

附表 6-2　标准工程图幅面　　单位:mm

幅面代号	A0	A1	A2	A3	A4	A5
基本图幅尺寸 $L\times B$	841×1 189	594×841	420×594	297×420	210×297	148×210
内、外图廓间距 a	10			5		
内、外图廓间距 c	25					

图内图廓与外图廓之间可视图幅大小留有 8 mm 或 15 mm 间距。剪裁线与外图廓间距一般为 15 mm 或 25 mm 两种尺寸。矿图需装订成册时,装订边一般放在左边,装订线距外图廓 10 mm 为宜。

必要时可以将附表 6-2 中幅面的长边加长(0 号及 1 号幅面允许加长两边),其加长量应按 5 号幅面相应的长边或短边尺寸成整数倍增加,如附图 6-2 所示。

3. 坐标系及坐标网

图纸坐标系主要有两种:北京 54 坐标系和西安 80 坐标系。目前矿图主要使用西安 80

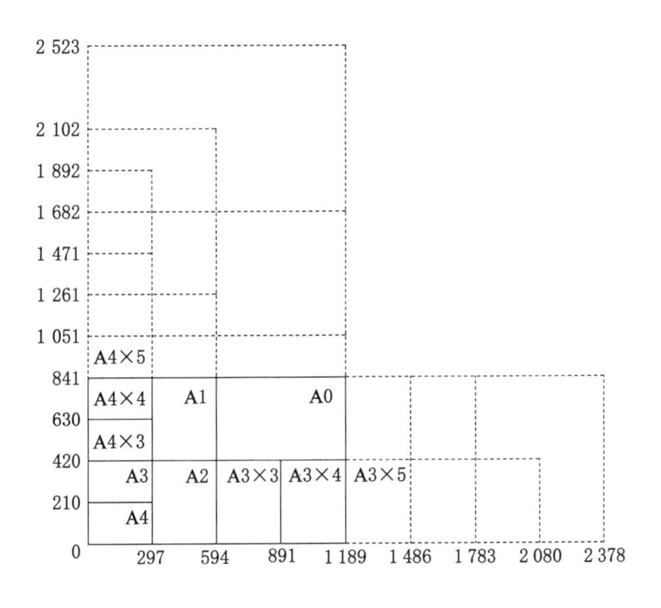

附图 6-2　幅面加长

坐标系。

(1) 北京 54 坐标系

北京 54 坐标系是参心大地坐标系，大地上的一点可用经度 L54、纬度 M54 和大地高 H54 定位，它是以克拉索夫斯基椭球为基础，经局部平差后产生的坐标系。

(2) 西安 80 坐标系

1978 年 4 月，在西安召开全国天文大地网平差会议，确定重新定位，建立我国新的坐标系。该坐标系的大地原点设在我国中部的陕西省泾阳县永乐镇，位于西安市西北方向约 60 km，故称 1980 年西安坐标系，又简称西安大地原点。

矿图的基准网格为 100 mm×100 mm，网格线宽 0.05 mm，黑色，如附图 6-3 所示。坐标网可根据具体情况进行旋转，旋转角度不应大于 90°。直角坐标注记应用黑色、楷体 GB2312，字高 3.5 mm 的阿拉伯数字，标注在坐标网的四周，X 值为 7 位数，Y 值为 8 位数；旋转坐标系坐标值的标注方向应与坐标网格网线平行。

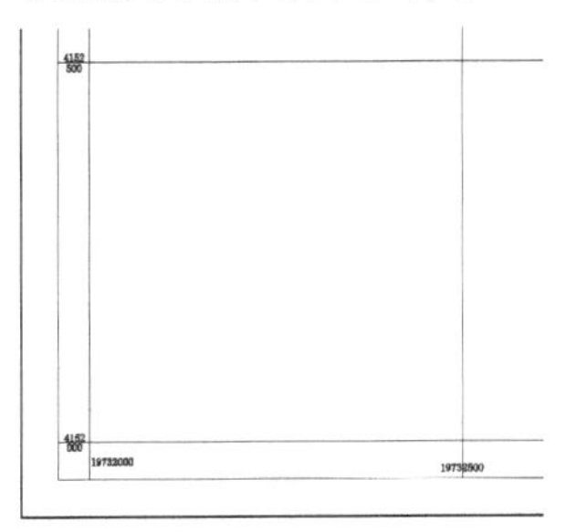

附图 6-3　直角坐标注记

4. 图纸字体规格

图纸字体规格可参见附表 6-3。

附表 6-3　图纸字体规格表——《煤矿地质测量图例》

编号	名　　称	字体规格			
		字体及示例	1∶500,1∶1 000	1∶2 000	1∶5 000
562	竖井、斜井及平硐的名称	黑体:**王庄竖井**	黑体 3.5(3.5*3.5)	黑体 3.5(7*7)	黑体 3(15*15)
563	巷道名称、边界、露头等名称注记	仿宋:运输大巷	仿宋 3.5(3*3.5)或仿宋 3(2.5*3)	仿宋 3.5(6*7)或仿宋 3(5*6)	仿宋 3(10*15)
564	测点编号	黑体:**B5**	黑体 2.5(1*2.5)或黑体 2(1*2)	黑体 1.2(1.8*2.4)或黑体 1.4(1.8*2.8)	—
565	高程、煤厚、断层名称及产状要素等数字注记	黑体:**125.62**	黑体 2.5(1*2.5)或黑体 2.5(1.5*2.5)	黑体 2(2*4)或黑体 2(2.4*4)	黑体 2(5*10)或黑体 2(6*10)
566	工作面编号、露天采掘机械编号	新罗马:2125	新罗马 3(1.5*3) 新罗马 3(2*3)	新罗马 3(3*6) 新罗马 3(4*6)	—
567	工作面回采年度、钻孔编号注记	新罗马:1985	新罗马 3(1.5*3) 新罗马 3(2*3)	新罗马 2.5(2.4*5) 新罗马 2.5(3*5)	新罗马 2.5(6*12.5) 新罗马 2.5(7.5*12.5)
568	工作面月份回采注记	新罗马:Ⅲ	新罗马 3(3*3)	新罗马 2.5(5*5)	
570	剖面线号	黑体:**3**(倾向),**I**(走向)	黑体 8(5*8)	黑体 8(10*16)	黑体 8(25*40)
加 1	村庄名称注记	宋体:杨村	宋体 3(2.5*3)	宋体 3(5*6)	宋体 3(12.5*15)
加 2	通栏标题	华云彩云或空心隶书:开拓平面图		华云彩云 40(80) 隶书(20)	华云彩云 40(200) 隶书(40)
加 3	标注及数字	新罗马:15 或煤仓		新罗马 2.5(3*5)	新罗马 2.5(7.5*12.5)
加 4	Ⅰ—Ⅰ剖面	新罗马:Ⅰ—Ⅰ,仿宋:剖面		仿宋 20(40)	仿宋 20(100)

5. 采矿图形图层规定

采矿图形图层可参见附表 6-4。

附表 6-4　采矿图形图层

图框	颜色	线型	线宽	充填	备注
0 层	白色(黑色)	Continuous	默认		
Defpoint	白色(黑色)	Continuous	默认		不能打印出来
图例	白色(黑色)	Continuous	默认		
经纬网	白色(黑色)	Continuous	0.09		
等高线	白色(黑色)	Continuous	0.09		
剖面线	白色(黑色)	Continuous	默认		
表格	白色(黑色)	Continuous	默认		
钻孔	白色(黑色)	Continuous	默认		
文字	白色(黑色)	Continuous	默认		
井田边界	白色(黑色)	049 井田边界	1.0		
水平采区边界	白色(黑色)	050 采区边界	0.5		
断层及标注	红色(Red)	Continuous	0.3		
岩层巷道(前期)	深黄(40)	Continuous	0.3		
岩层巷道(后期)	深黄(40)	岩巷虚线	0.3		
煤层巷道(前期)	蓝(Blue)	Continuous	0.3		第二层 Green(绿)、第三层 Green(紫)等
采空区	蓝(Blue)	Continuous	0.3	GRAVEL	
煤层巷道(后期)	蓝(Blue)	岩巷虚线	0.3		第二层 Green(绿)、第三层 Green(紫)等
标注及数字	蓝(Blue)	Continuous	默认		
地面建筑	深绿(64)	Continuous	默认		
地面河湖	浅蓝(121)	Continuous	默认		
保护煤柱	酱(32)	煤柱线 1	默认		
冲击层	酱(32)	Continuous	默认	AR-CONC	
煤层充填	浅黑(8)	Continuous	默认	SOLID	
辅助线	无色(255)	Continuous	默认		不能打印出来

说明：

(1) 线宽：五类。

① 粗线 1.0 mm，井田边界线。

② 半粗线 0.5 mm，水平、采区边界线。

③ 巷道线 0.30 mm。

④ 默认线 0.254 mm。

⑤ 细线 0.09 mm，等高线、经纬网。

(2) 图层颜色:八类。

① 主要图层,如图框、图例、经纬网、等高线、剖面线、表格、指北针、钻孔、文字、数字等:White(Black)。

② 断层线、断层标注:Red(红色)。

③ 岩层巷道:40(深黄)。

④ 煤层、半煤岩巷道:Blue(蓝)、第二层 Green(绿)、第三层 Green(紫)等。

⑤ 地面建筑及其他:64(深绿);地面河湖等水域:121(浅蓝)。

⑥ 保护煤柱、冲击层与基岩分界线、冲击层充填等:32。

⑦ 煤层或厚煤层充填:8。

⑧ 辅助线:255。

6. 图线及画法

① 绘图时应采用附表 6-4 中规定的图线。

② 图纸中所有各图线的宽度,要根据所采用的标准实线的宽度"b"而定,b 的数值应在 0.4～1.2 mm 的范围内选取(注:如无特殊要求,毕业设计中 b 一般取 1 mm 或 1.2 mm)。

③ 图线的宽度要根据图形的大小和复杂程度来选取,在同一图纸上按同一比例绘制图形时,其同类图线的宽度应保持一致。

④ 剖切线的线段长度,应根据图形的大小来决定,一般为 5～20 mm,特殊时为 5～40 mm。

⑤ 虚线的线段长度,一般为 2～6 mm,线段间的间隔为其长度的 1/4～1/2,同时各线段长度应大致相等,若线加粗,则线段也相应加长。

⑥ 点划线和双点划线的线形长度,一般为 20～50 mm,各线段间的间隔为其长度的 1/7～1/5。各类线段长度应大致相等。

注:点划线的点应为短线,其长度大致为 1 mm。

7. 尺寸注法

① 在图纸上标注尺寸时应按照本标准。

② 确定工程的大小,必须根据图中所注的尺寸数字为依据。

③ 图纸上的尺寸数字,规定以 mm 或 m 为单位(在 1∶50～1∶500 比例的图纸上采用 mm 为单位,在 1∶1 000～1∶10 000 比例的图纸上采用 m 为单位),无须写明单位。如不按照上述规定时,则必须在各尺寸数字右边加注所采用计量单位,同时在图纸附注中均应注明单位。

④ 每个尺寸一般在图纸上标注一次,仅在特殊情况下或实际需要时方可重复标注。

⑤ 尺寸数字应尽可能注在图形轮廓线的外边。

⑥ 尺寸数字应注在尺寸线的上边或尺寸线的断开处,在一张图纸上尺寸注法必须一致。

⑦ 尺寸线的两端一般画出双箭头,以表示尺寸的起讫。

⑧ 尺寸界线应超出尺寸线箭头末端约 5 mm。

⑨ 尺寸线与轮廓线之间或尺寸线与尺寸线之间的距离,一般为 5～7 mm。

⑩ 尺寸数字不可被图纸上任何图线所分开或通过,如不能避免时,可将图线断开。

⑪ 尺寸数字应遵守附图 6-4 所规定的方向填写,应尽量避免在有斜线的“30”范围内标注尺寸数字。

30°
20
20
20
20
20
20
20
20
20
20

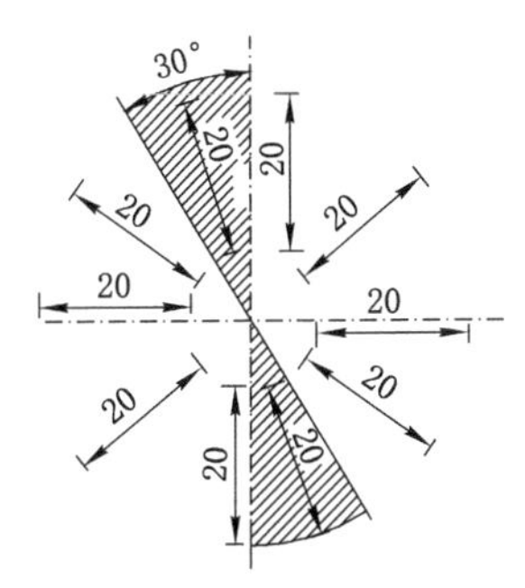

附图 6-4　尺寸数字标注法

8. 平面直角坐标点的注法

① 点的坐标表示方法,是在点的右边或在引出线的横线上从上向下分别写出纬距(X)、经距(Y)及标高(Z)的数值和代号。

② 同一矿井所有水平投影图上的坐标系必须一致。

③ 经纬线的布置一般应与图纸的主题栏平行,并达到北上、南下、东右、西左的要求。

④ 经纬线应用细实线绘制。

⑤ 在各种图纸上画有经纬线时其指北针应画在图纸的右上角,箭头为北,北字向上写。如附图 6-5 和附图 6-6 所示。

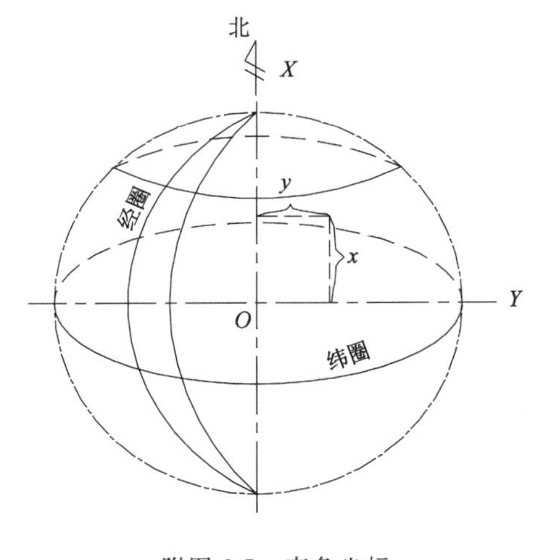

北
X
y
经圈
x
O
Y
纬圈

附图 6-5　直角坐标

北
100
200
300
400
500
600
600
500
400
300
200
100
A
A点:纬距 (X)=450
经距 (Y)=250
标高 (Z)=300.000

附图 6-6　坐标点注法

9. 图例

① 在复制地质图时,仍采用原地质图例进行复制;需要在复制图中增添设计内容时应按本标准规定的图例绘制。

② 为了图纸美观,同一张图纸应采用统一图例绘制。

③ 在采区布置及机械配备图中,为了区别移交生产和达到设计产量时两个阶段,除按本标准规定图例绘制图纸外,可在达到设计产量的有关巷道部分涂上颜色,以示区别。

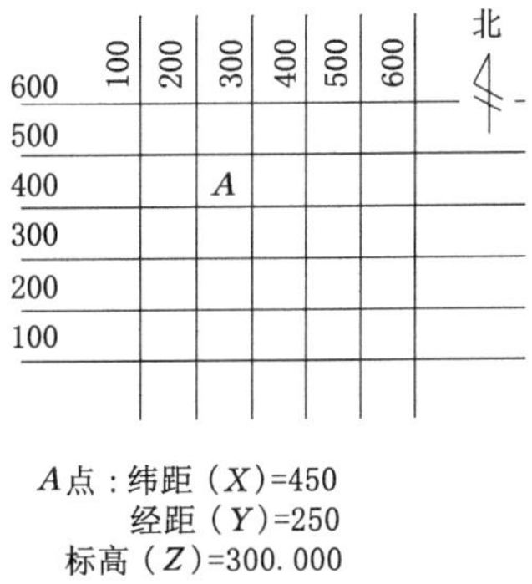

④ 当绘制 1∶50～1∶500 比例的平面图时，对平面图中的巷道，应采用本标准中巷道的图例，然后按设计图纸比例进行绘制。

⑤ 绘制 1∶500～1∶5 000 比例的剖面图时，对剖面图中的井巷应按剖切情况进行处理，剖切到的井巷，用单实线表示；没有剖切到的井巷，当井巷在剖切线的前面时用虚线表示，井巷在剖切的后面时用双点划线表示。

⑥ 图例的线条粗细以 mm 为单位。